钨基材料的制备技术及应用

王金淑　著

北　京
冶　金　工　业　出　版　社
2025

内 容 提 要

本书共分为 7 章，概括了钨的性质及其主要应用领域，介绍了钨粉的不同制备方法、钨粉还原过程及粉体的调控方法，阐述了烧结热动力学、烧结方法、纳米钨粉体的烧结机理，重点介绍了目前研究及应用广泛的几种钨基材料，如钨铜合金、核聚变用面向等离子体材料和真空电子器件用钨基热电子阴极材料，最后介绍了氧化钨在光电催化领域的研究与应用。

本书可供材料科学与工程相关专业师生、钨基难熔金属材料制备与应用领域从业人员，以及从事跨材料、物理电子、核能学科研究的科研人员阅读参考。

图书在版编目(CIP)数据

钨基材料的制备技术及应用/王金淑著. --北京：冶金工业出版社，2025. 1. --ISBN 978-7-5024-9894-8

Ⅰ. TG146. 4；TB34

中国国家版本馆 CIP 数据核字第 2024Z53W69 号

钨基材料的制备技术及应用

出版发行 冶金工业出版社		**电　　话** (010)64027926	
地　　址 北京市东城区嵩祝院北巷 39 号		**邮　　编** 100009	
网　　址 www. mip1953. com		**电子信箱** service@ mip1953. com	

责任编辑 刘璐璐 张熙莹 美术编辑 彭子赫 版式设计 郑小利

责任校对 李欣雨 责任印制 范天娇

北京印刷集团有限责任公司

2025 年 1 月第 1 版，2025 年 1 月第 1 次印刷

710mm×1000mm 1/16；12. 5 印张；244 千字；191 页

定价 76. 00 元

投稿电话 (010)64027932 投稿信箱 tougao@cnmip. com. cn

营销中心电话 (010)64044283

冶金工业出版社天猫旗舰店 yjgycbs. tmall. com

(本书如有印装质量问题，本社营销中心负责退换)

前　言

钨具有高熔点、高硬度、高密度、导电性和导热性良好、膨胀系数较小、化学性质稳定等优点，广泛应用于冶金、机械、交通、电子、化工、军工、航天等多个领域。基于金属钨的高熔点和良好的导电、导热特性，金属钨及其合金、钨基金属氧化物衍生出许多特殊功能，使其在航空航天、电工材料、核电站、真空电子器件、光电催化等领域有重要应用价值。本书介绍了金属钨及其合金、钨基金属氧化物等钨基材料的制备技术，并重点关注这些钨基材料在不同领域的功能研究与应用。

本书结合多年关于钨基材料的研究成果，收集、查阅了大量的国内外文献，参考了国内外难熔金属相关的书籍，较为系统地介绍了钨粉的制备方法及形貌影响机理、粉体的烧结热动力学和烧结方法，重点介绍了钨基纳米粉体的烧结机理，钨铜合金的制备方法及应用，面向等离子体的氧化物强化钨极材料的制备及其在核能领域的应用，真空电子器件用钨基热电子发射阴极材料的制备、性能及应用，以及氧化钨粉体的制备及其光电催化性能。书中钨基粉体及烧结体的制备方法及机理具有一定的普适性。

本书可供材料科学与工程相关专业师生、钨基难熔金属材料制备与应用领域从业人员，以及从事跨材料、物理电子、核能学科研究的科研人员阅读参考。

本书由王金淑教授著，参加撰写的还有罗来马、张乔、杨韵斐、胡鹏、周帆、赖陈、胡宇翔、吴俊书等，在此对所有为本书的出版作过贡献的老师表示感谢。同时，感谢国家自然科学基金项目

（No. 52130407、No. 52174342、No. 52404376 和 No. U2341209）的资助。

由于作者水平所限，书中不足之处，望广大读者批评指正。

作 者

2024年11月

目　　录

1 绪　　论

1.1 钨材料简述

钨是一种金属元素。钨的化学元素符号是 W，原子序数是 74，属于元素周期表中第六周期的ⅥB 族。钨在自然界主要以六价态存在，通常以钨酸盐形式出现。其离子半径为 0.68×10^{-10} m。W^{6+}的离子半径小，电价高，极化能力强，易形成络阴离子，因此钨主要以络阴离子 $[WO_4]^{2-}$形式存在，与溶液中的 Fe^{2+}、Mn^{2+}、Ca^{2+}等阳离子结合形成黑钨矿或白钨矿沉淀。经过冶炼后的钨是银白色、有光泽的金属。

1.2 钨的性质

钨是熔点最高的金属，其蒸气压很低，蒸发速度也较小。

钨有 α 和 β 两种晶型。在标准温度和常压下，α 型钨是稳定的体心立方结构。β 型钨只有在有氧存在的条件下才能出现，且在 630 ℃以下稳定，在 630 ℃以上转化为 α 型钨，并且这一过程是不可逆的。钨的力学性能主要取决于它的压力加工状态与热处理过程，在冷态下钨不能压力加工，锻压、轧压和拉丝均需在热态下进行。钨的物理性能指标见表 1-1。

表 1-1　钨的物理性能指标

原子体积	9.53 cm^3/mol	相对原子质量	183.84
自由原子的电子层结构	$1s^2 2s^2 2p^6 3s^2 3p^6 3d^{10} 4s^2 4p^6 4d^{10} 4f^{14} 5s^2 5p^6 5d^4 6s^2$		
原子半径	137×10^{-12} m	化合价态	W^{4-}、W^{2-}、W^{1-}、W^{0}、W^{2+}、W^{3+}、W^{4+}、W^{5+}、W^{6+}
电负性	1.7	密度	19.35 g/cm^3
晶体结构	体心立方	晶格常数	a=0.3165 nm
熔点	3422 ℃	沸点	5930 ℃
莫氏硬度	7.5	熔化潜热	(40.13±6.67)kJ/mol
升华热	847.8 kJ/mol(25 ℃)	蒸发热	(823.85±20.9)kJ/mol(沸点)

续表 1-1

电阻温度系数	0.00482(1/℃)	电子逸出功	4.55 eV
热中子俘获截面	19.2b	弹性模量	35000~38000 MPa(丝材)
扭力模量	约 36000 MPa	压缩性	2.9×10^{-7} cm/kg
热导率	174 W/(m·K)(10~100 ℃)	热膨胀系数	4.5×10^{-6} K^{-1}(0~100 ℃)
体积模量	计算公式为 $3.108\times10^{11}-1.579\times10^{7}T+0.344\times10^{3}T^{2}$(Pa)		
剪切模量	计算公式为 $4.103\times10^{11}-3.489\times107T+7.55\times103T^{2}$(Pa)		

钨的化学性质稳定，常温时不与空气和水反应，且不溶于盐酸、硫酸、硝酸，只有王水或氢氟酸和浓硝酸的混合酸才与钨发生反应，但在碱溶液中不起作用。有空气存在的条件下，熔融碱可以把钨氧化成钨酸盐，在有氧化剂（$NaNO_3$、$NaNO_2$、$KClO_3$、PbO_2）存在的情况下，生成钨酸盐的反应更猛烈。高温下钨能与氧、氟、氯、溴、碘、碳、氮、硫等化合，但不与氢化合，在 400~500 ℃钨开始明显氧化，形成蓝黑色的、较为致密的 WO_3 保护膜。

钨主要由氧化钨还原制得。氧化钨是钨的一种主要化合物，常规为粉末状，无味，熔点约为 1473 ℃，沸点约为 1750 ℃，密度为 7.16 g/cm^3，不溶于水，易升华，既能与碱性溶液（如氢氧化钠溶液和氨水）发生反应，也能与还原性物质（如氢气和碳）发生反应。此外，钨还有电致变色、光电变色、气体敏感性、半导体效应等特性。钨氧化物的颜色有多种，包括黄色、黄绿色、蓝色、紫色、白色和棕褐色等。根据氧含量的不同，钨的氧化物可分为黄色氧化钨（黄钨，WO_3），蓝色氧化钨（蓝钨，$WO_{2.90}$ 或 $W_{20}O_{58}$），紫色氧化钨（紫钨，$WO_{2.72}$ 或 $W_{18}O_{49}$），白色氧化钨（$WO_{2.72}$）和褐色氧化钨（褐钨，WO_2）。

1.3 钨基结构、功能材料的应用

钨是现代工业、国防及高新技术应用中极为重要的材料之一。按其应用领域主要分为以下几种：

(1) 耐磨材料。钨的高硬度、良好的耐磨性使其成为制造工业模具的最佳材料。钨常用于生产硬质合金（碳化钨），由于其具有硬度大、耐磨、耐蚀和耐热等特点，广泛用于制造钻头、刀具和耐高温的零件等。作为最难熔的金属，钨是许多热强合金的成分，如 3%~15%的钨、25%~35%的铬、45%~65%的钴、0.5%~0.75%的碳组成的合金，主要用于高耐磨性零件，如航空发动机的活门、压模热切刀的工作部件、涡轮机叶轮、挖掘设备、犁头的表面涂层。

(2) 钢铁工业合金化元素。钨是钢铁工业中重要的合金元素，能提高钢的强度、硬度和耐蚀性，大部分用于生产特种钢。钨钢用于制造各种工具，如钻头、铣刀、拉丝模、阴模和阳模、气支工具等零件，还可用作枪、炮、坦克和其他武器装备中与火药爆炸接触的耐压、耐热部分。

（3）热强合金。钨具有高熔点、高强度等特性，因此被广泛应用于高温炉和高温传感器的制造中。例如，钨丝和钨棒可作为高温炉（达 3000 ℃）的加热器零件，但要求加热器在氢气气氛、惰性气氛或真空中工作。钨和其他难熔金属（如钽、铌、钼、铼）的合金可用作热强材料，应用于火箭、导弹、卫星的蒙皮；钨和铼合金组成的热电偶可测量温度范围从室温到 2835 ℃。

（4）触头材料和高密度合金。钨铜和钨银等合金兼有铜和银良好的导电性、导热性和钨的高硬度、低热膨胀系数、良好耐电弧烧蚀性能，是制造闸刀开关、断路器、点焊电极等重要的电触头材料。除了在电工材料和热沉材料方面的应用，在军事和航空航天领域，利用难熔金属钨高密度和高强度的特性，制备的钨镍铜、钨镍铁等高密度合金，被广泛用作聚能弹中散弹、子母弹、穿甲弹弹芯等破甲弹药型罩、导航仪的陀螺转子、配重块等；利用高导热铜相在高温下的“自发汗冷却”作用和难熔金属钨的耐高温性能，钨铜合金可被用来制备各种导弹的喉衬、电磁炮导轨、火箭引擎上的喷嘴、燃气舵、鼻锥等耐高温零部件。高密度的钨镍铜合金还可用作防辐射的防护屏。

（5）真空电子器件用材料。钨丝、钨带和各种锻造元件广泛应用于电子管生产、电弧焊电极、无线电电子学和 X 射线技术中。例如，钨丝可用于制造电子振荡管的直热阴极和栅极，高压整流器的阴极和各种电子仪器中的旁热式阴极加热器；钨也可用作 X 射线管和气体放电管的阴极和对阴极（阳极），以及无线电设备的触头和原子氢焊枪电极；钨丝还是制造白炽灯丝和螺旋丝的最好材料。由于钨高的工作温度（2200~2500 ℃）可以保证高的发光效率，而且蒸发速度小，工作寿命长，多孔钨基扩散阴极是目前应用最为广泛的真空电子器件用阴极材料，广泛应用于通信、导航和医疗用行波管、速调管和磁控管中。

（6）能源领域用材料。近些年，钨由于具有高熔点、高热导率、低氚滞留和低溅射等优点被认为是热核聚变反应堆用面向超高温等离子体的最佳候选材料；钨合金具有高密度、高强度、耐腐蚀等特性，被广泛应用于风力发电机的叶片和齿轮等关键部件的制造，通过使用钨合金，风力发电机的性能可以得到显著提升，并且使用寿命更长；钨具有高熔点、高电导率和高耐腐蚀性等优点，可以用于制造太阳能电池板中的电极和导电线路，有效地提高太阳能电池板的效率和寿命；新能源汽车需要使用大量的高性能电池来提供动力，钨可以用于制造电池的阳极材料，从而提高电池的能量密度和充放电性能。此外，钨还可以用于制造电池的隔膜和外壳等部件。

(7) 化学工业材料。钨的化合物（如钨酸钠）用于生产某些类型的漆和颜料，以及纺织工业中用于布匹加重及其与硫酸铵和磷酸铵混合来制造耐火和防水布匹，还用于金属钨、钨酸、钨酸盐的制造及染料、颜料、油墨、电镀等方面。钨酸在纺织工业中是媒染剂与染料，在化学工业中可用作制取高辛烷汽油的催化剂。二硫化钨在有机合成中，如在合成汽油的制取中，可用作固体的润滑剂和催化剂。二硒化钨可作润滑轴承的润滑剂，其润滑温度范围为-217~350 ℃。钨的化合物颜料具有较亮的光泽，经久耐用。近年来，钨的化合物（如氧化钨和硫化钨等）在催化方面具有潜在的应用价值。

基于金属钨的高熔点，良好的导电、导热特性，金属钨及其合金、钨基金属氧化物衍生出许多特殊功能，丰富了金属钨及其合金材料在现代工业中的应用，使其在航空航天、电工材料、核电站、真空电子器件、光电催化等领域有重要应用价值。本书重点关注金属钨及其合金、钨基金属氧化物等材料在相关领域的功能性研究与应用。

2 钨粉的制备与形貌调控

难熔金属钨主要用于生产硬质合金和钨铁，钨与铬、钼、钴组成耐热耐磨合金用于制作刀具、金属表层硬化材料、燃气轮机叶片和燃烧管等，钨粉是加工粉末冶金钨制品和钨合金的主要原料。本章主要介绍金属钨粉的几种主要制备方法及其制备原理，并列举添加物及合金化对钨粉形貌、结构的影响。

2.1 金属钨粉体制备方法介绍

钨作为熔点最高的金属，在高温结构材料和功能材料中具有重要的应用价值。但其高熔点特性也一定程度限制了钨制品的制备，传统的熔炼方法很难大规模制备金属钨及其合金，粉末冶金成为其主要制备方法。该方法是以钨基粉末作为原材料，经过压制成型为一定尺寸的压坯，然后在物料主要组元熔点以下的温度进行烧结成型。图 2-1 为粉末冶金技术的基本工艺流程。

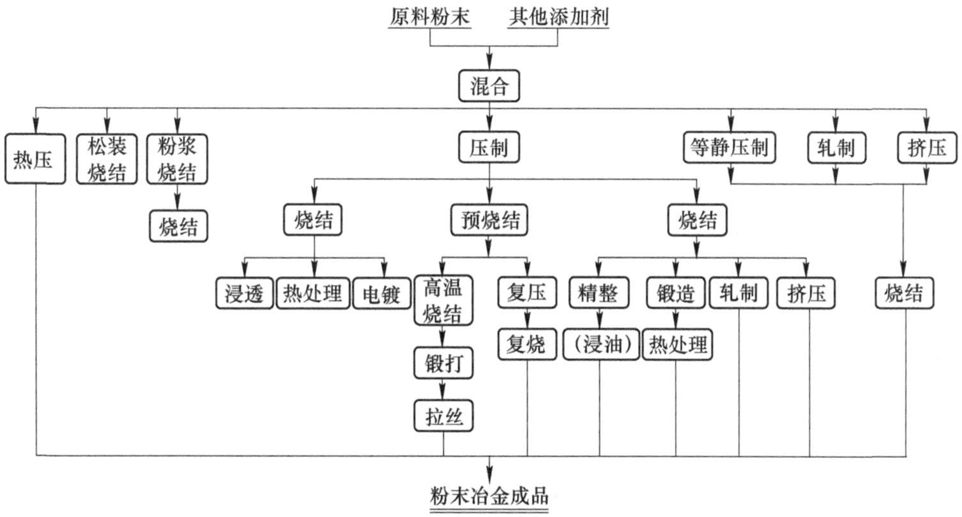

图 2-1 粉末冶金技术的基本工艺流程

钨粉的制备是粉末冶金的第一步。近年来，随着钨材料和制品的不断拓展，以钨为主的混合、掺杂粉体种类也不断增加，且材料对原料粉体形貌、粉末粒度方面的要求也越来越高，通常是将钨或其化合物从固态、液态或气态转变为钨粉或钨基混合粉体。为满足不同材料对钨粉性能的要求，人们开发了多种钨粉的制备方法和技术，主要分为机械粉碎法和物理化学法两大类。其中，机械粉碎法主要是在粉体化学成分基本不发生改变的基础上，通过机械作用对粉体进行粉碎的工艺过程；物理化学法主要是借助物理和化学作用，改变原材料成分的同时，使粉体聚集状态也发生变化，形成特定形貌、尺寸的粉体。在实际粉体制备中，机械粉碎法和物理化学法通常会根据需要联用。例如，钨粉氢气还原后再进行进一步高能球磨，最终获得特定粒度的粉体。表 2-1 给出了主要的金属钨粉的制备方法，其中由钨的化合物制备钨粉的方法主要包括氧化物还原法和热离解羰基化合物法。

表 2-1　主要的金属钨粉的制备方法

制粉方法		所制材料范围
机械粉碎法	金属切削加工法	铜、黄铜、青铜、低硅铸铁等
	球磨法、振动球磨法和锥式破碎法	Fe、Fe-Ni、Fe-Al、Fe-Cr、Ni-Ti、Fe-Si、Mn、Cr、Si
	涡旋研磨法	Fe、Fe-Ni、Cu、钢、Al 等
	用压缩空气雾化熔融金属或用转动圆盘叶片碎化金属液流	Fe、Cu、Ag、Ni、Al、Pb、Sn、Zn、钢及各种低熔点合金
	制粒（水中浇铸）	Fe、Cu、Ag、Pb、Sn、Zn
物理化学法	还原氧化物和盐类	Fe、Ni、Co、W、Mo、Cu、Cr、Fe-Ni、Fe-Ni-Mo、Ni-Cu、Ti、V、Ta、Zr、Nb、Re、各种合金及难熔化合物
	电解水溶液	Fe、Ni、Cu、Pb、Zn、Fe-Ni、Fe-Ni-Mo、Ag
	电解熔盐	Ta、Nb、Th、Be、Zr、Ti
	热离解羰基化合物	热离解羰基化合物
	冷凝法	Zn
	电腐蚀法	任何金属和合金
	晶间腐蚀法	不锈钢

2.2　机械法制备钨粉

2.2.1　钨粉的机械粉碎

机械粉碎法制备金属钨粉末是粉末冶金过程中普遍使用的一种方法，它既是一种独立的制粉方法，也是其他制粉方法不可缺少的补充工艺。例如，钨粉还原前会对氧化钨进行机械球磨，达到统一粉体粒径的目的。还原后的钨粉也通常需要一定程度的机械粉碎，以达到所需的粉体粒径。机械粉碎法主要借助压力、冲击力等机械作用，将较粗大的金属或合金粉体破碎成粉末。钨在常温条件下脆性较强，机械研磨对钨粉的细化非常有效。其中，使用较多的是机械球磨法。

减小或增大粉末的粒度、合金化、混合均匀度是研磨的主要目的。其中，细化粉体粒径是研磨的最主要任务。随着粉体细化，粉末颗粒还伴随着表面加工硬化、形状不规则、粉体流动性变差、结块等现象。图 2-2 展示出了球磨过程中球磨机中球体的典型运动状态。

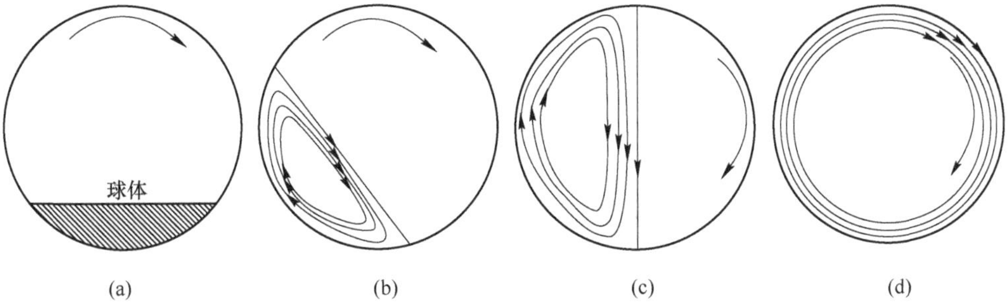

图 2-2 球磨过程中球磨机中球体的典型运动状态

(a) 滑动；(b) 滚动；(c) 自由下落；(d) 在临界转速时球体的运动

然而，在实际球磨过程中，由于装置、磨球、物料等因素，粉末的实际运动轨迹是很复杂的，需对诸多因素进行准确控制。以下介绍影响球磨的几个主要因素[1]：

(1) 球磨装置。氧化钨粉末球磨装置有滚动球磨、行星球磨和搅拌球磨等。其中，全方位行星球磨机可独立设置球磨罐运行速度和空间旋转、翻转速度，有效解决了物料黏结、沉底等现象，显著缩短研磨时间，细化出料产品粒度且提高精度，是球磨氧化钨的不二之选。

(2) 球磨转速。球磨机转速越高，则传递给氧化钨的能量越多，也提高了球磨介质的转速。当达到某一临界值时，球磨介质紧贴于容器内壁，磨球、粉料、磨筒处于相对静止状态，此时球磨作用停止，不利于塑性变形和合金化进程。

(3) 球磨时间。球磨时间直接影响氧化钨的组分和纯度，对颗粒粒度的影响也较明显。在一定条件下，随着球磨的进行，颗粒粒径会逐渐减小到一个稳定的平衡状态，此时颗粒的粒径不会再发生变化。另外，球磨时间的增长也会影响氧化钨球磨产物的纯度。

(4) 球磨介质及容器。球磨介质要有适当的密度和尺寸，以满足对物料的冲击。为减少杂质污染，氧化钨的球磨一般采用 WC 磨球材质。球磨容器内壁受撞击和摩擦作用会掉落部分材料进入球磨物料中，为防止造成污染，通常也选用WC容器。此外，在磨腔内安装滑板和凸块制成异型腔，能提高介质的滑动速度并产生向心加速度，增强摩擦作用，这有利于合金化进程。

（5）球料比。球料比是球磨机内研磨体质量与物料之比。磨球的数量太少，则撞击和研磨效率低；如果太多，则不能充分发挥击碎作用。大质量磨球能够击碎大的氧化钨颗粒，但球大则个数少，接触面积小，研磨效率低；球小则个数多，接触面积大，研磨效率高。因此，在实际球磨时应按需求加入大小不同的磨球，找到最佳配比，达到最佳的球磨效果。

（6）分散剂添加量。在球磨过程中，高速碰撞产生的静电会使一些粉体黏在管壁和小球上，进而形成大的氧化钨颗粒，添加适量的异丙醇作为分散剂可显著减少氧化钨的团聚现象。

（7）其他因素。影响球磨的因素还有球磨温度、球磨气氛等。一般认为，温度会影响晶体的扩散速度，最终影响纳米材料的性能。球磨过程一般在真空或惰性气体保护下进行，以避免环境气体（如氧气、水蒸气）与物料发生反应而使物料受到污染或氧化。

2.2.2　钨粉的筛分

粉体的颗粒特性包括粒度、粒度分布、颗粒形状、孔隙度、比表面积等，其中粒度及粒度分布是粉体最重要的特性，在很大程度上决定了粉体产品的技术性能和应用范围。

随着现代技术的发展，人们对超细粉体的需求与日俱增，这就对粉体的各项特征指标提出了更高的要求。但在粉体通过机械破碎等方法加工细化后，会有一定数量的一次颗粒受表面张力或固体的键桥作用形成更大的团聚体。团聚体内含有相互连接的气孔网络，这些气孔网络的存在会严重影响超细粉末的成型与烧结。超微颗粒粒度的细微性、均匀性对产品的性能有极大影响，目前在一些应用领域要求粉体应具有很细的粒度和很窄的粒度分布，甚至是单一粒级的粉体，这样就很难通过粉碎设备一次得到超细颗粒，必须采用分级设备。粉末的分散实质是使颗粒在一定环境下分离、散开的过程。在超细粉体的制备过程中，“粉碎与反粉碎”过程实际就是新生颗粒的分散和团聚问题，它对最终产品的细度有至关重要的影响。在粉体制备行业，粉体分散性的好坏直接影响着分级效果和分级产品的细度及均匀性。粉体分级的过程是将粉体颗粒置于气流、水等流体介质中，由于不同粒径的颗粒在流体介质中受到的力学作用不同，其运动情况也不同，因此出现了多种分离颗粒的操作，目前较为有效的分级方法主要是通过重力或离心力进行分级。目前处理超细钨粉分散及分级的方法多有局限性：有的处理的钨粉量太小，如超声波空化法；有的分散效果不明显，如静电分散法；有的生产成本较高，如粉体表面改性等。此外，目前往往采用湿法，能较为有效地分级，但会增加工序和设备，提高成本，而且粉体易被污染和氧化，进而影响粉体后续制备。

气流磨分级技术是一种高效的物理改性粉体的方法，利用高速涡流气体带动粉体颗粒运动，使粉末颗粒之间相互冲击、碰撞、摩擦，达到研磨并使团聚颗粒分散的目的，之后通过涡轮分级机将粉末颗粒分级。尤其是对一般机械粉碎法难以生产的介于微米和纳米之间的粉体，气流磨分级技术可以很好地完成该粒径范围的破碎和筛分。图 2-3 为粉末在气流磨研磨室中的分散分级过程示意图[2]。

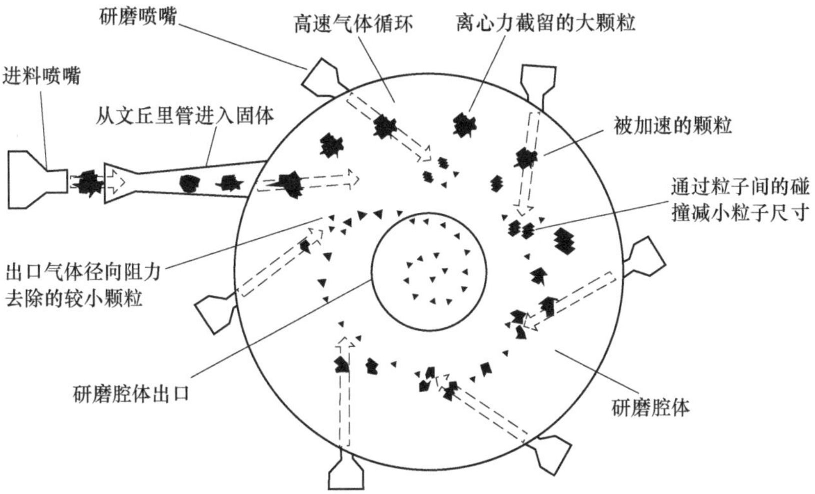

图 2-3 粉末在气流磨研磨室中的分散分级过程示意图[2]

气流粉碎分级技术的原理是：利用高速涡流气体带动粉体颗粒在气流自身形成的旋转流场中运动，使粉末颗粒之间相互碰撞、摩擦，达到研磨并使团聚颗粒分散的目的，之后再通过涡轮分级机将粉碎的粉末颗粒分级。不同粒径和形貌的粉体颗粒在旋转流场中的受力有明显区别，使粉体的运动轨迹有一定差异。气流分级技术利用上述原理，通过合理调节作用力之间的关系，可以按所需要的标准将不同的颗粒分离开来，进而达到收集合格成品的目的。完整的气流粉碎分级过程主要包括分散、分级及成品收集 3 个步骤。其中，充分的分散是分级的前提，强有力且稳定的力场是分级的关键，分级产品的及时排出是分级的保障。更关键的是，气流粉碎分级过程通过对粉体进行先分散后分级，从而同时实现对物料的分散和分级。基于此时的气流粉碎，产品具有颗粒细、粒度分布狭窄、颗粒表面光滑、产品纯度高、活性好等一系列优点。

早期的气流粉碎分级设备问世于 20 世纪 30 年代。随着后期设备类型不断更新，结构不断改进，逐步发展出扁平（圆盘）式气流磨、循环式气流磨、冲击式气流磨、对撞式气流磨和流化床式气流磨等方法。

（1）扁平（圆盘）式气流磨。它是利用压缩空气（空气、过热蒸汽或惰性气体等）通过加料喷射器的高速射流所产生的负压，使物料吸入混合室，通过喷嘴被高速射流喷入粉碎室，喷气流夹带着物料以极高的速度旋转，在粉碎室半径上形成流体动力特性梯度，物料颗粒间相互碰撞，还有一部分颗粒与粉碎室的内壁碰撞而粉碎。圆盘式气流粉碎机结构简单、操作方便，自身带有自动分级功能；主要缺点是当物料硬度较高时（如氧化硅、碳化硅等），会在磨腔内壁产生剧烈的冲击、摩擦、剪切，导致磨腔磨损并造成一定污染。

（2）循环式气流磨。它的原理是压缩气体通过加料喷嘴产生高速射流，在加料混合室内形成负压，使原料自动吸入混合室送入粉碎区，颗粒相互冲击、碰撞、摩擦而粉碎。其优点是既能加速颗粒运动，又能增强离心力场的作用，提高粉碎和分级效率；分级区的弯曲管壁设计使磨损大大减轻。但与其他气流粉碎机相比，它的气流及物料对管道内壁的冲刷、磨损太严重，不适用于硬度较高的材料的超细化。

（3）冲击式气流磨。冲击式气流磨的粉碎动力源主要是颗粒与冲击部件（如冲击板、冲击环等）的冲击力，目前常见的冲击式气流磨设备包括靶式气流粉碎机、超声速冲击板式气流粉碎机和冲击环式气流粉碎机等。其原理是：高速气流挟带物料冲击到前方的冲击部件（如固定或活动的靶）上进行冲击粉碎，物料随气流经出口排出，进入后序的分级器中。该设备常用于处理较粗的颗粒，粉碎过程冲击力很大，冲蚀严重，使得冲击式气流磨的工业化应用受到一定的限制。

（4）对撞式气流磨。对撞式气流粉碎机又称对喷式气流粉碎机，是以两股高速气流挟带颗粒相互对撞而粉碎，能量利用率高，避免了上述 3 种气流粉碎机高速气流对冲击部件的磨损，解决了被粉碎颗粒污染的问题。

（5）流化床式气流磨。流化床式气流磨具有能耗低、磨损轻、污染小、噪声低、产品粒度细且分布较均匀等特点。它是将单向喷射气流与逆向对喷气流相互叠加，单向喷射的气流束通过喷嘴进入粉碎室，在粉碎区形成对心逆喷射流场，被粉碎的物料在压差作用下形成流态化。被粉碎物料在高速对心逆喷射流场中被加速，在各喷嘴喷出的射流在交会点处剧烈冲击碰撞、摩擦及剪切，使物料粉碎。粉碎后的物料在交会点周围形成一股向上的气流，把物料带到上部水平放置的涡轮分选机中自动分级，符合要求的粉末颗粒被分选机选出收集，粗颗粒则沿内壁滑回研磨腔继续研磨，直到被分离为止，经此处理能获得分散性好、粒度分布窄的粉体。

2.3　还原法制备钨粉

氢气还原是制备钨粉的常用方法，而前驱体的形貌状态对最终获得的钨粉形貌具有较大影响。目前使用较为广泛的前驱粉体钨源为仲钨酸铵［$(NH_4)_{10}W_{12}O_{41}$ ·

xH_2O]、偏钨酸铵 [$(NH_4)_6H_2W_{12}O_{40}$] 等。

2.3.1 钨前驱体的制备方法

钨前驱体的制备方法通常有喷雾干燥法、冷冻干燥法、水热合成法、溶胶-凝胶法等。

2.3.1.1 喷雾干燥法

喷雾干燥法是从料液中获得超微干粉料的一种较好方法，料液可以是溶液、悬浮液、乳浊液等能够通过泵输送的液体。其基本原理是：利用雾化器将一定浓度的料液喷射成雾状液滴，落入一定流速的热气流中，使之迅速干燥，获得粉体产品，如图 2-4 所示。

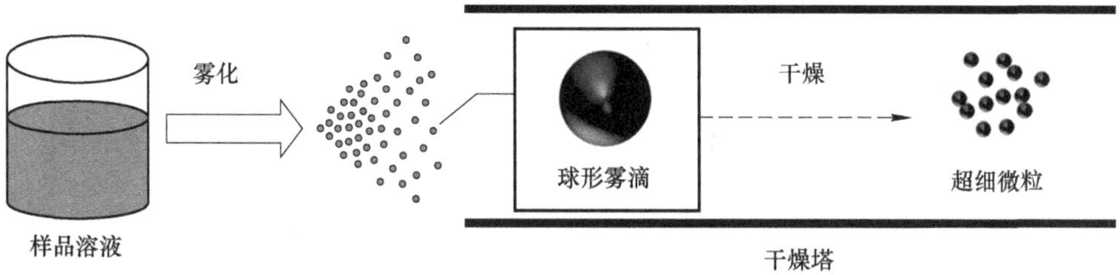

图 2-4 喷雾干燥法制备粉末原理图[3]

喷雾干燥法设备示意图如图 2-5 所示，工作时一般包括 4 个阶段：(1) 料液

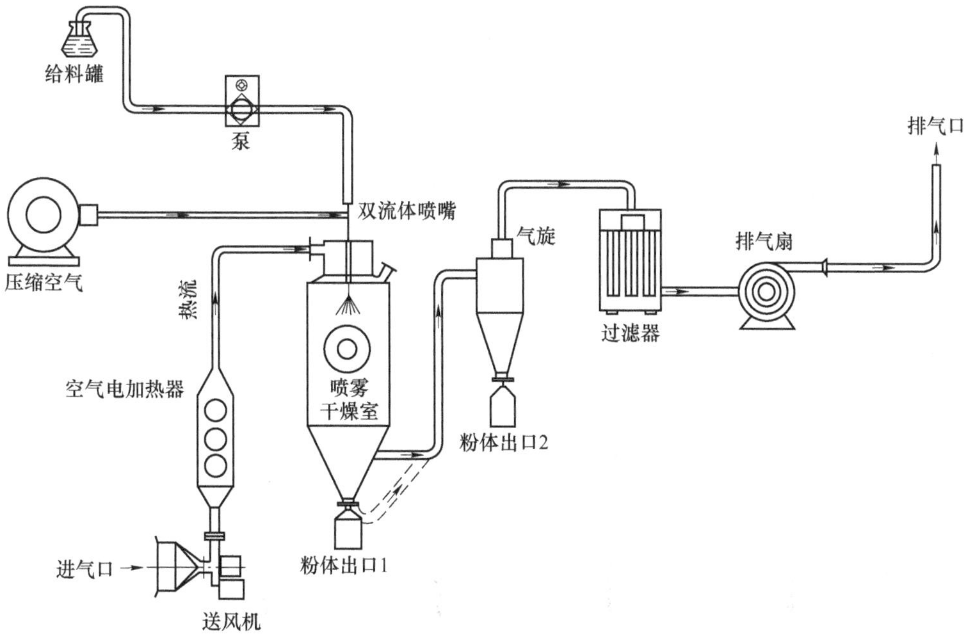

图 2-5 喷雾干燥法设备示意图

雾化；(2) 雾群与热干燥介质接触混合；(3) 雾滴的蒸发干燥；(4) 干燥产品与干燥介质分离。干燥的产品可以是粉状、颗粒状或颗粒团聚体。

喷雾干燥法具有如下优点：(1) 造粒、干燥一步完成，工艺简单易实现自动化，适合连续化工业生产；(2) 干燥速率高、时间短，对热敏性成分影响较小；(3) 干燥瞬间完成，均匀度较好；(4) 溶剂易进入颗粒内部，不需进一步处理即可获得良好的分散性及溶解性；(5) 喷雾干燥是一种连续的密闭式生产，产品纯度高，并减少了环境污染。

影响粒度分布的工艺参数主要有料液浓度、进料速率、雾化压力、进口温度、喷嘴口直径、干燥介质流量、气液接触方式及溶剂和溶质的性质等，这些因素都从不同角度影响着液体的雾化效果和干燥成粒机理。

(1) 料液浓度的影响。料液浓度高，相应的固体含量高，黏度大，形成雾滴所需的能量也较高，气液接触面积减少，传质效果减弱，雾滴达到过饱和状态的时间延长，瞬间成核数量减少，颗粒的沉积以生长为主，形成的粒径较大。另外，浓度高的溶液所制备的颗粒易出现团聚现象。

(2) 进料速率的影响。进料速率增大，雾化液滴直径增大，包含较多的溶质，粉体颗粒粒径就较大。同时，未干燥的液滴数量增加会使团聚加重。进料太快也不利于料液雾化，影响干燥效果。

(3) 雾化压力的影响。喷雾及喷嘴处的压力增加，会增大液滴干燥速度，两者的共同作用缩短了液滴达到过饱和的时间，瞬间成核速度加快，成核数量增多，微粒的沉积以均匀析出为主，所得产品粒径减小，粒径分布变窄。压力过大会对微粒形状产生负面影响，如破碎、孔洞、凹陷等。

(4) 进口温度的影响。进口温度较为重要，在其他条件不变的情况下，温度较低时，雾滴达到过饱和的时间延长，瞬间成核速度降低，成核数量减少，粒径增大，析出以生长为主，微粒间的团聚和碰撞导致均匀性变差，粒径分布变宽。温度过高时，颗粒易团聚，粒径也会增大。

(5) 喷嘴口直径的影响。喷嘴（雾化器）口直径会影响微粒的粒径和性能。在进样速率相同的条件下，大直径喷嘴所形成的液膜较薄，雾滴更小，溶剂蒸发加快，雾滴更快达到过饱和状态，微粒的沉积以成核析出为主，瞬间成核数量增多，粒径减小。

不同喷雾干燥参数生产的氧化钨粉体形貌存在一定差异，一般所得为球形颗粒，但由于工艺参数控制不当往往会导致颗粒变形，如空心球、中空的环形或苹果形。

原料浓度低是形成氧化钨空心颗粒的主要原因，干燥过程中水分迁移到雾滴表面，并携带固体颗粒，使颗粒内部形成部分中空结构；如果在雾滴外围形成低渗透性的弹性薄膜，由于蒸发速度低，雾滴温度升高，水分子从内部蒸发，使雾滴产生隆起。这两种情况均会破坏颗粒的球形，产生变形颗粒。此外，液滴停留在高温区时，溶质在液滴表面迅速析出，形成壳层，它的存在使溶液的气化分子传质受阻，而传热变化很小，使壳层内溶液温度持续上升，并可能达到沸腾状态，壳层在内部气压作用下膨胀，中心溶质浓度降低。当内部气压大于壳层机械强度时，内部气化分子便在壳层最薄弱处冲出壳层，产生孔洞或形成空心颗粒，在某些情况下，甚至存在氧化钨空心颗粒被吹破，形成壳状碎片。

2.3.1.2 冷冻干燥法

冷冻干燥（冻干）是将含有固体颗粒的溶液或悬浊介质在低温条件下结晶，然后将其由固态直接升华为气态的一种干燥过程，以达到干燥粉体的目的。其基本工序包括冷冻和干燥两步。经机械分散后的粉体浆料或共沉淀后的沉淀物一般采用此工艺方法，其最突出的优点是没有出现固体颗粒间液面的蒸发过程，从根本上避免了粉体在干燥过程中产生硬团聚现象；此外，原本包裹着粉体颗粒的、至少是将其隔开的固态水-冰层或冰粒直接升华，而粉体颗粒则留在原位，保持了冷冻前的相互距离。然而，在垂直方向上，颗粒干燥后在重力的作用下发生堆积，通常会在浆料中加入一定的分散剂附着在颗粒表面，以保证颗粒间的相应距离。因而在吸附水蒸发过程中，颗粒间不会形成化学键连接；冷冻干燥是在低温低压下进行的，不会对粉体材料的物性造成破坏。总之，冷冻干燥后的粉体团聚情况比普通蒸发法干燥的要好很多。

在 WO_3 粉体的制备中，采用四步冷冻法还原氧化钨能够制备定向可控孔隙率的泡沫钨，烧结壁壁厚在 10~50 μm 范围内，煅烧后的泡沫钨显现出室温稳定的体心立方钨结构，如图 2-6 所示。此外，以钨钼合金为例，通过冷冻干燥工艺和随后的氢气烧结，可以得到孔径可控的、分布在几百微米的多孔钨钼合金，如图 2-7 所示。

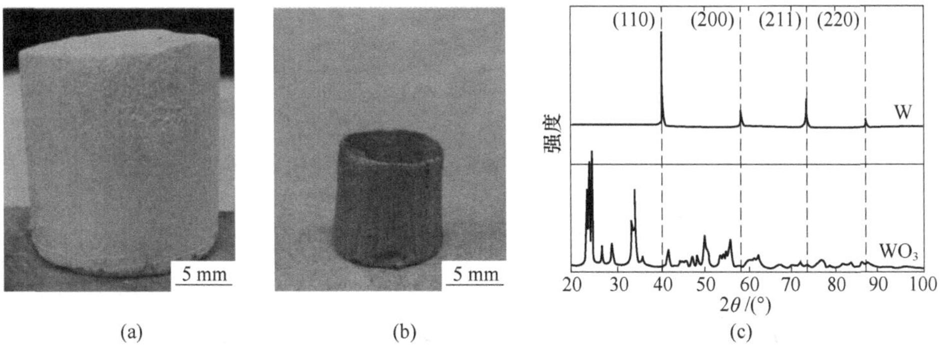

图 2-6 WO_3 泡沫冷冻干燥后（a）、烧结后（b）及 WO_3 纳米粉体及还原 W 粉的 XRD 图谱（c）[4]

图 2-7　1100 ℃烧结的多孔钼钨合金横截面的扫描电子显微形貌[5]

以聚乙烯醇（PVA）和磷钨酸（$H_3PW_{12}O_{40}$）的混合水溶液为前驱体，通过冷冻干燥过程和随后的低温煅烧可制备具三维多孔结构的 WO_3（见图 2-8），其具有有序的大孔结构和良好的贯通孔结构，有效提高了 WO_3 的比表面积，为催化性能的提升奠定了基础。构建异质结构和形成复合材料可以进一步提升 WO_3 的性能，如通过冷冻干燥技术合成的 $Ti_3C_2T_x/WO_3$ 纳米棒复合材料，能有效提高气体敏感性，纳米棒复合形成的异质结提高了载流子的分离效率[6]。

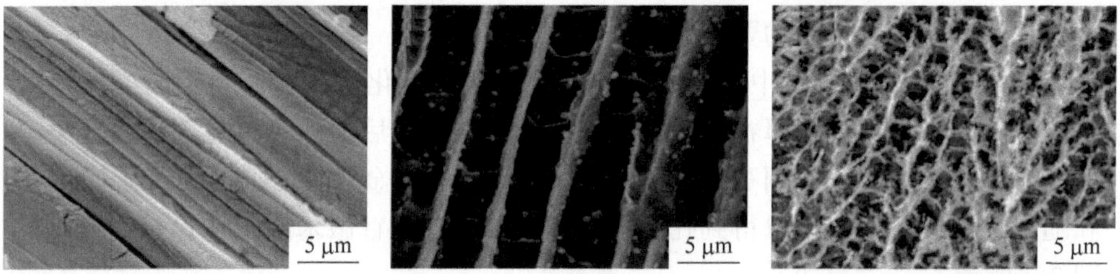

(a)　(b)　(c)

图 2-8　WO_3 的扫描电子显微形貌

（a）PVA 含量（质量分数）为 0；（b）PVA 含量（质量分数）为 5.0%；（c）PVA 含量（质量分数）为 7.5%

但冷冻干燥技术也有明显的缺点：首先，其制冷设备及运营成本都较高；其次，因为干燥过程基本全程在低温低压下进行，所以干燥时间较长，这就使得其生产成本大幅提高。因此，制备一些要求高而质量较少的粉体（如超细钨颗粒及功能性氧化物超细颗粒等）时，可以选择该方法；制备要求并不太高、成本限制又较严格的钨粉体时，建议选用其他更廉价的干燥方法。

2.3.1.3　水热合成法

水热合成法又称热液法，是在特制的密闭反应容器中，以水溶液作为反应介质，通过对反应容器加热，创造一个相对高温高压的反应环境，使在常温常压下难溶或不溶的物质发生溶解并重结晶，从而进行材料合成与处理的一种方法。其工艺流程如图2-9所示。水热反应具有3个明显特征：一是促使复杂离子间的反应加速；二是加剧水解反应；三是促使反应物的氧化还原电位发生明显变化[6]。

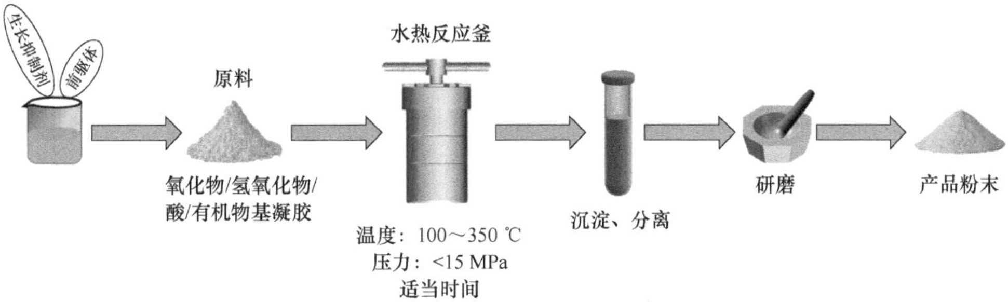

图2-9 水热合成法制粉的工艺流程

与一般湿化学法不同，水热合成法能直接生成 WO_3 结晶颗粒，从而省去了通过煅烧转化成氧化物的步骤，避免形成硬团聚，所制备的粉体具有极好的性能。其具有的优点有：晶粒发育完整，颗粒细小且分布均匀；粉体无团聚或团聚程度低；易得到合适的化学计量物和晶体形态，化学纯度高；可以使用较廉价的原料，无煅烧及球磨过程，无杂质和结构缺陷。

在水热反应过程中调整温度、压力、处理时间及溶液的成分、pH值、前驱体种类、矿化剂的种类及其有无等参数，可对生成 WO_3 颗粒的大小、形状进行有效调控。通过该方法能制备粒径约为24 nm的立方晶系 WO_3 超细纳米粉体；在120 ℃条件下能合成含结晶水的正交晶系 $WO_3 \cdot (1/3)H_2O$ 纳米粉体，加热后得到六方晶系的 WO_3；以酒石酸为辅助剂，使用微波辅助水热能合成得到球状 $WO_3 \cdot H_2O$；以PVA-124为辅助剂在冰醋酸存在下合成了棒状和四方形的 $WO_3 \cdot H_2O$。

然而，上述方法不适用于工业化生产，主要存在钨冶炼工艺冗长、环境污染严重、碱液不能循环利用等问题。研究人员提出在高压反应釜中利用稀盐酸、顺丁烯二酸、蔗糖作为添加剂调节水热体系的pH值，在偏碱性的水热体系条件下制备焦绿石型 WO_3，进一步拓宽了制备 WO_3 的水热条件，缩短了工艺流程，能够制得较纯的粉体；同时，使用有机物作为添加剂可以减少冶炼过程对环境的影响，在一定程度上能够实现碱液的循环，但是该方法添加的有机物价格较昂贵，工业化生产成本较高。总的来说，该方法仍为大量生产 WO_3 粉体提供了一个新颖的思路。

2.3.1.4　溶胶-凝胶法

溶胶-凝胶法是著名的湿化学制备方法，广泛应用于纳米粉体材料的制备。这种方法一般采用高化学活性的化合物当作前驱体，通过使前驱体原料在溶液中进行水解和聚合而获得稳定的溶胶，随后溶胶经过陈化、缩聚反应形成颗粒或成网络的凝胶，在凝胶过程中发生了多种类型的水解和缩聚反应，反应完成后凝胶经干燥、烧结和固化等步骤制备出目标粉体材料。

溶胶的制备可以通过不同原料和方法获得。早期 WO_3 的溶胶主要通过将 $W(OEt)_6$ 和 $WOCl_4$ 溶解在不同的醇类中获得。但是，这些前驱体不稳定且价格昂贵。WCl_6 也可以被作为溶胶的制备原料，通常将其溶解在有机溶剂中，但获得的前驱体通常含有 W^{5+}，因为有机溶剂具有一定的还原性，能够使部分 W^{6+} 发生还原反应。钨酸的水溶液通常也被用作溶胶前驱体，通常是将钨酸钠的水溶液进行酸化得到，其具有较高的稳定性，易于操作。在钨酸水溶液的陈化过程中，由于钨酸的水解，会产生氧化钨水合物沉淀。反应过程中钨酸根离子转变示意图如图 2-10 所示。

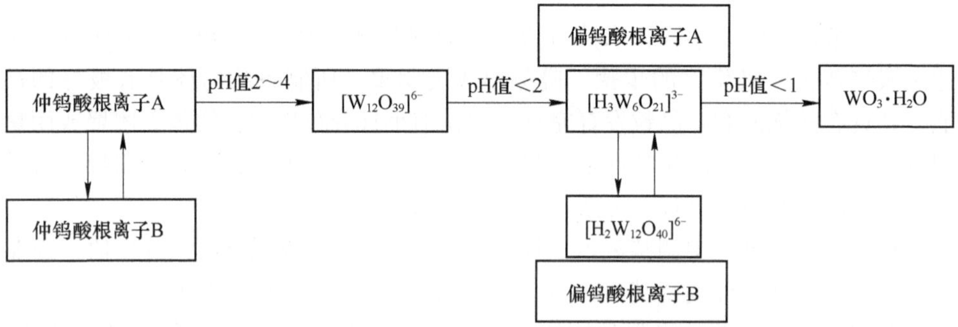

图 2-10　溶胶-凝胶过程中钨酸根离子转变示意图

仲钨酸铵是一种白色的结晶粉末，形状有片状和针状两种，化学式为 $(NH_4)_{10}[H_2W_{12}O_{42}]\cdot 4H_2O$，其密度为 2.3 g/cm^3，在 20 ℃下水中的溶解度小于 2%，水溶液呈弱酸性，不溶于乙醇，化学稳定性一般，除了会在酸性和碱性条件下发生分解，还会与过氧化氢反应生成可溶性的过氧钨酸盐。其作为一种重要的钨源，也经常被用于合成 WO_3[7]。

除此之外，偏钨酸铵也是目前使用较为广泛的钨源，化学式为（$H_2N_6O_{41}W_{12}$）。其为白色晶体或微黄色粉末，带有一定的刺激性和毒性，密度为 2.3 g/cm^3，熔点高于 300 ℃，溶于水，不溶于乙醇，加热易失去全部氨和结晶。制备 WO_3 时可将其与柠檬酸水溶液混合，加入一定量络合剂乙二醇，并用氨水和盐酸调节 pH 值，加热浓缩成凝胶后通过干燥和煅烧便可获得 WO_3 粉体。溶液 pH 值对该凝胶制备有重要影响，当 pH 值大于 3 时，粉体会产生严重的团聚性；而当 pH

值降低到 1 时，粉体的团聚现象明显减少，并且均匀性显著增加[8]。

2.3.2　钨粉还原过程中的化学反应

2.3.2.1　WO_3 还原过程中产生的不同 W-O 相

图 2-11 是具有代表性的 W-O 平衡相图，其展示了 WO_3 还原为钨粉的某些热力学性质，可以观察到 W-O 相图中存在 4 种氧化钨，即 WO_3、$W_{18}O_{49}$、$W_{20}O_{58}$ 和 WO_2。其中 WO_2 在约 1530 ℃时分解为 W 和 $W_{18}O_{49}$；$W_{18}O_{49}$ 在高温下稳定而在低温下不稳定，它在 585 ℃时分解为 WO_2 和 $W_{20}O_{58}$；而 $W_{20}O_{58}$ 在低于 484 ℃时分解为 WO_2 和 WO_3。

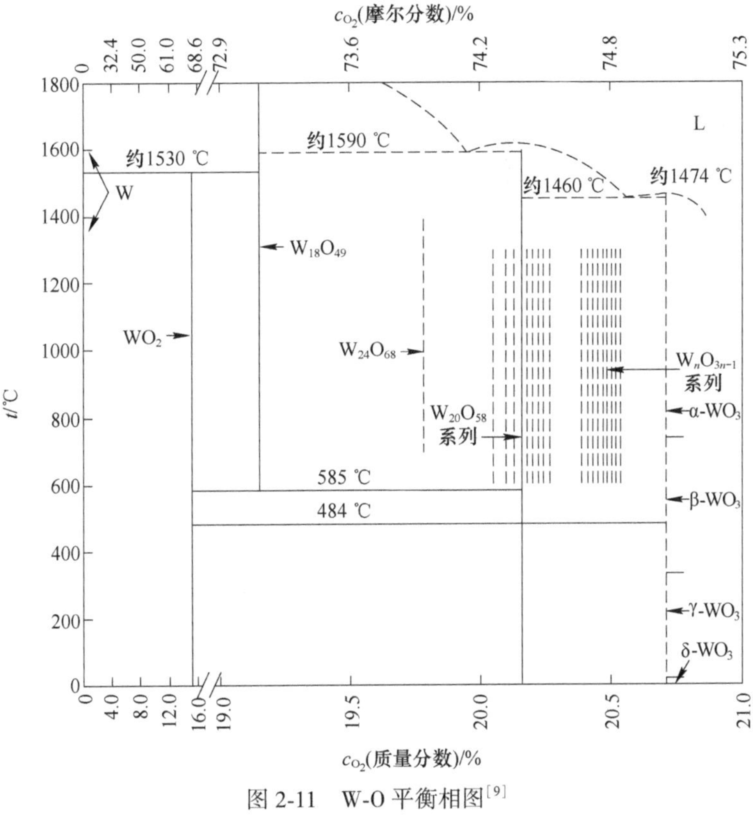

图 2-11　W-O 平衡相图[9]

稳定的钨氧化物有 WO_3 和 WO_2，除此之外，还有一些不稳定的中间钨氧化物，如蓝色氧化钨。蓝色氧化钨是许多氧化钨的总称，它们的分子式在长时间内存在较大争论。在过去一段时间内，普遍用的分子式为 W_4O_{11} 和 W_2O_5。近年来认为是在 α-氧化钨（α-WO_3）和 δ-氧化钨（δ-WO_2）之间形成的一系列的蓝色氧化钨，把它们命名为 β-氧化钨（$W_{20}O_{58}$ 或 $WO_{2.9}$，组成范围为 $WO_{2.664}$ ~ $WO_{2.94}$）和 γ-氧化钨（$W_{18}O_9$ 或 $WO_{2.72}$，组成范围为 $WO_{2.02}$ ~ $WO_{2.664}$）。这些氧化物不仅分子式有差别，而且它们的物理性能（如密度、熔点、沸点、颜色、状态、存在条件、晶体结构和晶格常数等）和化学性能均不相同。钨及氧化钨的晶格常数和物理特性数据列于表 2-2 和表 2-3 中。

表 2-2 钨及氧化钨的结晶学数据[10]

结构式	晶系	符号	晶格常数					
			a/m	b/m	c/m	α/(°)	β/(°)	γ/(°)
WO_3(α)	三斜晶系	$P\bar{1}$	7.304×10^{-10}	7.304×10^{-10}	3.844×10^{-10}	88.86	90.84	90.94
	单晶系	$P2_1/n$	7.297×10^{-10}	7.539×10^{-10}	7.686×10^{-10}		90.91	
$W_{20}O_{58}$(β)、$WO_{2.9}$	单晶系	$P\bar{1}$	12.050×10^{-10}	3.767×10^{-10}	23.590×10^{-10}		94.72	
$W_{18}O_{49}$(γ)、$WO_{2.72}$	单晶系	$P2/m$	12.280×10^{-10}	3.775×10^{-10}	13.980×10^{-10}		115.14	
WO_2(δ)	单晶系	$P2_1/c$	5.730×10^{-10}	4.960×10^{-10}	5.620×10^{-10}		122.10	
β-W	立方系	$Pm\bar{3}n$	5.036×10^{-10}					
α-W	立方系	$Im\bar{3}n$	3.156×10^{-10}					

表 2-3 钨及氧化钨的物理特性

结构式	颜色	组织结构	组成范围	密度 /g·cm^{-3}	熔点 /℃	沸点 /℃	升华/℃	备注
WO_3(α)	黄色	四方晶，正交晶，单晶，三斜晶		7.27	1472		>1300	
$W_{20}O_{58}$(β)、$WO_{2.9}$	蓝色	单晶	$WO_{2.92\sim2.84}$	7.15			>1400 ($WO_{2.9}\rightarrow WO_{2.72}$)	
$W_{18}O_{49}$(γ)、$WO_{2.72}$	紫红	单晶	$WO_{2.75\sim2.45}$	7.96			>1400 ($WO_{2.72}\rightarrow WO_2$)	1530 ℃ ($W+W_{18}O_{49}$)
WO_2(δ)	棕紫	四方晶，单晶	$WO_{2.05\sim2.00}$	10.82				650~750 ℃ (β-W→α-W)
β-W	灰色	立方 A^{15}		19.0				
α-W	灰色	体心立方		19.4	3410	5660		

图 2-12 给出了氢气还原 WO_3 的反应图。由图 2-12 可以看出，在 500~1100 ℃范围内将有以下 10 种反应途径发生：

①$WO_3\rightarrow WO_{2.90}$：在 500~1100 ℃范围发生这一反应。

②$WO_{2.90}\rightarrow$β-W：630 ℃可观察到这一反应。在 500~520 ℃，只有薄料层才能观察到 β-W。在 800 ℃时，在干燥条件下还可以观察到少量的 β-W。

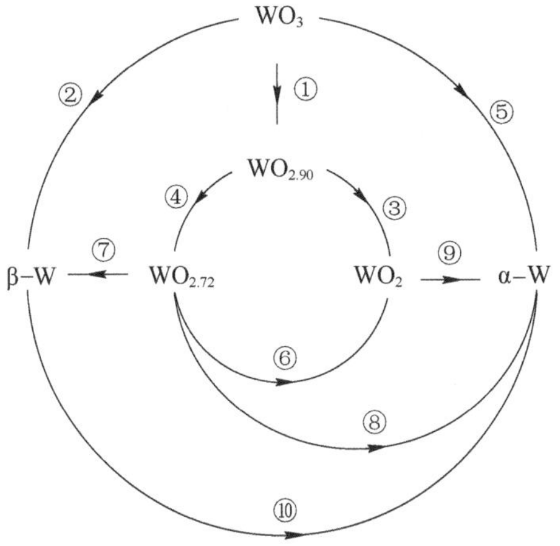

图 2-12 氢气还原 WO_3 的反应图

③$WO_{2.90}$→WO_2：主要在 520~620 ℃范围内发生，在 750 ℃还能观察到此反应，同时可以观察到晶粒粗化。

④$WO_{2.90}$→$WO_{2.72}$：在 570 ℃时，湿氢、厚料层和低的氢流速条件下，首先观察到 $WO_{2.7}$ 产物。750 ℃时，此反应和 $WO_{2.90}$→WO_2 反应同时进行。高于 750 ℃时，在工业生产条件下，$WO_{2.90}$→$WO_{2.72}$ 反应是主要反应。在干燥条件下，此反应温度可延缓到 800 ℃。

⑤$WO_{2.90}$→α-W：在 500~600 ℃范围内发生此反应。在干燥氢气条件下，此反应温度可延缓到 800 ℃左右。β-W 是还原过程中的中间相，它的生成有助于 α-W 晶核的生成。

⑥$WO_{2.72}$→WO_2：570~1100 ℃范围内可观察到此反应，温度升高和料层厚度增厚使粉末颗粒粗化。

⑦$WO_{2.72}$→β-W：在还原初始阶段，甚至到 1000 ℃都能观察到 β-W。但是在几分钟甚至几秒钟，β-W 转变为 α-W，这种转变和温度及氢的湿度有关。在 500 ℃时，β-W 和 α-W 还能同时生成。

⑧$WO_{2.72}$→α-W：570~1050 ℃范围内产生这种还原反应。在干燥氢气条件下，该反应与 $WO_{2.72}$→β-W 反应同时出现，但 β-W 很快就转变为 α-W。β-W 转变为 α-W 的过程促进成核。

⑨WO_2→α-W：500~1100 ℃范围内都有此反应发生，但反应速度很慢。在工业生产条件下，无论是还原 WO_3 还是蓝色氧化钨，其还原过程完全受还原条件（如温度、时间、料层厚度和氢的干湿程度等）的影响。

⑩β-W→α-W：500 ℃时，在干燥氢气条件下，β-W 向 α-W 转变非常慢。在高温下，β-W 向 α-W 转变是相当快的，在几分钟甚至几秒钟内就完成转变。β-W 向 α-W 的转变速率似乎与各温度下的氧分压有关。

2.3.2.2　WO_3 还原过程中形成的 $W\text{-}H_2O$（水蒸气）相

在 630~791 ℃条件下，对氢还原 β-WO_3 的过程进行研究。该还原过程分为 4 个阶段，每个阶段的化学反应式和平衡常数如下：

(1) $$10WO_3 + H_2 \rightleftharpoons 10WO_{2.90} + H_2O \tag{2-1}$$

$$\lg K_{p1} = -\frac{3266.9}{T} + 4.0667 \tag{2-2}$$

(2) $$\frac{50}{9}WO_{2.90} + H_2 \rightleftharpoons \frac{50}{9}WO_{2.72} + H_2O \tag{2-3}$$

$$\lg K_{p2} = -\frac{4508.5}{T} + 5.10866 \tag{2-4}$$

(3) $$\frac{50}{36}WO_{2.72} + H_2 \rightleftharpoons \frac{50}{36}WO_2 + H_2O \tag{2-5}$$

$$\lg K_{p3} = -\frac{904.83}{T} + 0.90642 \tag{2-6}$$

(4) $$\frac{1}{2}WO_2 + H_2 \rightleftharpoons \frac{1}{2}W + H_2O \tag{2-7}$$

$$\lg K_{p4} = -\frac{2325}{T} + 1.650 \tag{2-8}$$

上述 4 个还原阶段的平衡常数 $K_p = p_{H_2O}/p_{H_2}$，即平衡常数 K_p 用水蒸气的分压和氢气的分压的比值来表示，如图 2-13 所示。如果用 $\lg K_p$ 和 $\frac{1}{T}$ 为坐标作图，则可分别表征上述 4 个阶段还原反应的直线关系。反应式（2-3）的直线与反应式（2-5）的直线在 584 ℃处相交，低于此温度，$WO_{2.90}$ 直接还原成 WO_2 而不经过 $WO_{2.72}$。

氢还原 WO_3 的还原反应属于 A(固)+B(气)⇌C(固)+D(气) 型多相反应：

$$WO_3 + 3H_2 \rightleftharpoons W + 3H_2O \tag{2-9}$$

上述反应的平衡常数 $K_{p总}$ 和生成自由能 $\Delta Z_{总}$ 为

$$\frac{1}{10}\lg K_{p1} + \frac{9}{50}\lg K_{p2} + \frac{36}{50}\lg K_{p3} + 2\lg K_{p4} = \lg K_{p总} \tag{2-10}$$

$$\lg K_{p总} = -\frac{6439}{T} + 5.27884 \tag{2-11}$$

$$\Delta Z_{总} = 29458 - 24.15T \tag{2-12}$$

由图 2-13 和上述 4 个阶段还原反应的平衡常数方程式可得到某温度下的平衡常数，各还原反应在 600 ℃、700 ℃、800 ℃和 900 ℃下的平衡常数列于表 2-4 中。在 800 ℃还原 β-WO_3 时，还原反应的平衡条件，即 p_{H_2O} 和 p_{H_2} 值列于表 2-5 中。

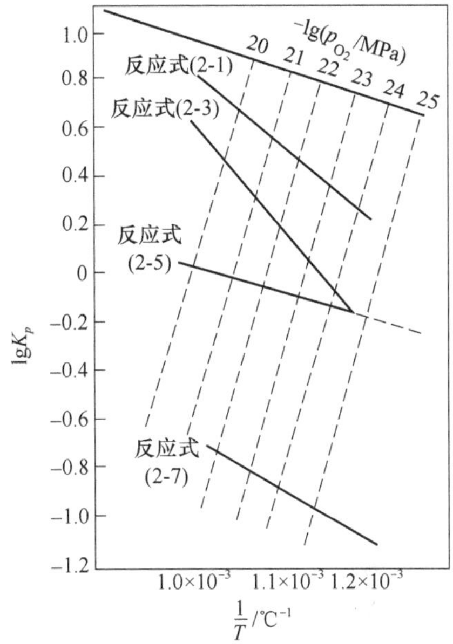

图 2-13　氢还原 β-WO_3 的 lgK_p 与 1/T 的关系

表 2-4　氧化钨还原反应在各种温度下的平衡常数

温度/℃	平衡常数 K_p							
	WO_3→$WO_{2.90}$		$WO_{2.90}$→$WO_{2.72}$		$WO_{2.72}$→WO_2		WO_2→W	
	α-WO_3	β-WO_3	α-WO_3	β-WO_3	α-WO_3	β-WO_3	α-WO_3	β-WO_3
600	3.10	2.21	1.076	0.879	0.877	0.741	0.1094	0.0971
700	8.50	5.13	1.590	2.985	1.091	0.946	0.1950	0.1820
800	20.14	10.54	2.188	8.054	1.301	1.155	0.3260	0.3041
900					1.509	1.365	0.4020	0.4656

表 2-5　800 ℃氢还原 β-WO_3 的平衡分压　(MPa)

反应	WO_3→$WO_{2.90}$	$WO_{2.90}$→$WO_{2.72}$	$WO_{2.72}$→WO_2	WO_2→W
p_{H_2O}	0.0925	0.0899	0.5363	0.2336
p_{H_2}	0.0088	0.0114	0.0470	0.767

由表 2-5 得知，800 ℃氢还原时，炉内氢的分压大于 0.767 MPa（其余为水蒸气分压，因为 $p_{H_2O}+p_{H_2}=0.1$ MPa）时，则反应向生成金属钨粉方向进行；若炉内氢分压为 0.0470~0.767 MPa 之间，则反应向生成 WO_2 方向进行。

上述氢还原 α-WO_3 和 β-WO_3 的 4 个阶段还原反应的平衡常数证明：前两个阶段还原反应的平衡常数受 WO_3 的结构影响较大，后两个阶段还原反应的平衡

常数基本不受 WO_3 结构的影响。可见氢还原 α-WO_3 和 β-WO_3 得到的 $WO_{2.90}$ 和 $WO_{2.72}$ 的结构可能存在一定的差异。

通常使用的氢气中含有少量的氧气或操作时漏进空气，氧气对氢还原过程有影响。氢与氧便发生下列反应：

$$H_2 + \frac{1}{2}O_2 = H_2O(气) \tag{2-13}$$

$$\lg K_p = \frac{12874}{T} - 2.863 \tag{2-14}$$

即

$$\lg \frac{p_{H_2O}}{p_{H_2}} = \frac{12874}{T} - 2.863 + \lg p_{O_2}^{\frac{1}{2}} \tag{2-15}$$

如果设氧平衡分压 p_{O_2} 的值分别为 10^{-14} Pa、10^{-15} Pa、10^{-16} Pa、10^{-17} Pa、10^{-18} Pa、10^{-19} Pa、10^{-20} Pa，则可求得 $\lg \frac{p_{H_2O}}{p_{H_2}}$ 与温度的关系，并用虚线表示在图 2-13 中。根据这些虚线在图上画上 $\lg p_{O_2}$ 坐标轴。这样就容易在图上读出某一温度和某一 $\frac{p_{H_2O}}{p_{H_2}}$ 值下该反应的平衡氧分压。

现以氢还原 WO_2 为钨粉说明氧的影响，即图 2-13 中反应式（2-7）对应的直线，即 $WO_2 \rightarrow W$ 的 $\lg \frac{p_{H_2O}}{p_{H_2}}$ 与 $\frac{1}{T}$ 的关系，氧对氢还原过程的影响由温度和 $\frac{p_{H_2O}}{p_{H_2}}$ 值来决定。当温度一定时，氧的影响随 $\frac{p_{H_2O}}{p_{H_2}}$ 值不同而异。

$\frac{p_{H_2O}}{p_{H_2}}$ 值大于 $WO_2 \rightarrow W$ 反应的平衡常数 K_{p4} 时，若系统中的氧分压大于 WO_2 的离解压，则钨粉被氧化生成 WO_2，而 WO_2 不能被氢还原；若系统中氧分压小于 WO_2 的离解压，则 H_2O(气) 离解而析出氧。

$\frac{p_{H_2O}}{p_{H_2}}$ 值小于 $WO_2 \rightarrow W$ 反应的平衡常数 K_{p4} 时，H_2O(气) 的离解压恒小于 WO_2 的离解压，系统中的氧分压即使大于 WO_2 的离解压，但由于氢被氧化而生成水蒸气，因此钨粉不被氧化，WO_2 仍可被氢还原。

$\frac{p_{H_2O}}{p_{H_2}}$ 值等于 $WO_2 \rightarrow W$ 反应的平衡常数 K_{p4} 时，WO_2 和 H_2O(气) 的离解压相等。系统中的氧分压大于 WO_2 的离解压时，钨粉和氢气均被氧化；系统中的氧分压小于 WO_2 的离解压时，则 WO_2 和 H_2O（气）均被离解析出氧，所以 WO_2

不能被氢还原。

由上述分析可知，在温度一定的条件下，氧的影响作用取决于氢气中水蒸气的含量。当$\frac{p_{H_2O}}{p_{H_2}}$值一定时，氧的影响因还原温度不同而异。

还原温度高于$WO_2 \rightarrow W$反应的平衡温度时，WO_2的离解压大于H_2O(气）的离解压。在系统中氧分压大于H_2O(气）离解压，则氢被氧化，而WO_2仍可被氢还原。

还原温度低于$WO_2 \rightarrow W$反应的平衡温度时，WO_2的离解压总小于H_2O(气）的离解压。在系统中的氧分压大于WO_2的离解压，则钨粉被氧化。

还原温度等于$WO_2 \rightarrow W$反应的平衡温度时，WO_2和H_2O(气）的离解压均等于PO_2。在系统中氧分压大于WO_2的离解压，则钨粉和氢均被氧化，还原过程无法进一步发生。

综上所述，钨粉是易被氧化的物质，如果在干燥氢气中（即氢气中水分压与氧分压的比值小于K_p）和保持较高的温度条件下，即使氢气中的氧含量较高，钨粉也不会被氧化，可以认为氢气起到了保护作用。氢气中的氧会对钨粉氧化，所以在工业生产上对氢气进行脱氧和干燥除水是很重要的。

2.3.3 钨粉还原生长机制

2.3.3.1 吸附-自动催化机理

在通常条件下，氢还原WO_3属于固相和气相的多相反应类型，它一般由扩散过程和结晶化学过程组成。氧化钨被氢还原的过程属于吸附-自动催化过程。氧化钨在结晶化学变化之前，气体还原剂首先在固体氧化钨表面被吸附，然后与氧化钨中的氧在颗粒表面上发生反应，随着还原反应持续进行，依次向颗粒内部发生反应，氧化钨（W_xO_y）的晶格类型转变为金属钨（W）的晶格类型，这种晶格变化称为结晶化学变化，其化学反应产物水蒸气被解吸。此过程可用下列反应式表示（W 代表金属钨）：

吸附过程：

$$W_xO_y(\text{固}) + yH_2(\text{气}) = W_xO_y \cdot yH_2 \quad (2\text{-}16)$$

结晶化学转变过程：

$$W_xO_y \cdot yH_2 = xW \cdot yH_2O \quad (2\text{-}17)$$

$$xW \cdot yH_2O = xW + yH_2O \quad (2\text{-}18)$$

吸附-自动催化机理可分为 3 个阶段，即孕育期、自动催化期和减速期。

(1) 孕育期。氧化钨颗粒表面上被吸附的氢与氧化钨颗粒表面上各个活泼部分（活动中心）发生作用，也就是与由于某些原因和晶格结合不牢固的质点发生反应。

(2) 自动催化期。氧化钨被氢还原得到的金属钨与氧化钨形成的相界面逐渐增大；在孕育期活动中心形成的新相微晶与氧化钨的接触面也逐渐增大，使氧化钨相发生晶格歪扭和产生缺陷；同时，氧化钨颗粒表面上吸附的氢也可能变成活性很强的氢原子。这些过程都会使反应活化能降低进而加速化学反应，这些过程具有自动催化的作用。以新相为核心逐渐向周围扩展，产生结晶化学反应。

（3）减速期。由各个晶核发展起来的反应区域合并为一个反应区域，它的表面积随还原过程继续进行而逐渐减小，从而引起总的反应速度相应地降低，称这个反应期为减速期。

吸附-自动催化机理的 3 个阶段可用图 2-14 说明，自动催化过程的反应速度有最高点。

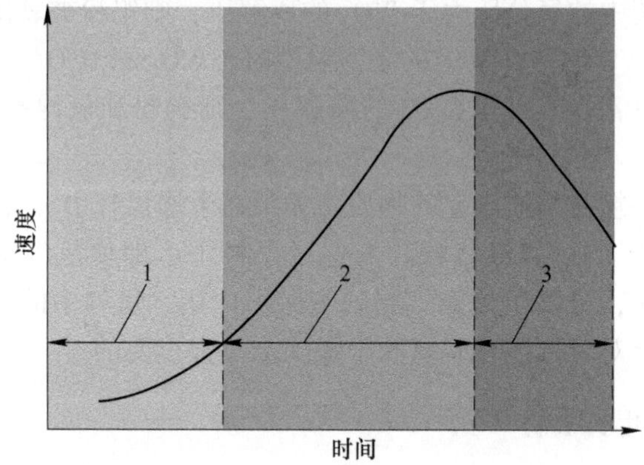

图 2-14　氧化钨还原反应速度与时间的关系

1—孕育期；2—自动催化期；3—减速期

但是，近年来有些人认为吸附-自动催化理论的实验证据还不充分。例如，将低温下的吸附平衡常数推广到高温并不合适，对相界面的扩展作为自动催化过程而加快还原过程的原因有所怀疑。

2.3.3.2　固态氧迁移机理

氧化钨中的氧以固-气形式或固-固形式按扩散机理从固态氧化钨中迁移，按下面反应式进行：

$$WO_3(\text{固}) + 0.1H_2(\text{气}) \longrightarrow WO_{2.90} + 0.1H_2O(\text{气}) \tag{2-19}$$

$$WO_{2.90}(\text{固}) + 0.45\beta - W(\text{固}) \longrightarrow 1.45WO_2(\text{固}) \tag{2-20}$$

固态氧迁移是指在氧化钨氢还原过程中，氧化钨晶格中的氧元素被直接移除（固态扩散或气相扩散）。通过图 2-12 可知，WO_3 氢还原不可避免会经过 $WO_{2.90}$ 这一中间过程。在这一过程中，WO_3 有可能在氧原子不断移除时改变晶体结构，但晶体形貌大致不变；而 $WO_{2.90}$ 又有可能跳过 WO_2，被直接还原成钨粉，那么还原最终产物的形貌就会与氧化钨原料的形貌保持一致，有着结构遗传性。

2.3.3.3　化学气相沉积反应机理

在 600 ℃以上的高温还原反应条件下，金属钨粉、氧化钨会与水蒸气生成极其容易挥发的钨氧水合物 $WO_2(OH)_2$ 及氢气，水合物挥发后沉积在细小的晶核上，然后再与氢气反应生成金属钨，促使钨粉颗粒长大。该过程示意图如图 2-15 所示，其化学反应按下式进行：

$$W(固) + 4H_2O(气) \longrightarrow WO_2(OH)_2(气) + 3H_2(气) \tag{2-21}$$

$$WO_3(固) + H_2O(气) \longrightarrow WO_2(OH)_2 \tag{2-22}$$

$$WO_2(固) + 2H_2O(气) \longrightarrow WO_2(OH)_2(气) + H_2(气) \tag{2-23}$$

$$WO_2(OH)_2(气) + 3H_2(气) \longrightarrow W(固) + 4H_2O(气) \tag{2-24}$$

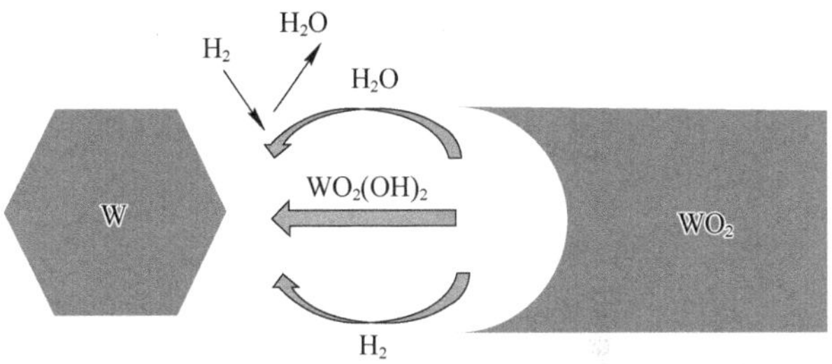

图 2-15 氧化钨氢还原化学气相沉积过程示意图

综上所述，氢还原氧化钨时，将有各种低价氧化钨和 β-W 相生成，这些钨的化合物随着还原条件的改变均可以被还原成钨粉，其反应机理复杂。由于实验条件的差异，反应平衡常数和反应速度常数的计算结果有很大差异，这些问题有待进一步研究。

2.3.4 添加物与合金化对钨粉体形貌的影响

2.3.4.1 稀土氧化物

稀土元素具有高度活泼的化学性质，不仅能够与硫、氧等元素反应生成高熔点的稳定化合物，而且还可以与合金中的低熔点杂质相互作用，形成高熔点的化合物，抑制元素在晶界处的偏聚，从而净化晶界、提高材料强度。例如，Y_2O_3 能够起到弥散强化和细化 W 晶粒的作用[11]，随着 Y_2O_3 含量的增加，晶粒细化显著，动态力学性能却有所提高，但室温下的力学性能有所降低。因此，当钨合金采用的粉末原料为超细/纳米粉末时，稀土元素对钨合金烧结过程、合金组织与性能的影响具有重要的研究价值的。

稀土元素对材料力学性能的影响与其添加量和添加形态有很大关系。稀土元素的添加形态主要有纯金属粉末、氮化物、硫化物、氢化物、氧化物、无机盐及稀土-金属（RE-Me）中间合金粉末（如 RE-Fe、RE-Ni 等），其中后 3 种是主要的添加形式。

未添加稀土氧化物的钨粉在 1300 ℃以上时，相对密度随温度呈线性增加，而添加稀土氧化物的相对密度则是呈现先增速较慢、后增速较快的趋势。总之，添加稀土氧化物的粉末致密化程度较低，且稀土氧化物含量越高，致密化程度越低，说明稀土氧化物在烧结中起到了阻碍致密化的作用。在 1450 ℃以下的固相烧结中，添加稀土氧化物样品的相对密度较无稀土样品的低很多，而在 1450 ℃以上的液相烧结中（其液相烧结温度为 1463~1465 ℃），它们之间的差距缩小，甚至比无稀土样品更高，说明在高温下稀土氧化物对烧结致密化的阻碍作用减弱。

稀土氧化物对不同烧结温度下致密度的影响与烧结中物质的迁移机制有关。当烧结温度较低时，物质迁移以固相颗粒间的扩散为主，而稀土氧化物往往存在于颗粒表面，阻碍了物质的迁移，因而阻碍了烧结致密化。而在较高的温度下进行液相烧结时，物质迁移以溶解-析出为主，合金的致密化通过液相的流动和 W 颗粒的重排实现。由于稀土氧化物颗粒细小，对 W 颗粒的重排阻碍作用较小，因而对液相烧结下的致密化影响较小。

稀土氧化物主要以第二相粒子的形式弥散分布于 W 晶粒之间，对位错等变形中产生缺陷的运动起阻碍作用，强化了合金的强度。同时它们对晶粒的细化作用使晶界密度增大，起到细晶强化的作用，进而提高了材料的硬度、强度。但是，过量稀土氧化物的添加会降低烧结样品的密度，增加孔洞增多，破坏了基体的连续性，导致了材料性能降低。

稀土氧化物对钨晶粒的细化作用机制主要有以下 3 种：

（1）还原作用。稀土氧化物通过降低还原温度来提高氧化物的还原率，在还原过程中并没有发现 WO_2，而是形成 W_5O_{14} 和 W_3O_5。

（2）晶界钉扎。稀土氧化物分布在氧化钨或钨晶粒的晶界处，起到钉扎作用，抑制晶粒长大。

（3）表面沉积。稀土元素以钨酸盐的形式沉积在钨晶粒表面，抑制“挥发沉积”过程。此外，稀土元素还可以加速钨晶粒（颗粒）的结晶，使其形貌更规则（从球形到多面体）。

从断口形貌分析可以得到，随着稀土氧化物含量的增加，W 晶粒尺寸发生变化：在添加 0~0.3%的稀土氧化物时，W 晶粒尺寸基本保持不变，为 8~15 μm，均匀地分布在黏结相中，说明添加少量稀土氧化物对 W 晶粒长大的抑制作用并不明显。当添加 0.4%~0.5%的稀土氧化物时，部分 W 晶粒发生异常长大，粒径达到 15~25 μm。稀土氧化物原料粉末的粒度为 4~5 μm，但经机械球磨后，其粒度可细化至 1 μm 左右，且颗粒形貌变得不规则，均匀分散在黏结相中。虽然稀土氧化物对黏结相起到了弥散强化的作用，但也降低了其抗变形能力。

2.3.4.2　过渡金属氧化物

过渡金属一般都能生成一种或多种价态的氧化物。过渡金属氧化物具有多样的物理和化学性质，同一种过渡金属氧化物材料可能表现出多种物理特性，如铁磁性、铁电性、超导体、热电效应、光电效应、压电效应、磁致伸缩、磁电耦合和超流体等。

在 WO_3 的氢还原过程中，Mn 可以部分固溶于钨晶格中，改变钨的晶格常数，导致钨晶粒的边缘钝化，使其形状从多面体转变为球体。事实上，大多数 Mn 原子以 $MnWO_4$ 的形式分布在钨晶粒表面，抑制了钨原子的“挥发沉积”过程[12]。在还原过程中，$MnWO_4$ 很容易结合到钨晶粒中，导致最终颗粒中形成明显的开放孔隙。在钨合金中，Mn 可以通过与氧和硫反应形成氧化物和硫化物起到净化晶界的作用，同时在活化烧结和晶粒细化中发挥重要作用。

当 Fe 的含量为 0.0290 时，钨晶粒（颗粒）表面会形成清晰的生长台阶结构；当 Fe 含量高于 0.0290 时，Fe 在还原初期很容易与 WO_3 反应形成 $FeWO_4$，抑制了“挥发沉积”，最终还原为 W 和 Fe_7W_6。

在氧化钨还原过程中，Co 起到催化剂的作用，促进针状 $WO_{2.72}$ 颗粒的形成，其具有较大的长径比，同时也在一定程度上提高钨晶粒的成核速率，形成超细甚至纳米级晶粒。但 Co 也容易导致钨晶粒团聚成大的多晶颗粒。研究表明，在还原过程中会形成 Co_3W（在 900 ℃以上消失）和 Co_7W_6 相；还原初期，$CoWO_4$ 分解形成的 Co_7W_6 相很容易结合到钨晶粒中。Pd 与 Co 类似，能够提高催化氧化钨的还原速率（尤其是起始还原速率）。Pt 则通过加速分子氢的离解，在 WO_3 的氢还原过程中，降低还原温度，提高 WO_3 的氢还原率。

Ni 可以略微降低还原温度，抑制钨晶粒的生长。$NiWO_4$ 的形成可以抑制“挥发沉积”。在还原初期，NiO 迅速还原为 Ni，钨晶粒以 Ni 作为成核点。在 800 ℃下对 WO_3-NiO 粉末进行氢还原球磨 1 h，可以得到粒径约为 100 nm 的 W-Ni 粉末。而在高于 900 ℃的还原温度下，Ni 易导致钨晶粒沿<110>晶体方向生长成具有八面体尖端的晶须，其优先生长机制尚不清楚。此外，可起到抑制钨晶粒生长作用的还有 Zr，$Zr(WO_4)_2$ 的形成同样可以抑制“挥发沉积”。

V 则能够在 WO_2 晶粒表面形成 $V_{0.3}W_{0.7}O_2$，为钨晶粒提供更多的成核点。随着 V 含量的增加，还原率可能降低。Cr 通常以 Cr_2O_3 的形式存在于氧化钨粉末中（Cr_2O_3 被氢气还原为 Cr 的温度高于 1000 ℃），还原时 Cr 分布在钨晶粒表面，抑制钨原子的“挥发沉积”[13]，Cr_2O_3 的最大有效添加量约为 0.9%（质量分数）。

Zn 能够有效提高氧化钨的还原速率，促进板状 $WO_{2.92}$ 和针状 $WO_{2.72}$ 晶体的形成，这有利于提高钨晶粒的成核速率，并影响钨粉的最终粒度[14]。Cu 则为钨晶粒提供成核点，有利于细化钨晶粒。WO_2 或 WO_3-CuO 混合物的氢还原温度低于 WO_3 粉末，促进钨晶粒在 Cu 表面的“挥发沉积”。

2.3.4.3 合金元素对钨粉体形貌的影响

Li、Na、K 等碱金属元素可以作为氧原子的载体（通过形成 $WO_x \cdot nMe_2O$ 或

Me_2O，Me=Li、Na 或 K），延长氧在粉末中的保留时间，促进化学气相迁移反应，并促进钨晶粒的生长。$WO_x \cdot nMe_2O$ 或 Me_2O 的挥发温度随碱金属元素原子序数的增大而升高。碱金属元素促进钨晶粒生长的顺序为：Li>Na>K。$WO_x \cdot nMe_2O$ 沉积在钨核的晶面上，促使钨晶粒长大，相邻钨晶粒之间的区域将形成烧结颈，然后这些钨晶粒合并生长为多晶颗粒。研究表明，钨晶粒首先在 K 原子的浓度区成核，在随后的沉积和生长过程中，K 原子容易被 W 吸收，钨晶粒中 K 原子残留量增加是因为 Si 或 Al 的存在导致 K 原子的挥发率降低，但 Si 或 Al 并不影响 K 对钨晶粒的粗化作用。由于 Si 的存在，Na 起到了细化钨晶粒的作用，但具体原因尚不明确。需要注意的是，碱金属元素会导致烧结钨基材料的强度下降，因此在液相烧结或固态烧结过程中形成闭孔之前，应尽可能延长保温时间，以减少其残留。在 750~1000 ℃时，Si 对氧化钨的还原过程和钨晶粒的形貌并没有显著影响，钨晶粒的形态主要为四面体、六面体或立方体。但有研究表明，Si 对钨晶粒有轻微的粗化作用，因为 $SiO_2 \cdot nH_2O$ 凝胶的形成影响了水蒸气的挥发速率。

在煅烧仲钨酸铵后，Ca 以 $CaWO_4$ 的形式保留在氧化钨粉末中，经氢还原后，以 $CaWO_4$ 和 $Ca_{4.26}W_{10}O_{30}$ 形式保留在钨粉末中，这可能会影响钨晶界的迁移。

B 可以减缓 WO_2 还原成 W。当 B 的掺杂含量高于 0.1%时，B 对钨晶粒有细化作用，但还原的钨颗粒是纳米颗粒的聚集体，即使还原温度高于 900 ℃，也未检测到明显的单晶。当 K 和 B 共掺杂时，煅烧仲钨酸铵和氧化钨的氢还原过程中会形成硼酸钾，B 起到抑制 K 挥发的作用。

Al 对钨晶粒的细化作用机制有 3 种：（1）Al 掺杂量小于 $8\times10^{-3}\%$时，它能够完全固溶于钨晶格中，从而改变钨在还原过程中的晶格常数，进而影响钨晶粒的生长；（2）掺杂量大于 $8\times10^{-3}\%$时，在其表面生成一层高稳定性的氧化物薄层，使得钨晶粒生长受到抑制，其形貌从粗糙的立方体转变为多面体进而变化成球体；（3）$AlWO_4$ 和 $Al_2(WO_4)_3$ 相的形成，抑制了钨原子的“挥发沉积”。

类似的情况，Mo 对钨晶粒的细化作用机制有两种：（1）与 Al、Mn 类似，Mo 可以部分固溶于钨晶格中，改变钨晶粒上的形成和生长步骤，使钨晶粒边缘钝化，钨晶粒由多面体转变为锐边到近球体，边缘变得光滑；（2）Mo 与 WO_3 反应生成 MoO_2，为 WO_2 晶粒提供更多的成核点。

在含有 C 杂质的还原系统中，C 可以与 H_2O(气相）反应形成 CO 和 H_2，降低了水蒸气的压力，抑制钨原子的“挥发沉积”，因此 C 可以强烈抑制钨晶粒的生长，这有助于获得超细甚至纳米钨粉。当 C 与 W 的物质的量之比为 2.6 时，能得到 564 nm 的球形钨粉。同样，挥发性 As 和 As_2O_3 也降低了还原系统中的水蒸气压力，还原过程可以为钨晶粒提供更多的成核点，也可以抑制钨晶界的迁移，起着细化钨晶粒的作用。P 在某种程度上可以细化钨晶粒，促进 WO_2 晶粒成核，形成星形聚集体。这可能是决定钨粉最终粒度的控制因素，建议钨基材料中 P 的掺杂量不应超过 0.3%(质量分数)。共掺杂的 As 和 P 会加速仲钨酸铵的分解速率[15]，释放出的大量 As_2O_3 和 P_2O_3 气体，形成多孔氧化钨颗粒，有利于还原过程进行。P_2O_3 气体的释放可以进一步降低氧化钨氢还原过程中的水蒸气压。共掺杂 0.3%(质量分数) 的 As 和 0.3%(质量分数) 的 P 可以获得粒径为 79 nm 的细钨粉。

参 考 文 献

[1] 刘洪萍，杨志鸿 . 湿法冶金：浸出技术 [M]. 北京：冶金工业出版社，2016.

[2] MACDONALD R F W. Optimisation and Modelling of the Spiral Jet Mill [D]. Newcastle: Newcastle University，2017.

[3] 赵改青，王晓波，刘维民 . 喷雾干燥技术在制备超微及纳米粉体中的应用及展望 [J]. 材料导报，2006，20 (6)：56-59.

[4] RÖTHLISBERGER A，HÄBERLI S，SPOLENAK R，et al. Synthesis，structure and mechanical properties of ice-templated tungsten foams [J]. Journal of Materials Research，2016，31：753-764.

[5] JEON K C，KIM B S，KIM Y D，et al. Porous Mo-30wt. % W alloys synthesized from camphene/MoO_3-WO_3 slurry by freeze drying and sintering process [J]. International Journal of Refractory Metals and Hard Materials，2015，53：32-35.

[6] GAO J，DU Q，CHEN K，et al. Synthesis of few-layered $Ti_3C_2T_x$/WO_3 nanorods foam composite material for NO_2 gas sensing at low temperature [J]. Ceramics International，2023，49：29962-29970.

[7] 王雪晴，杨建参，刘山宇，等 . 仲钨酸铵的热分解过程研究 [J]. 中国钨业，2014，29 (2)：32-36.

[8] 王新刚，张怀龙，时斌，等 . pH 值与温度对 WO_3 纳米粉体制备的影响 [J]. 中国钨业，2014，29 (2)：19-23.

[9] MARDARE C C，HASSEL A W. Review on the versatility of tungsten oxide coatings [J]. Physica Status Solidi A—Applications and Materials Science，2019，216 (12)：1900047.

[10] ANDERSSON G，BAK B，HILLEBERT A，et al. On the crystal structure of tungsten trioxide [J]. Acta Chemica Scandinavica，1953，7：154-158.

[11] 吕永齐，范景莲，韩勇，等 . 微量 Y 弥散强化细晶 W 的烧结组织和性能 [J]. 稀有金属材料与工程，2017，46 (6)：1704-1708.

[12] 李亚蕾 . Mo、Mn 对钨产品组织与性能的影响 [D]. 南昌：南昌大学，2014.

[13] 黄海 . 仲钨酸铵结晶过程掺铬工艺及其对硬质合金的影响 [D]. 赣州：江西理工大学，2015.

[14] PAPAZOGLOU M, CHALIAMPALIAS D, VOURLIAS G, et al. Examination of the reduction of the WO_3/Zn system [C] // AIP Conference Proceedings. American Institute of Physics, 2010, 1203 (1): 807-811.

[15] 王晓茹. 磷辅助砷致钨粉细化机理及超细碳化钨粉制备 [D]. 南昌: 南昌大学, 2018.

3 钨粉的烧结

烧结（sintering）是指多孔坯体在高温条件下发生的表面积减少、孔隙率降低的致密化过程。在烧结过程中，多孔坯体发生了一系列的物理和化学变化，并且在不同的烧结条件下，反应类型及程度各不相同，从而形成了不同的显微结构和组织形态，最终决定产品的性能与质量。尤其是对于难熔金属材料而言，由于其熔点较高，难以通过传统的铸造、焊接等工艺进行成型，因此研究难熔金属材料的烧结过程对提高其应用性能至关重要。

本章主要探讨钨粉烧结的基本原理及其致密化机制。针对当前纳米粉体的发展及其在粉末冶金领域的广泛应用，重点阐述了难熔金属纳米粉体烧结过程[1]中独特的热力学驱动力[2-3]及动力学机制[4-5]，旨在从难熔金属材料的烧结机制设计出发，为其结构调控及性能提升提供有益的指导。

3.1 烧结的基本过程

根据 Hirschhorn 等人基于球形颗粒提出的烧结模型，按照烧结过程中接触面和空隙的变化，可将烧结过程分为 3 个阶段：黏结阶段、烧结颈长大阶段及闭孔球化和缩小阶段，其结构演变过程如图 3-1 所示[1]。

(a)　　(b)　　(c)　　(d)

图 3-1　球形颗粒烧结结构的演变过程

（a）烧结前颗粒的原始接触；（b）烧结早期的烧结颈长大；（c）(d）烧结后期的孔隙球化

（1）黏结阶段（初期阶段）。主要通过成核、晶粒长大等过程，使颗粒间的原始点接触转变为晶体结合，形成烧结颈。在这一阶段，颗粒的外观形貌无明显变化，内部晶粒也基本不变，颗粒仅发生重排和键合，气孔由原来的柱状贯通结构逐渐过渡为连续贯通结构。因此，整个烧结体无明显收缩，密度变化不显著。这一阶段的烧结机理通常可用简单的双球模型（two-particle model）来解释。

（2）烧结颈长大阶段（中期阶段）。随着烧结的进行，通过晶格或晶界扩散，晶粒间的物质迁移至颈表面，促使烧结颈长大，颗粒间距离缩小，形成连续的空隙网络。随着晶粒的持续粗化，晶界越过空隙移动，使空隙由连续通道变为孤立状态。在这一阶段，烧结体产生明显收缩，气孔率降至5%左右，致密度大大提高，可达90%。这一阶段的烧结机理通常可用通道气孔模型（channel pore model）进行解释。

（3）闭孔球化和缩小阶段（最终阶段）。在此阶段，晶粒持续生长，导致空隙逐渐变窄直至无法稳定存在，从而分解为孤立封闭气孔。随着扩散和流动的充分进行并接近完成，气孔逐渐趋近于球形并不断收缩，最终小孔逐渐消失，空隙数量减少。这一阶段烧结体的收缩主要依靠小孔消失和空隙数量减少来实现，因而收缩速率比较缓慢，但晶粒长大比较明显。其烧结机理通常可用孤立气孔模型（isolated pore model）进行分析。

3.2　烧结的热力学驱动力

相对于致密体而言，组成生坯体的粉末颗粒具有较大的比表面积，因而表面能较高。此外，粉体在合成过程中，表面和内部由于存在过剩空位、位错及内应力等多种晶体缺陷，粉体处于较高的能量状态，具有自发转变为低能量状态的趋势。从热力学角度来看，高温烧结过程是系统自由能减少的过程，因此具有自发进行的趋势，而体系能量的减少正是烧结过程中的热力学驱动力。

尽管表面能相对于晶格畸变能而言较小，但是在烧结过程中，特别是在烧结早期，起主要驱动作用的还是表面能，在其作用下颗粒的界面能转变为晶界能。由于晶界具有更低的能量状态，体系的总能量随之下降。随着烧结的进行，烧结颈处的晶界向两边颗粒内部移动，并且颗粒内原有的晶界通过再结晶生长发生移动并逐渐减少。因此，晶界能的进一步降低成为烧结颈形成及长大后烧结继续进行的主要驱动力。

此外，在烧结过程中，无论孔隙度是否减少，总比表面积持续降低。当封闭空隙形成后，在空隙体积不变的情况下，表面积的减少主要依靠空隙的球化。而球形空隙的持续收缩并消失也会使总表面积进一步减少。因此，空隙表面自由能的降低始终是烧结过程中的驱动力[2-3]。

3.2.1　本征过剩表面能驱动力

假定烧结前粉体系统的表面能为 E_p，烧结成一个致密的立方体后的表面能为 E_d，忽略形成晶界能量的消耗，则烧结成型的本征驱动力 ΔE 为两者之差，即

$$\Delta E = E_p - E_d \tag{3-1}$$

代入晶体材料的摩尔质量 W_m(g/mol)、固-气表面能 γ_{sv}(J/m^2)、粉体比表面积 S_p (cm^2/g)、固体密度 d(g/cm^3)，则有

$$\Delta E = \gamma_{sv}[W_m S_p - 6(W_m/d)^{2/3}] \tag{3-2}$$

由于 $W_m S_p \gg 6(W_m/d)^{2/3}$，则式（3-2）可近似为

$$\Delta E = \gamma_{sv} W_m S_p \tag{3-3}$$

利用式（3-3）可以大概估算 1 mol 粉体的过剩表面能。例如，对于粒径为 300 nm 的钨粉，其比表面积约为 104 cm^2/g，固体密度为 19.3 g/cm^3，固-气表面能为 2.9 J/m^2，则计算得到的本征表面能驱动力约为 5.54 J/mol。应该注意的是，对于不同成分的粉体，粉体晶体的自扩散性对烧结活性也有很大的影响，需要综合考虑粒径及晶体自扩散性两个因素才能对烧结活性做出准确的判定。

3.2.2 本征 Laplace 应力

对于难熔金属，一般总是以压坯烧结为主。压制成的生坯具有两个新的特征，即存在颗粒之间的接触和颗粒堆积形成的空隙。这两个特征对于烧结十分关键，而整个系统表面积的减小引起自由能降低主要是依靠空隙的收缩来实现的。如图 3-1 所示，起始阶段的孔洞形状并不是球形，随着烧结的进行，孔洞逐渐收缩并逐渐向球形过渡。孔洞的收缩必然伴随着颗粒接触区的扩张，这个接触区被定义为烧结颈，烧结颈的形成必然具有一定的曲率半径。Laplace 和 Young 以弯曲液面为例，给出了表面的曲率半径，表面张力和表面所受的应力差值由式（3-4）计算得出。

$$\Delta\sigma = \gamma(1/R_1 + 1/R_2) \tag{3-4}$$

式中，γ 为表面张力；R_1、R_2 分别为表面上相互垂直的两个曲面的曲率半径，称为主曲率半径。

对于一个凸表面，其曲率半径为负，产生拉应力；对于凹表面，其曲率半径为正，产生压应力。由于这些应力的存在，导致凹、凸处的化学能有所不同，进而导致因空隙浓度之差而产生的空隙及原子转移。所以在烧结时，任何具有曲率的表面具有最终变得扁平的趋势。

对于不加压固相烧结的颗粒体系，两个球形颗粒接触形成的烧结颈如图 3-2 所示。图 3-2 中，x 表示接触面积的半径，ρ 为颈部的曲率半径，即式（3-4）中的 R_1 和 R_2，则颗粒接触的本征 Laplace 应力为

$$\sigma = \gamma(1/x + 1/\rho) \tag{3-5}$$

式中，x 为正号，表示在颗粒内计算半径值，具体数值与颗粒的半径密切相关，对于不同粒径的粉体颗粒，变化是相当大的；ρ 为负号，表示从孔洞内计算。

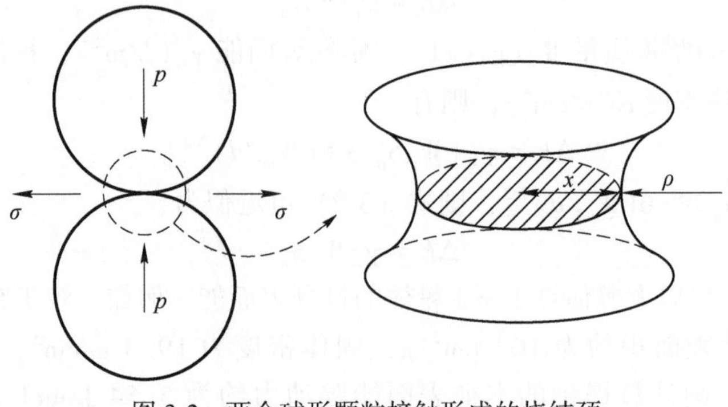

图 3-2　两个球形颗粒接触形成的烧结颈

颈部凹表面拉伸应力 σ 的存在，使得有压应力 p 作用在两球接触的中心线上，使两球靠近。由式（3-5）可以看出，影响颈部应力的主要因素是其曲率半径，而非表面张力。对于绝大多数金属，颈部受到的拉应力可达到 100～150 MPa，由此可以看出，即使在不施加外力的条件下，烧结也是在一个非常大的颈部应力作用下的收缩过程，特别是在烧结初期。

3.2.3　化学位梯度驱动力

对于单相系统，不同曲率半径的表面产生不同的 Laplace 应力，因而在颗粒接触区产生了一个化学位差。

$$\Delta\mu = \sigma\Omega \tag{3-6}$$

式中，Ω 为原子体积。

对于多相系统，由于化学组成的不同引起的自由能变化，以及由于外部施加应力引起的自由能变化，都可以用化学位差来计算。

$$\Delta\mu = \mu - \sum \mu_i \tag{3-7}$$

$$\Delta\mu = \sigma V_{\mathrm{m}} \tag{3-8}$$

式中，μ 为未加入 i 组元时的化学位；μ_i 为化学组元 i 的化学位；σ 为应力；V_{m} 为摩尔体积。

相较于固相和液相烧结，反应烧结的化学位梯度驱动力最强。

3.3　烧结动力学

3.3.1　烧结过程的物质迁移机制

烧结过程中，颗粒界面上发生的质量变化及颗粒间空隙的演变过程都是以物质迁移为前提，其内在机制决定了烧结驱动力作用下的物质流动方式，主要包括颗粒黏结、表面扩散、晶界扩散、体积扩散、黏性流动、塑性流动、蒸发凝聚和回复或再结晶[4-5]。

表面扩散使得颈部生长，但没有颗粒间隔的变化，因此烧结体不发生明显的收缩，这是烧结早期的主要机制。此外，这一阶段的颗粒间存在具有范德华力性质的黏结，同样也不需要原子进行明显的迁移。由于只涉及颗粒接触面上部分原子排列的改变或位置的调整，过程所需的能量很低。因此，即使在温度较低、时间较短的条件下，黏结也有可能发生。在较高的温度或压力作用下，晶格扩散、蒸发凝聚等需要较大激活能的过程得以发生，此时物质发生迁移，并且原子移动的距离较长，导致烧结体发生明显的收缩。此外，回复或再结晶只发生在晶格畸变严重的粉体烧结过程中，能够消除颗粒接触面上的应力，因而能够有效促进烧结颈的形成。

为了有效解析烧结过程中的物质迁移机理，一般都采用图 3-3 所示的两球接触的模型。假设直径为 a 的两个均匀小球接触，形成了直径为 x 的烧结颈，颈曲面的曲率半径为 ρ。图 3-3(a) 代表烧结时不发生收缩的情况，此时两球相切，球中心的距离不变。图 3-3(b) 为两球贯通的情况，即烧结时发生收缩现象，此时球中心的距离缩小了 $2h$。因此，根据图 3-3 中所示模型的几何关系可知，在烧结的任一时刻，颈曲面半径与烧结颈半径的关系分别为两球相切和两球贯穿，关系式分别为 $\rho=x^2/(2a)$ 和 $\rho=x^2/(4a)$。

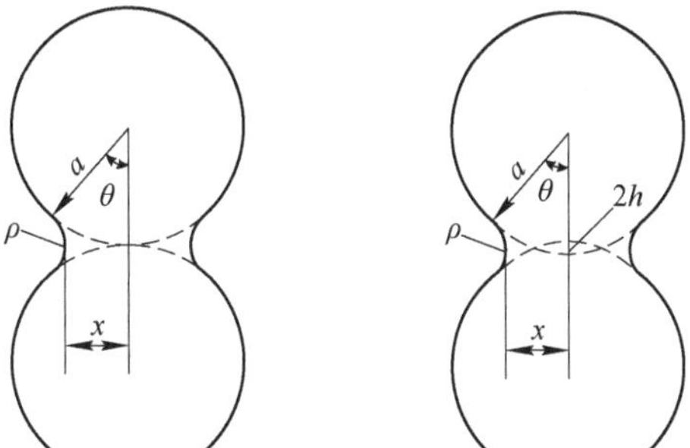

图 3-3 两个球形颗粒接触的几何模型

(a) $\rho\approx x^2/(2a)$；(b) $\rho\approx x^2/(4a)$

3.3.1.1 黏性流动

在表面张力的作用下，原子或空位沿着应力方向发生流动，从而形成烧结黏结作用，系统的总表面积减小。弗兰克尔假定表面能量耗散与致密化达到平衡，提出了黏性流动模型（见图 3-4），认为在颗粒颈部发生黏性流动时，黏结半径与烧结时间的关系如下：

$$x^2/a = \frac{3\gamma}{2\eta}t \tag{3-9}$$

式中，γ 为粉体颗粒的表面张力；η 为黏性系数。

库钦斯基采用同质材料的小球在平板上的烧结模型（见图 3-5），通过实验验证了弗兰克尔的黏性流动速度方程，并且从黏性流动的方程出发，推导出本质与此相同的烧结颈生长的动力学方程。此外，弗兰克尔认为晶体的黏性流动是依靠体内空位的自扩散来实现，因此黏性系数 η 与自扩散系数 D 之间的关系为

$$1/\eta = D\delta/(kT) \tag{3-10}$$

式中，δ 为晶格常数。

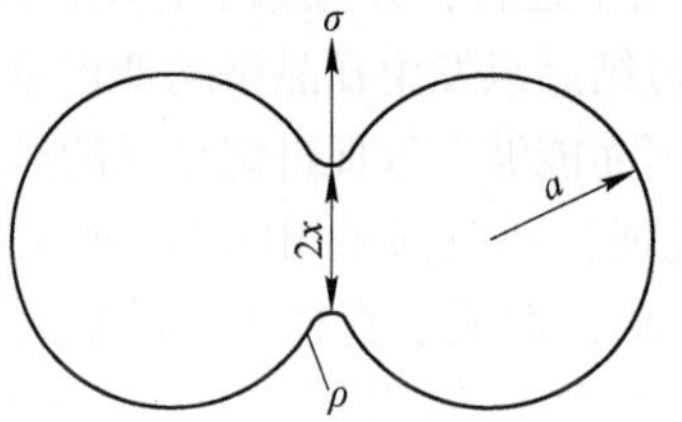

图 3-4　弗兰克尔球-球模型

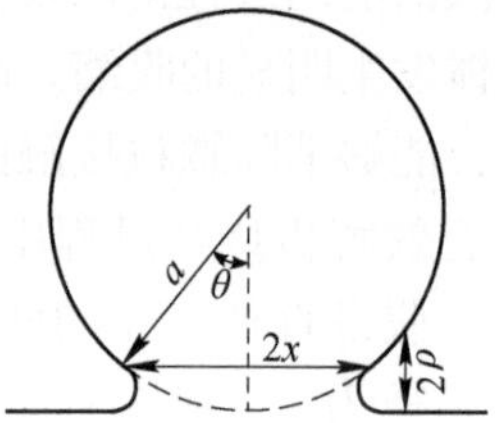

图 3-5　库钦斯基烧结球-平板模型

后续研究证明，弗兰克尔的黏性流动模型实际上也适用于非晶态物质。皮涅斯由金属的扩散蠕变理论出发，证明对于晶态物质而言，式（3-10）可修正为

$$1/\eta = D\delta^3/(kTL^3) \tag{3-11}$$

式中，L 为晶粒尺寸。

3.3.1.2　体积扩散

晶体材料中，体积扩散涉及与空位的原子交换。在任何温度下，都有一个平衡空位浓度。热作用导致原子运动，使得原子足以迁移至空位。烧结过程中，空隙被认为是大的空位簇，将扩散到周围的基体中，并将原子反向扩散至空位内，这就是烧结过程中的体积扩散。

根据菲克扩散第一定律，单位时间内颈部空位体积的变化率为

$$\mathrm{d}V/\mathrm{d}t = AD'\Delta c/\rho \tag{3-12}$$

式中，V 为体积；t 为时间；A 为颈部表面积；D' 为空位扩散系数；Δc 为过剩空位浓度；ρ 为曲率半径。

根据图 3-5 所示的库钦斯基烧结球-平板模型可知：

$$\begin{aligned} A &\approx \pi x^3/a \\ V &\approx \pi x^4/(2a) \\ \rho &\approx x^2/(2a) \quad (\theta\text{ 很小时}) \end{aligned} \tag{3-13}$$

过剩空位浓度 Δc 可根据汤普森公式导出：

$$\begin{aligned} \Delta c &= c_0\gamma\delta^3/(kT\rho) \\ c_0 &= D_v/D' \end{aligned} \tag{3-14}$$

式中，D_v 为原子扩散系数；δ 为晶格常数。

将式（3-13）和式（3-14）代入式（3-12）中，可以得到体扩散颈部生长的动力学方程如下：

$$x^5/a^2 = [80D_v\gamma\delta^3/(kT)]t \tag{3-15}$$

在一定温度下，按照体积扩散机制，烧结颈长大应服从 x^5/a^2-t 的直线关系，如果以 $\ln(x/a)$ 对 $\ln t$ 作图，则可以得到一条直线，其斜率应接近 5。

3.3.1.3 表面扩散

晶体表面有很多缺陷，包括多余的原子、表面空位、台阶、凸起、扭结和吸附的原子等。在缺陷之间会发生原子运动，台阶上的原子可能会填补附近的空位就属于表面扩散，即表面位点之间原子的运动。与其他扩散相比，表面扩散所需的激活能通常较低，因此在加热至烧结的过程中，表面扩散最先发生，且在较低的温度下，表面扩散十分明显。烧结初期，坯体中存在大量连续的孔洞，表面扩散使小孔不断收缩并最后消失，而大空隙增加，其结果就像小孔被大孔所吸收，总的空隙数量和体积减小，同时有明显的收缩现象。虽然温度升高能够加速表面扩散进行，但表面积的减小会使表面扩散逐渐被体积扩散替代。表面扩散只能促进空隙球化并光滑，对其消失和烧结体的收缩没有影响。

按照近代扩散理论，空位扩散是原子沿着颗粒或空隙表面扩散的主要机制。空位扩散比间隙式或换位式扩散所需的激活能要低很多。由于位于不同曲率表面上原子的空位浓度或化学位不同，空位将从凹面向凸面或从烧结颈的负曲率表面向颗粒的正曲率表面迁移，与此相对应，原子向着反方向移动，填补凹面和烧结颈。

库钦斯基根据图 3-3(a) 的模型，假定表面扩散是在烧结颈一个原子厚的表面层中进行，从而推导表面扩散的速度方程式，定义 $A=2\delta x\pi$，$V=\pi x/(2a)$，$\rho=x^2/(2a)$，代入式（3-12）可得到表面扩散颈长的动力学关系式：

$$x^7/a^3 = [56D_s\gamma\delta^4/(kT)]t \tag{3-16}$$

式中，D_s 为表面扩散率。

粉体粒径越小，比表面积越大，表面的活性原子数就越多，表面扩散就越容易进行。

3.3.1.4 晶界扩散

由于颗粒随机接触导致晶粒取向各不相同，因此在每个颗粒之间的烧结颈处会形成晶粒边界。晶界本质上是重复位错的集合，其缺陷特性允许物质沿着该界面流动，特别是微细粉末烧结后形成许多网状晶界与空隙相互交错，使烧结颈边缘和细空隙表面的过剩空位容易通过邻近的晶界进行扩散或被它吸收。此外，晶界扩散的激活能只有体积扩散的一半，但是扩散系数要大上千倍。因此，虽然晶界相当狭窄，但它是促进致密化的主要传输途径，晶界扩散也通常被认为是金属烧结致密化的主要过程。

晶界扩散一般取决于单位体积的晶界面积，随着表面积的降低和表面扩散效果的下降，同时出现的新的晶界增加了晶界扩散的作用，因此在中间烧结阶段中的晶界面积达到最大，晶界扩散也最为明显。晶界扩散控制烧结的理论首先由科布儿提出，他根据图 3-3 的模型，假设烧结颈边缘上的空位向接触面晶界扩散并被吸收，采用体积扩散类似的方法，推导出晶界扩散的特征方程：

$$x^6/a^2 = 96\gamma\delta^2 D_B t/(kT) \tag{3-17}$$

式中，D_B 为晶界扩散系数。

库钦斯基则采用球-平面模型推导出晶界扩散方程：

$$x^6/a^2 = 12\gamma\delta^2 D_B t/(kT) \tag{3-18}$$

3.3.1.5　蒸发和凝聚

原子从颗粒表面蒸发，并重新在烧结颈的凹面上凝聚下来，这个过程被称为蒸发凝聚机制。库钦斯基根据开尔文方程和原子蒸发凝聚速率方程，推导出颈部半径与时间的三次方关系，即 $x^3 \propto t$。金捷里-伯克采用图 3-3(a) 的双球模型给出了蒸发凝聚的方程。根据开尔文方程在颈部具有负曲率半径的蒸气压 p_1 与表面能 γ_{sv} 之间的关系为

$$RT\ln(p_1/p_0) = M\gamma_{sv}(1/x - 1/\rho)/d \tag{3-19}$$

式中，p_0 为平面上的平衡蒸气压；M 为相对分子质量；d 为粉体的理论密度；R 为气体常数；T 为温度。

由于 $x \gg \rho$，省去括号内的 $1/x$，令 $p_1 - p_0 = \Delta p$，则蒸气压差 Δp 为

$$\Delta p = -M\gamma_{sv}p_0/(d\rho RT) \tag{3-20}$$

即蒸气压差 Δp 为驱动力，驱使原子从颗粒表面蒸发，并重新在烧结颈的凹面上凝聚下来，且烧结颈长大的速率随蒸气压差的增大而增大。当 ρ 与蒸气相中原子的平均自由程相比很小时，物质凝聚的速率可用单位面积和单位时间凝聚物质的质量 m 来表示，并可近似采用朗格缪尔公式进行计算：

$$m = \Delta p[M/(2\pi RT)]^{1/2} \tag{3-21}$$

当烧结颈长大速率用颈体积的增长速率来表示时，则下列方程成立：

$$\mathrm{d}V/\mathrm{d}t = (m/d)A \tag{3-22}$$

式中，t 为时间；A 为烧结颈曲面的面积。

根据图 3-3(a) 的几何关系，并结合式（3-20）~式（3-22），可得到：

$$x^3/a = 3M\gamma_{sv}[M/(2\pi RT)]^{1/2}[p_a t/(d^2 RT)] = K't \tag{3-23}$$

式中，p_a 为球表面蒸气压；a 为烧结球模型中的球体半径；K'为式（3-23）中所有常数的集合，即 $3M\gamma_{sv}[M/(2\pi RT)]^{1/2}[p_a/(d^2 RT)]$。

3.3.1.6　塑性流动

塑性流动，即应力下的位错运动。烧结颈的形成和生长可以看作是金属粉末

在表面张力作用下发生塑性变形的结果，塑性流动与黏性流动不同，必须在外应力超过弹塑性材料的屈服应力时才能发生。当烧结应力超过材料在烧结温度下的流动应力时，即发生位错滑移。位错可能参与烧结提供物质传输，特别是粉末在压制过程中产生较高的初始位错密度的情况下。这一结果可以通过具有较高位错密度的变形铁粉实验中得到证实，与退火后的铁粉相比，冷加工的铁粉烧结速度更快。

在位错攀移过程中，位错与烧结过程中的空位相互作用，来自空隙的空位被位错吸收。致密化通过体积扩散发生，但附近的位错可以充当靠近烧结颈部的空位阱。因此，随着位错消失，位错密度降低，这一过程也随着减弱。Schatt 和 Friedrich 通过研究发现，由于位错攀移，致密化速率（单位时间 t 内孔隙率 ε 的变化）发生改善，空隙率的消除率计算公式如下：

$$\mathrm{d}\varepsilon/\mathrm{d}t = \sigma\Omega D_{\mathrm{v}}/(RT\lambda^2) \tag{3-24}$$

式中，σ 为空隙表面应力；Ω 为原子体积；D_{v} 为扩散系数；R 为气体常数；T 为热力学温度；λ 为位错之间的平均距离。

因此，在烧结前的塑性流动与表面应力共同作用下，由颈部积聚的位错引起的烧结体积扩散率增加了近百倍，塑性流动的作用十分重要。但是随着烧结的进行，位错密度下降，因此后期烧结过程中塑性流动的作用明显下降。一般而言，塑性流动在快速加热小颗粒及压力条件下的烧结比较明显，并且在 Ti、W 等金属的烧结过程中都可以直接观察到这一现象。

3.3.2 不同烧结阶段的动力学

烧结是从一定程度松散堆积的粉体坯体到致密体的转变过程。根据致密度增加的速率不同，烧结过程一般可分为 3 个阶段，即初始阶段、中间阶段和最终阶段。在这个过程中，存在着多种物质传输机制，共同作用于致密化过程。根据物质来源一般可将物质传输机制分为表面传输和体积传输，其中表面扩散是最常见的表面传输过程，而晶界扩散是最常见的体积质量传输过程。传统理论认为，虽然两者都有助于颗粒的黏合，但是只有后者对致密化有贡献。但是，在纳米粉体的烧结过程中，表面扩散也有助于坯体的致密化。

在升温至烧结期间，塑性流动主导物质传输过程，并且涉及位错攀移和可能的位错滑移。在等温烧结过程中，塑性流动只是一个暂时的非持续过程。在最初的烧结阶段，表面扩散通常比较活跃。但是，致密化主要依赖体积质量传输过程。相比于体积扩散，晶界需要的激活能较低，并且晶界上存在偏析物质，因此在烧结期间，晶体材料一般通过晶界扩散实现快速的致密化。由空隙排出的空位沿着晶界扩散，逐渐填充空隙，空位在晶界、位错、相界面或其他界面上被消除，因此，颗粒间的边界是物质流向颈部的有效路径。

一般情况下，烧结过程中往往涉及多个扩散机制，并且在烧结的不同阶段，其主导机制会随着烧结的持续进行而发生变化[6]。

3.3.2.1 烧结初期

在初始阶段，曲率梯度驱动烧结的进行，这一阶段的曲率梯度在颗粒上一定距离内从凸起部位移动到凹陷部位。初始烧结包括几种不同的物质传输，通常是几种机制共同作用的结果。根据 Fick 第一定律确定物质通量与曲率梯度的关系，在烧结微观结构的每个点，烧结速率由物质运动过程中的原子迁移率来决定，颈部生长取决于烧结颈的累计，公式如下：

$$dV/dt = JA\Omega \tag{3-25}$$

式中，J 为原子通量；A 为物质分布的黏合面积；Ω 为单个原子或分子的体积。

曲率梯度决定了物质的流动，通过原子迁移或沉积来改变颈部的尺寸和形状；反之，随着迁移或沉积过程的进行，曲率梯度逐渐减小，物质通量下降。高温可以促进物质传输，进而促进颈部生长。

将烧结过程简化为单一的物质传输机制，可以利用烧结模型估算烧结行为，最常见的是颈部尺寸收缩模型。对于颈部生长，在等温条件下，烧结颈直径与粒径的比值可作为烧结时间的函数，可表达为

$$(X/D)^n = Bt/D^m \tag{3-26}$$

式中，X 为烧结颈直径；D 为颗粒直径；t 为等温烧结时间；B 为与材料及烧结过程相关的常数。

式（3-26）中，n、m 和 B 取决于物质的迁移机制，具体数据见表 3-1。一般情况下，这一模型适用于颈长率小于 0.3 的颗粒。

表 3-1　不同烧结机制中的参数值

迁移机制	n	m	B
黏性流动	2	1	$3\gamma/(2\eta)$
塑性流动	2	1	$9\pi\gamma \boldsymbol{b} D/(kT)$
蒸发-凝聚	3	1	$(3p\gamma/\rho^2)(\pi/2)^{1/2}[M/(kT)]^{3/2}$
晶格扩散	5	3	$80D_v\gamma\Omega/(kT)$
晶界扩散	6	4	$20\delta D_B\gamma\Omega/(kT)$
表面扩散	7	4	$56D_s\gamma\Omega^{4/3}/(kT)$

注：γ 为表面能；D_v 为体积扩散率；η 为黏度；D_s 为表面扩散率；$\boldsymbol{b}$ 为伯格斯矢量；D_B 为晶界扩散率；k 为玻耳兹曼常数；p 为压力；T 为绝对温度；M 为相对分子质量；ρ 为理论密度；Ω 为原子体积；δ 为晶界宽度。

虽然式（3-26）仅是一个近似的表达，但仍然是十分重要的表示烧结过程的方程。烧结过程物质迁移对颗粒尺寸倒数具有高度敏感性，这使得小颗粒的烧结速度更快。虽然烧结时金属颗粒中晶格扩散十分普遍，但是由于降低了颗粒尺寸，表面扩散和晶界扩散作用更为突出。此外，如果温度出现在指数相中，则意

味着较小的温度变化将对烧结过程产生重大影响。与温度和颗粒尺寸相比，烧结时间的影响较小。

3.3.2.2 烧结中期

在烧结过程的初始阶段，颈部生长比较活跃，但是体积收缩比较小，致密化程度比较低。随着颈部的生长，曲率梯度越来越小，当两颗粒间烧结达到 $X/D=0.3$ 时，颗粒间相互接触且颈部已经长大，此时即进入烧结中期，主要是通过相邻颈部的融合进一步消除空隙。大部分的烧结现象均发生在这一阶段，其中最为明显的是致密化过程。

在这一阶段，颈部合并并且在烧结体中形成互通的管状结构，Coble 以上下两个金字塔形的四面体在结合后将其六个角切平形成的十四面体为模型，模拟并构建了中期烧结的动力学方程如下：

$$dP/dt = 10D\gamma\Omega/(G^3kT) \tag{3-27}$$

式中，P 为孔隙率；D 为扩散系数；γ 为表面张力；Ω 为原子体积；G 为晶粒尺寸；k 为气体常数；T 为绝对温度。

在此阶段，如果想达到最大烧结密度，则应尽量使空隙与晶界相连接。这是因为晶界本身可作为空隙沉积消失的地方，同时晶界也是空隙扩散到外界最快的路径；当空隙与晶界相连接时，减少了晶界面积，系统能量降低，坯体的致密化速率也会迅速增大。当空隙陷入晶粒内部时，只能借助缓慢的体扩散迁移至晶界处，导致致密化受到抑制。

烧结时平均晶粒粒径随时间的变化可由式（3-28）来描述。

$$G_t^3 = G_0^3 + \kappa t \tag{3-28}$$

式中，G_t 为烧结时间 t 时的晶粒的粒径；κ 为与式（3-26）中因数 B 类似的热活化参数；G_0 为原始晶粒的粒径。

3.3.2.3 烧结末期

当粉体处于烧结初期和中期时，几乎所有的空隙都是相互贯通的，仅有少量的空隙处于晶粒内部成为封闭孔。当坯体密度达到 90%以上时，几乎所有的空隙都互不相通，并且在晶粒边角上孤立，此时即进入烧结末期。对于晶界上的空隙，晶界能和固-气表面能的平衡促使形成二面角的晶界沟。晶界破坏后，球形孔洞便形成，然后空隙将空位扩散到远处的晶界，使得致密化得以继续进行。在此阶段，空隙数量逐渐减少，空隙直径则出现逐渐变大的趋势。这是因为小孔与大孔的曲率半径不同，从而形成空隙的扩散，产生小孔越小、大孔越大的现象，即 Ostwald 熟化现象。

在烧结末期，由于空隙与外界互不相通，因此气体被陷入空隙内部。当空隙收缩时其体积变小，内部气压变大，形成空隙收缩的阻力，此时虽然空隙内的气体能够缓慢地扩散逸出，但速度非常慢，因此末期烧结是一个非常缓慢的过程，即致密化速率明显下降。在这一阶段，空隙的消失速率与两个因素相关，即表面能 γ 和空隙气压 p_g，这时的致密化速率公式如下：

$$d\rho/dt = 12D_v\Omega(2\gamma/r - p_g)/(kTG^3) \quad (3\text{-}29)$$

式中，ρ 为密度；t 为时间；D_v 为体积扩散率；Ω 为原子体积；γ 为固气表面能；r 为空隙直径；p_g 为空隙中的压力；k 为玻耳兹曼常数；T 为热力学温度；G 为晶粒的粒径。

由式（3-29）可知，当空隙中存在气体时，致密化速率将在所有气孔消失前达到零，因此不采用真空烧结不可能实现全致密的烧结体。

烧结末期的另一个典型特征是晶粒生长速率显著加快，晶粒生长的原因是相邻晶界合并后晶界的总面积较小，系统能量降低。在烧结初期和中期，颗粒间的颈部小、空隙大且数量较多，因此晶界离开颈部时晶界的面积、能量将增加很多；所增加的能量高于晶界合并所降低的能量，造成晶界难以移动，因此晶粒生长相对较慢。但在烧结末期，颈部较大，同时孔洞小且数量减少，晶界脱离这些地方增加的能量较小，但晶界合并所导致系统能量的降低更为显著，因此晶界移动变得较为容易，晶粒迅速生长。

3.4　纳米粉体的烧结

随着粉体制备技术的不断发展，难熔金属粉体颗粒形貌及结构的调控方面取得了很大的进展，特别是纳米粉体由于本身尺寸效应所引起的特性引起了广泛关注，纳米粉体的有效合成使烧结制备超细晶金属成为可能。因此，对纳米粉体的烧结研究主要集中在如何有效抑制晶粒的生长，从而得到具有高致密度、纳米尺寸晶粒的难熔金属块体材料。

3.4.1　纳米粉体的特性

从 2.3 节中烧结驱动力的分析可知，对于本征 Laplace 应力（见式（3-4））而言，其大小与颗粒尺寸及表面张力有着直接的关系。首先，颗粒尺寸越小，其曲率半径越大，烧结驱动力也就越大。当颗粒的粒径从 1000 nm 降低至 10 nm 时，烧结驱动力增加了近 100 倍，因此减小颗粒尺寸能够有效增强粉体的烧结活性。此外，颗粒尺寸减小也会导致其表面能显著增大，能够进一步促进纳米粉体的烧结活性。因此，相对于微米粉体而言，纳米粉体的烧结驱动力得到了很大的提升。

此外，颗粒尺寸对于其熔点也有一定的影响，其内在关系如下[7]：

$$T_m(d) = T_m(\infty)\exp\left[-\frac{2S_m(\infty)}{3R}\cdot\frac{1}{(d/d_0-1)}\right] \quad (3\text{-}30)$$

式中，$T_m(\infty)$ 为块体材料的熔点；$S_m(\infty)$ 为块体材料的熔化熵；R 为气体常数；d 为颗粒直径；d_0 为当所有原子均处于表面时的最小颗粒直径，一般条件下 $d_0=6d_a$(为原子直径)，根据式（3-30）可以计算不同尺寸颗粒的熔点。

图 3-6 给出了钨粉熔点随颗粒尺寸的变化，可以看出，当颗粒尺寸减小时，其熔点也会降低，但是只有当颗粒的粒径小于 20 nm 时，其熔点的降低值才比较显著。烧结温度一般与材料的熔点有关，因此颗粒粒径的减小能够降低烧结所需的温度，从而有效抑制晶粒的生长与粗化。

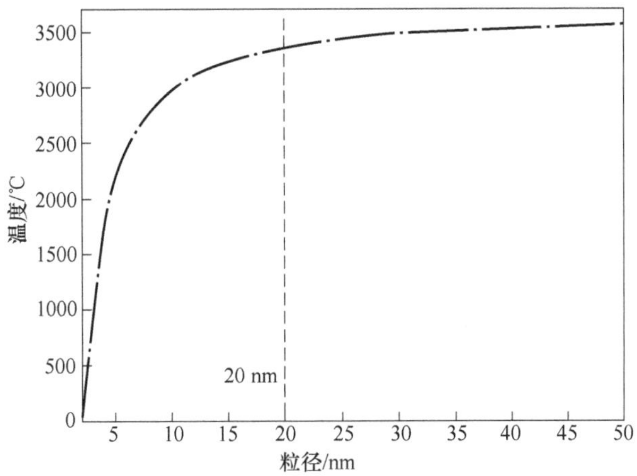

图 3-6　钨粉熔点随颗粒尺寸的变化

烧结温度对颗粒尺寸的依赖关系通常也可以通过尺度定律（scaling law）来说明：

$$n\ln(d_1/d_2)=\frac{Q}{R}(1/T_2-1/T_1) \tag{3-31}$$

式中，n 为与烧结动力学机制相关的指数；d_1、d_2 为颗粒尺寸；Q 为烧结活化能；T_1、T_2 为对应的烧结温度。

根据式（3-31）同样可以得出，随着颗粒粒径的减小，烧结粉末达到相同致密度所需的温度将显著降低。

3.4.2　纳米粉体的致密化动力学

纳米粉体的烧结过程同样可分为 3 个阶段：烧结初期、烧结中期和烧结末期，这与微米粉体相同。在烧结初期，颗粒间通过烧结颈的形成相互连接，这一阶段的致密化速率比较缓慢；在烧结中期，坯体的致密度显著增加，典型特征是形成具有稳定结构的相互贯穿的孔洞结构；在烧结末期，坯体的致密化速率显著下降，伴随着形成相互隔绝的封闭孔洞。

图 3-7 所示为等离子体合成 30 nm 钼粉的致密化行为曲线，其致密度曲线随着温度的升高展现出 3 个明显不同的阶段。温度低于 800 ℃时为烧结初期，致密度从初始的 47.5%缓慢增加至 53.0%；烧结中期从 800 ℃至 1100 ℃，致密度从

53.0%迅速增长至89.4%，即大部分的致密化在此阶段完成；当温度继续升高时则进入烧结末期，此时致密化速率变缓，最终在1500 ℃致密度达到了99.1%。

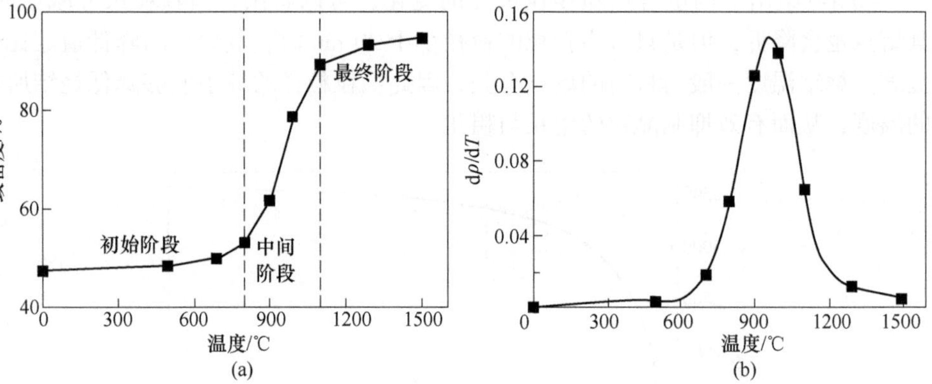

图3-7　纳米钼粉在非等温烧结过程中的致密化行为

（a）致密度随温度的变化曲线；（b）致密化速率随温度的变化曲线

应当指出的是，相对于微米粉体而言，纳米粉体具有更大的比表面积，压制成坯体的松装密度相对较低，内部空隙也比微米粉体多，因此在烧结过程中纳米粉体会经历更长的初始烧结阶段。这就导致纳米粉体颗粒在这一阶段中不仅经历了烧结颈的形成过程，还发生了明显的颗粒粗化现象，这与微米粉体截然不同，说明两者在初始烧结阶段的致密化机制也存在差异。

3.4.2.1　烧结初期

由于纳米粉体具有较大的比表面积和较低的生坯密度，一般认为表面扩散是烧结初期的主要物质传输机制。然而，根据传统的烧结理论，表面扩散对致密化没有贡献，这一点与纳米粉体的烧结行为不同。近年来，大量的实验结果已经证实，在烧结初期表面扩散可以促进纳米粉体的致密化，Chen、Lange及Greskovich等人[8-10]将这个过程称之为粗化驱动的颗粒重排，而这个过程是否能够发生依赖于稳定的固相烧结骨架是否形成。对于微米粉体而言，其生坯密度较高、固相骨架在很短的烧结时间内就已经稳定形成，因此表面扩散仅改变了空隙的形状，对致密化的影响较小。相比较而言，纳米粉体较大的比表面积和较低的生坯密度导致需要较长的烧结时间来形成稳定的基体骨架。在这个过程中，较大的比表面积促使颗粒粗化，并通过颗粒重排实现致密度的提升。

另外，致密化是通过颗粒重排进行的，因此致密化速率主要依赖于初始的颗粒生长速率。大量的实验研究结果表明，在初始烧结阶段，颗粒的生长速率与致密度呈线性关系（这一点将在晶粒生长动力学部分详细分析），因此可以采用线性动力学方程来描述烧结初期的致密化动力学。

$$d\rho/dt = K(T) \tag{3-32}$$

式（3-32）为非等温烧结过程的致密化公式，$K(T)$ 是与温度相关的函数，当加热速度为固定值 c 时，引入常数 C，式（3-32）可表达为

$$d\rho/dt = \frac{K(T)}{c} = C \times \frac{1}{T} \times \exp\left(-\frac{Q}{RT}\right) \tag{3-33}$$

对式（3-33）进行重排并取对数，则可得到：

$$\ln\left(T\frac{d\rho}{dT}\right) = -\frac{Q}{R} \cdot \frac{1}{T} + \ln C \tag{3-34}$$

根据实验数据，以 $\ln\left(T\frac{d\rho}{dT}\right)$ 对 $\frac{1}{T}$ 作图，利用其斜率即可得到初始烧结阶段的活化能。根据文献报道[11]，一般表面扩散的活化能为 268~327 kJ/mol，晶界扩散的表面能为 383~460 kJ/mol，而晶格扩散的表面能为 507~640 kJ/mol。利用式（3-34）计算得到的活化能一般都位于 268~327 kJ/mol 内，证明这一公式能够很好地适用于初始阶段的烧结过程。而对于烧结中期及末期阶段，利用这一公式计算出的活化能则为负值，说明线性的致密化动力学过程不适用于高温烧结阶段。

对于等温烧结过程，致密化公式可表达为

$$\rho = \rho_0 + K(T)t \tag{3-35}$$

利用不同温度的致密度数据，即可得到相应温度下的 $K(T)$，然后根据式（3-33）以 $\ln[K(T)]$ 对 $1/T$ 作图，同样可以得到初始烧结阶段的活化能。一般而言，利用式（3-34）及式（3-35）计算得到的活化能数值差别不大。

3.4.2.2 烧结中期

为了描述烧结中期的动力学过程，Wang 和 Raj[12] 首先建立了式（3-36）的动力学方程：

$$d\rho/dt = A \times f(\rho) \times K(T)/G^n \tag{3-36}$$

式中，$K(T)$ 与烧结温度相关。

$$K(T) = \exp\{[-Q/(RT)]/T\} \tag{3-37}$$

式中，A 为常数；$f(\rho)$ 为与密度相关的函数；G 为晶粒尺寸，是与温度相关的函数；n 为晶粒生长指数，其中 $n=1$ 为表面扩散，$n=3$ 为晶格扩散，$n=4$ 为晶界扩散。

从式（3-36）可以看出，致密化速率的快慢主要取决于密度、晶粒尺寸及烧结温度 3 个参数。在烧结中期，$f(\rho)$ 一般可认为是常量，因此根据式（3-36）和式（3-37）可以计算其烧结活化能。

此外，Fang 等人[11] 对式（3-36）进行进一步变形，推导出等温烧结过程的动力学公式：

$$\int\left[\frac{G^n}{A \cdot f(\rho)}\right] d\rho = K(T)t \tag{3-38}$$

在同样的密度下，假定晶粒尺寸 G 仅与烧结体的致密度 ρ 相关，式（3-38）的

左边视为常量。在等温煅烧过程中，达到特定致密度所需的时间与烧结温度有直接关系。依据式（3-38），对方程两边取对数，则达到特定致密度所需的时间与烧结温度的关系可表达为

$$-\ln t = -\frac{Q}{R} \cdot \frac{1}{T} - \ln\left\{\left[\frac{G^n}{A \cdot f(\rho)}\right] d\rho\right\} - \ln T \tag{3-39}$$

相对于 T 而言，$\ln t$ 可以被忽略，因此可视为常量。根据式（3-39）以 $-\ln t$ 对 $1/T$ 作图，根据斜率同样可以计算烧结过程的活化能。当烧结中期为晶界扩散时，式（3-36）及式（3-39）与实验结果吻合较好。

3.4.2.3　烧结末期

当加热速度为常数 c 时，式（3-36）可以表达为

$$d\rho/dT = \frac{A \times f(\rho)}{c} \times \frac{1}{TG^n} \times \exp\left(-\frac{Q}{RT}\right) \tag{3-40}$$

对式（3-40）两边取对数，则可进一步变形为

$$\ln\left(TG^n \frac{d\rho}{dt}\right) = -\frac{Q}{R} \cdot \frac{1}{T} + \ln\left[\frac{A \times f(\rho)}{c}\right] \tag{3-41}$$

假定 $f(\rho)$ 为常量，对 n 取不同的数值，以 $\ln\left(TG^n \frac{d\rho}{dt}\right)$ 对 $\frac{1}{T}$ 作图，同样根据斜率可以计算烧结末期的活化能。当烧结末期为晶界扩散时，式（3-41）与实验结果吻合较好。但应该指出的是，式（3-36）是根据传统的等球烧结模型推导而来，且在烧结初期 $f(\rho)$ 不为常量，因此这一公式并不适用于烧结初期活化能的计算。

3.4.3　晶粒生长过程

从晶粒尺寸变化的角度来看，晶粒生长的过程可分为 3 个阶段，其与致密化过程相对应[13]。在初始阶段，随着致密度升高，晶粒发生一定长大，但是生长的速率也相对较慢。从前面的分析可知，这一阶段主要是晶粒粗化驱动的颗粒重排，从而导致致密度的提升。在烧结中期，晶粒生长速率有所增加，此时的致密度增长非常迅速。严格意义上讲，这两个阶段的晶粒尺寸生长速率变化差别不大，并且晶粒尺寸与致密度大致呈线性关系，因此可近似看成一个过程。晶粒生长的拐点发生在致密度约为 90%时，随着致密度的进一步增加，晶粒生长速率显著增加，此时进入了烧结末期。晶粒生长过程可以很好地利用致密度-晶粒曲线或晶粒-温度曲线进行分析。图 3-8 为球磨纳米钨粉非等温烧结的致密度-晶粒尺寸关系曲线，与晶粒生长阶段分析结果吻合较好。

伴随着晶粒的不断生长，晶粒形貌在烧结的不同阶段也发生了明显变化。在烧结初期，最为典型是烧结颈的形成，邻近的颗粒通过烧结颈相互连接起来，通过表面扩散进行物质传输，并实现致密化。在烧结中期，晶粒从近似球形形状转

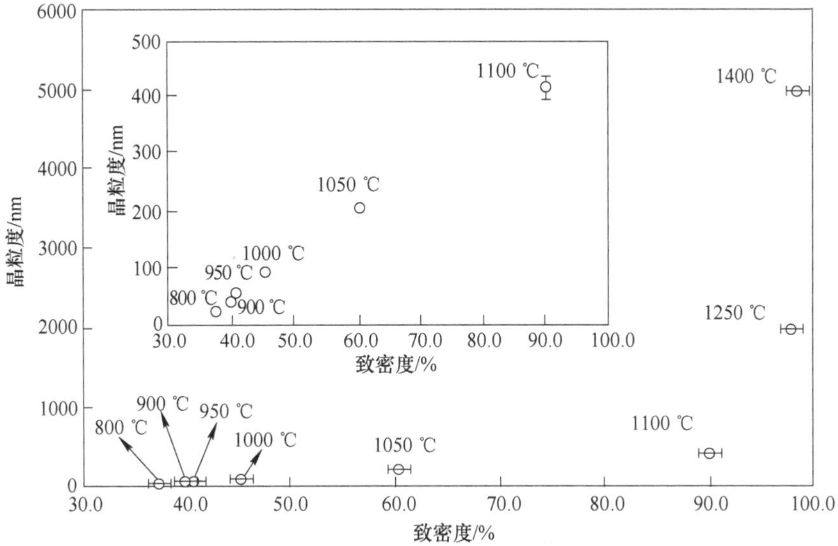

图 3-8 球磨纳米钨粉非等温烧结的致密度-晶粒尺寸关系

变为多面体形状。这是因为大部分表面能已经在快速的致密化过程中被消耗，晶界能逐渐开始在整个体系占据大部分，而晶粒形状的改变成为降低体系能最为有效的途径。随着致密化的进一步进行，晶粒持续粗化，内部的空隙开始从贯通的状态转变为相互隔绝，并逐渐从颗粒内部迁移至晶界表面，完成致密化过程。晶粒形貌演变过程可以通过图 3-9 中纳米钼粉的烧结过程得到很好说明[14]。

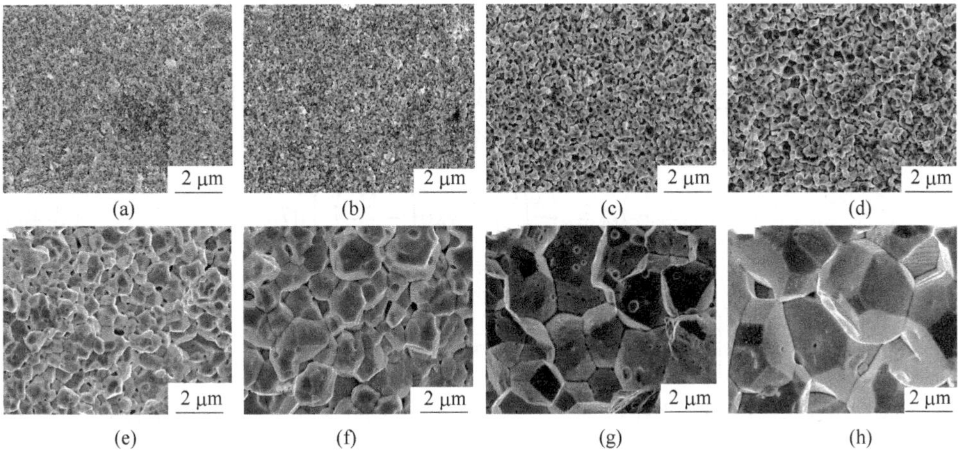

图 3-9 纳米钼粉在不同烧结温度下的断面显微形貌

(a) 800 ℃; (b) 900 ℃; (c) 1000 ℃; (d) 1100 ℃; (e) 1200 ℃; (f) 1300 ℃; (g) 1400 ℃; (h) 1500 ℃

3.4.4 晶粒生长动力学

从晶粒生长曲线可以看出，当致密度小于90%时，晶粒近似于线性生长，因此可以将烧结初期和烧结中期两个阶段合并分析。在非等温烧结过程中，晶粒生长速率可以表达为

$$\mathrm{d}G/\mathrm{d}t = k/(nG^{n-1}) = k_{\mathrm{G}}(T)/(TnG^{n-1}) \tag{3-42}$$

实际上，在等温烧结条件下，对式（3-42）进行积分，即可得到著名的晶粒生长经验公式：

$$G_t^n - G_0^n = kt \tag{3-43}$$

式中，G_0、G_t 分别为初始阶段和烧结时间的晶粒粒径；n 为晶粒生长指数。

在非等温烧结过程，Fang 等人利用数学方法引入了广义晶粒增长速率，同时定义恒定加热速率 $\beta=\mathrm{d}T/\mathrm{d}t$ 并代入式（3-42），得到了具有普适性的晶粒生长速率与煅烧温度间的关系式：

$$\mathrm{d}G/\mathrm{d}t = k_{\mathrm{G}}/(\beta TnG^{n-1}) = k_{\mathrm{G_0}}\exp[(-Q_{\mathrm{G}}/RT)/(\beta TnG^{n-1})] \tag{3-44}$$

式中，Q_{G} 为晶粒生长活化能。利用非等温烧结条件下不同温度的晶粒尺寸、晶粒生长动力学参数（Q_{G} 及 n）就可以通过微分或积分的方法进行计算。

利用微分法计算动力学参数时，需要对式（3-44）两边取对数，此时该公式可表达为

$$\ln T\frac{\mathrm{d}G}{\mathrm{d}T} - (1-n)\ln G = -\frac{Q_{\mathrm{G}}}{RT}\cdot\frac{1}{T} + \ln\frac{k_{\mathrm{G_0}}}{\beta n} \tag{3-45}$$

当 n 取不同数值时，以 $\ln T\frac{\mathrm{d}G}{\mathrm{d}T}-(1-n)\ln G$ 对 $\frac{1}{T}$ 作图，在具有最好线性拟合系数的条件下即可确定 n 值，此时通过直线的斜率便可得到活化能 Q_{G}。

在利用积分法计算烧结活化能时，首先将式（3-43）改写为

$$G_t^n - G_0^n = \frac{k_{\mathrm{G_0}}}{\beta}\int_{T_0}^{T}\left[\frac{1}{T}\exp\left(-\frac{Q_{\mathrm{G}}}{RT}\right)\right]\mathrm{d}T \tag{3-46}$$

由于 $Q_{\mathrm{G}} \gg RT$ 及 $T \gg T_0$，温度积分可以表达为

$$\int_{T_0}^{T}\left[\frac{1}{T}\exp\left(-\frac{Q_{\mathrm{G}}}{RT}\right)\right]\mathrm{d}T \approx \frac{R}{Q_{\mathrm{G}}}\times T\times\exp\left(-\frac{Q_{\mathrm{G}}}{RT}\right) \tag{3-47}$$

这一近似对计算精度并没有太大影响，此时晶粒生长行为与温度的关系式如下：

$$G_t^n - G_0^n \approx \frac{Rk_{\mathrm{G_0}}}{\beta Q_{\mathrm{G}}}\times T\times\exp\left(-\frac{Q_{\mathrm{G}}}{RT}\right) \tag{3-48}$$

进一步变形为

$$\ln \frac{G_t^n - G_0^n}{T} = -\frac{Q_G}{R} \cdot \frac{1}{T} + \ln \frac{Rk_{G_0}}{\beta Q_G} \tag{3-49}$$

根据式（3-49），以 $\ln \frac{G_t^n - G_0^n}{T}$ 对 $\frac{1}{T}$ 作图，采用微分法同样的计算过程便可得到晶粒生长指数及活化能。

在等温烧结阶段，利用式（3-43）便可计算初始阶段的烧结活化能。由于在烧结初期，晶粒一般线性生长，表面扩散为主要的物质传输机制，因此晶粒生长指数 $n=1$，此时式（3-43）可表达为

$$G_t = G_0 + kt = G_0 + k_0 \exp[-Q_G/(RT)] \tag{3-50}$$

以 $\ln k$ 对 $1/T$ 作图，同样可以得到初始阶段的烧结活化能，采用等温烧结与非等温烧结计算得到的活化能数值一般差别不大。

在烧结末期，由于颗粒尺寸已经接近或超过微米尺寸，传统的烧结动力学模型即可适用于该过程的计算。

3.4.5 晶粒生长动力学转变机理

难熔纳米粉体的烧结动力学研究表明，在烧结初期，其物质传输机制主要为表面扩散，并且有效促进了致密化的进行，这一点与微米粉体截然不同。其线性的晶粒生长行为也在其他纳米颗粒的烧结过程中得到了证实。一般认为，纳米粉体在烧结初期，由于坯体中存在大量的空隙及颈部凹槽等，所产生的曳力起到了钉扎作用，从而抑制晶界的移动。此时晶界的移动会导致晶界面积增加，进而使体系的总能量增加。因此，烧结初期主要是物质通过烧结颈并以表面扩散的形式填充颗粒间的空隙及凹槽。随着烧结的进行，颗粒发生粗化，不同晶粒间的尺寸比达到临界值，此时晶界的移动不会导致晶界面积的增加，反而能够降低体系的能量，因此在动力学上是有利的。

Kumar 等人基于非等球模型，通过相场模拟研究了颗粒的烧结过程，其结果如图 3-10 所示[15]。晶粒烧结过程可分为 3 个阶段：颈部生长、粗化及晶界迁移。在烧结初期，烧结颈最先形成，经过一段时间后达到稳定尺寸，随后晶粒粗化开始发生。随着粗化的进行，物质逐渐从小晶粒扩散到大晶粒，使得晶粒相互间的尺寸差距变大。从模拟结果可以看出，这一过程需要相对较长的时间，因此表面扩散主导的晶粒粗化成为这一阶段的动力学控速步骤。当大晶粒与小晶粒的粒径比例达到一个临界值时，晶界迁移开始启动，并且在很短的时间内完成。临界晶粒粒径比值主要取决于颗粒间的二面角，Lange 等人进一步给出了临界晶粒粒径的公式：

$$R_C = -1/\cos\varnothing_e \tag{3-51}$$

式中，R_C 为发生晶界迁移所必需的临界晶粒粒径比值；$\varnothing_e$ 为相邻晶粒晶格间的二面角。

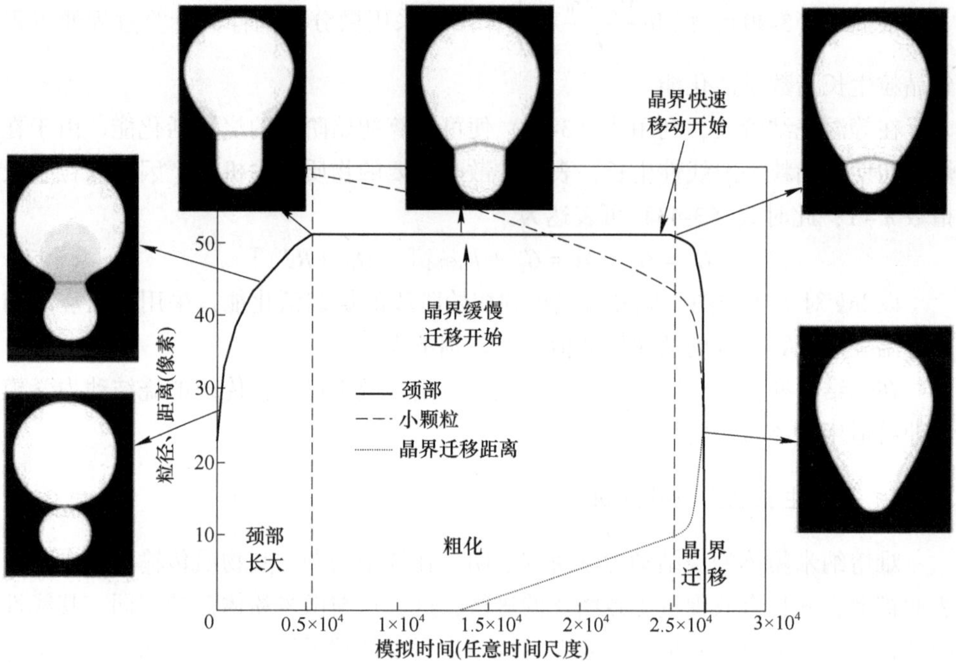

图 3-10　基于非等球模型的颗粒烧结过程的相场模拟

临界晶粒粒径比值大于 R_C 是发生晶界迁移的必要条件，此时晶界迁移有利于整个体系能量的降低。但应指出的是，这 3 个阶段之间并没有严格的区分，可能重叠或同时发生。

根据这一理论，颗粒粒径分布对于致密化初始阶段的颗粒粗化十分关键。Lange 等人[16] 建立了致密化与孔交联数的关系模型，如图 3-11 所示。孔交联数指的是坯体内与空隙直接接触的颗粒数目，对于不同的烧结体都存在一个临界交联数 N_C，主要取决于相邻颗粒的二面角。当孔交联数 N 小于临界交联数 N_C 时，空隙不稳定，并且在烧结过程中持续收缩；只有当孔交联数 N 大于临界交联数 N_C 时，空隙才能稳定存在。在烧结过程中，不同的物质传输都会导致孔隙尺寸减小，孔交联数也因此减小，从而推动致密化的进行。在烧结初期，这一过程主要依靠表面扩散完成。当具有较大尺寸分布的粉体压制成坯体进行烧结时，不同粒径的颗粒间的化学势差异驱动物质从小颗粒向大颗粒传输，导致大颗粒生长及小颗粒消失，这一过程即 Ostwald 熟化机制。因此，烧结初期的颗粒粗化不但导致晶粒平均尺寸增加，还会使颗粒间空隙缩小并消失。

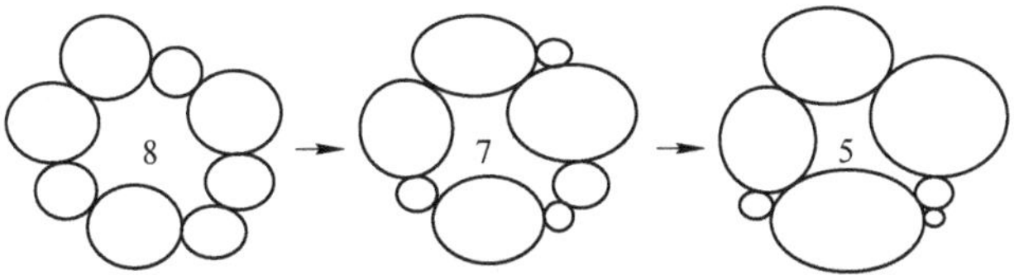

图 3-11　晶粒粗化过程中的孔交联数的变化

通过以上分析可知，采用窄粒径分布的粉体能够有效减少烧结过程中的晶粒粗化，同时提高生坯的松装密度，也能够减少空隙尺寸和降低孔交联数。这些措施都能够抑制纳米粉体在烧结过程中的晶粒生长，从而有助于获得高致密细晶合金。

在烧结过程中，晶粒生长与致密化相互交织，特别是在烧结末期，晶粒生长非常迅速，但致密度增长却比较缓慢。因此，要实现高致密细晶材料，需要对烧结末期进行有效控制，从而在实现致密化的同时抑制晶粒长大。基于这一点，Chen 等人首先发展了两步煅烧策略，主要通过控制烧结温度，在抑制晶界迁移的同时保持晶界处于活跃的扩散状态，从而有效抑制晶粒长大并完成致密化过程[17]。对于纳米粉体，相关方法是将坯体加热至较高温度，然后迅速降低至一定温度并长时间保温。初始较高的煅烧温度能够为系统提供足够的驱动力，使晶界扩散有效发生。随后降低煅烧温度，晶界扩散能够持续进行，但晶界迁移仍处于被抑制的状态，因而能够在较低温度下实现坯体的致密化，同时有效控制晶粒的快速生长，其烧结过程如图 3-12 所示[18]。例如，以 50 nm 的钨粉为原料，利

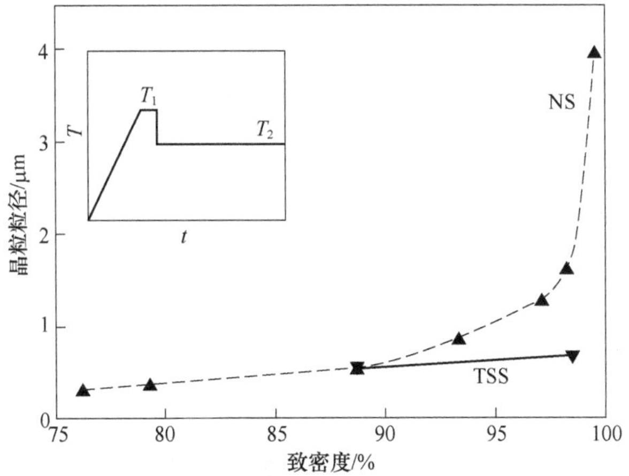

图 3-12　纳米晶钨的两步法烧结与常规烧结比较

NS—常规烧结；TSS—两步烧结

用两步烧结法可以实现形成相对密度为 98.6%、晶粒粒径为 700 nm 的金属钨块体。但应指出的是，两步烧结法对原始结构的均匀性非常敏感，且由于需要长时间保温，导致生产效率较低，成本增加。

3.5　强化烧结

仅依靠烧结工艺的优化仍难以获得超细晶难熔金属材料，而外场强化下的烧结技术是解决这一问题的有效途径。所谓强化烧结是指在外加电场、磁场或压力的作用下，通过降低烧结温度或提高烧结速度来促进致密化并抑制晶粒生长。外场作用下的烧结主要包括放电等离子体烧结、微波烧结及热压烧结。

3.5.1　放电等离子体烧结

在放电等离子体（SPS）烧结过程中，电极通入直流脉冲强电流，瞬时产生放电等离子体，使得烧结体内部各颗粒表面活化并均匀产生焦耳热，同时在一定的机械压力下实现烧结。

对于导电的金属粉体，由于存在焦耳热效应和脉冲放电效应，颗粒在电流的作用下产生局部放电，激发形成等离子体。随着等离子体密度的不断增大，高速反向运动的粒子流对颗粒表面产生较大冲击力，使表面吸附的气体逸散或氧化物层破碎，从而使颗粒表面得到净化并活化，有利于烧结。同时，放电过程也会瞬时产生高达几千摄氏度甚至上万摄氏度的局部高温，在晶粒表面引起蒸发和熔化，并在颗粒接触的位置形成烧结颈。由于是局部发热，热量会立即从发热中心向四周扩散，形成的烧结颈快速冷却，使得颈部的蒸气压低于其他部位，气相物质凝聚在颈部，实现物质的蒸发-凝固传递。通过电流的反复断通，放电点形成的局部高温在颗粒间移动，从而实现均匀加热。在 SPS 烧结过程中，晶粒在脉冲电流加热和压力的作用下，其相互间的物质扩散过程得到有效加强，从而加速了烧结致密化过程，并减少了晶粒生长时间，有效抑制了晶粒粗化。因此，SPS 烧结过程可以看作是颗粒放电、导电加热和加压综合作用的结果，其烧结机理与传统无压条件下的热致密化机制有所不同。

3.5.2　微波烧结

微波烧结是利用微波的特殊波段与材料的基本细微结构耦合而产生热量，材料在电磁场中的介质损耗使其整体加热至烧结温度，而实现致密化的方法。微波与不同物质之间的相互作用本质上是微波电磁场与材料的直接相互作用，由高频交变电场引起材料内部的自由电荷或束缚电荷反复极化和剧烈运动，在分子之间发生碰撞、摩擦和内耗，最终将微波能转变成热能以达到烧结的目的。

在微波加热物质的过程中，电场和磁场会同时对物质产生作用，通过热效应和非热效应实现金属粉末在微波场中的加热和烧结。微波的热效应主要由电场部分引起的电导损耗、介电损耗与磁场部分引起的磁损耗来贡献热量。其中，材料的电导损耗与介质的电导率密切相关，电导率越大，载流子引起的宏观电流越大，越有利于电磁能向热能转化；而介电损耗及磁损耗分别与材料自身的极化特性及动态磁化有关。金属材料在微波烧结过程中的非热效应主要以放电效应为主。在微波场中，金属材料因趋肤效应的影响，导致金属粉末表面聚集大量电荷，当达到一定浓度时，会产生颗粒间的放电现象并产生大量热量，从而使金属表层快速升温，进而促进烧结颈的形成与生长。金属粉体微波烧结过程中的物质迁移以黏性流动和体积扩散为主，但在实际烧结过程中，物质迁移方式受材料和工艺参数的影响而存在差异。

3.5.3 热压烧结

热压烧结是指在烧结过程中同时对坯体施加压力，从而加速致密化的烧结工艺。当加热和加压的过程同时进行时，粉体处于热塑性状态，使得样品中颗粒扩散和流动传质变得更加容易，因而可以有效降低烧结温度，促进粉末的致密化过程。由于颗粒的分布状态会影响单位面积的受力，因此热压烧结的驱动力不仅与烧结压力有关，还与颗粒间的接触面积与颗粒截面积的比值有关。

热压烧结的烧结机制主要包括塑性变形机制、蠕变机制及扩散机制。虽然晶格扩散及晶界扩散在无压烧结中同样存在，但塑性变形及蠕变机制是热压烧结的典型特征。在烧结初期，主要为颗粒的微流动阶段，颗粒在压力的作用下发生相对滑移、破碎和塑性变形，导致致密度快速增加，同时大部分气孔也在这一时期消失。随着密度的增大，颗粒接触面显著增大，单位面积受到的作用力大大降低，使得晶界滑移变得困难，转而大量出现挤压晶界，导致致密化速率随之降低，此时进入塑性流动阶段，类似于常压烧结后期的闭孔收缩阶段。当致密度趋近于烧结终点时，扩散控制的蠕变开始起主导作用。

这三种强化烧结方法对于促进致密化和抑制晶粒生长都有较好的效果，特别是与纳米尺寸的粉体相配合，更有助于获得高致密、超细晶难熔金属。相比于加入低熔点金属的活化烧结，这些强化烧结方法不会对材料的高温性能产生不利影响，因而具有较大的优势。但是，这三种强化烧结方式都需要特殊的烧结设备，对于大尺寸金属块体的烧结制备仍存在一定的局限性。

参 考 文 献

[1] 阮建明，黄培云．粉末冶金原理［M］．北京：机械工业出版社，2012.

[2] 果世驹．粉末烧结理论［M］．北京：冶金工业出版社，2002.

[3] 陈振华，陈鼎．现代粉末冶金原理［M］．北京：化学工业出版社，2012.

[4] 黄坤祥．粉末冶金学［M］．北京：高等教育出版社，2021.

[5] 兰德尔·杰曼．烧结实践与科学原理［M］．贾成广，褚克，刘博文，等译．北京：化学工业出版社，2021.

[6] 张锐．陶瓷工艺学［M］．北京：化学工业出版社，2007.

[7] WANG H T，FANG Z Z，HWANG K S. Kinetics of initial coarsening during sintering of nanosized powders［J］．Metallurgical and Materials Transactions A-Physical Metallurgy and Materials Science，2011，42A（11）：3534-3542.

[8] CHEN P L，CHEN I W. Sintering of fine oxide powders：Ⅱ，sintering mechanisms［J］．Journal of the American Ceramic Society，1997，80（3）：637-645.

[9] LANGE F F，KELLETT B J. Thermodynamics of densification：Ⅱ，grain growth in porous compacts and relation to densification［J］．Journal of the American Ceramic Society，1989，72（5）：735-741.

[10] GRESKOVICH C，LAY K W. Grain growth in very porous Al_2O_3 compacts［J］．Journal of the American Ceramic Society，1972，55（3）：142-146.

[11] WANG H T，FANG Z Z. Kinetic analysis of densification behavior of nano-sized tungsten powder［J］．Journal of the American Ceramic Society，2012，95（8）：2458-2464.

[12] WANG J，RAJ R. Estimate of the activation energies for boundary diffusion from rate-controlled sintering of pure alumina，and alumina doped with zirconia or titania［J］．Journal of the American Ceramic Society，1990，73（5）：1172-1175.

[13] FANG Z Z，WANG H T，KUMAR V. Coarsening，densification，and grain growth during sintering of nano-sized powders—A perspective［J］．International Journal of Refractory Metals and Hard Materials，2017，62：110-117.

[14] HU P，CHEN T Y，LI X J，et al. Ultrafast synthesis of nanocrystalline molybdenum powder by thermal plasma and its sintering behavior［J］．International Journal of Refractory Metals and Hard Materials，2019，83：104969.

[15] KUMAR V，FANG Z Z，FIFE P C. Phase field simulations of grain growth during sintering of two unequal-sized particles［J］．Materials Science and Engineering A-Structural Materials Properties Microstructure and processing，2010，528（1）：254-259.

[16] FRED F L. Powder processing science and technology for increased reliability［J］．Journal of the American Ceramic Society，1989，72（1）：3-15.

[17] CHEN I W，WANG X H. Sintering dense nanocrystalline ceramics without final-stage grain growth［J］．Nature，2000，404（6774）：168-171.

[18] LI X Y，ZHANG L，DONG Y H，et al. Pressureless two-step sintering of ultrafine-grained tungsten［J］．Acta Materialia，2020，186：116-123.

4 钨铜合金的制备与改性

钨铜合金（tungsten-copper alloy，简称 W-Cu 合金）是由既不互溶也不形成金属间化合物的难熔金属钨和高传导金属铜组合而成的一种合金材料。钨和铜性能差异极大且各自具有独特的优点，使得钨铜合金具有高强度、高导热、低膨胀系数等优异性能，被广泛用于电子信息、航空航天和国防工业等领域。随着科技的发展和进步，人们对 W-Cu 合金的强度、导热、耐烧蚀、热膨胀系数等性能要求也越来越高。基于 W-Cu 合金的制备技术及工艺过程，大量研究从原料粉末改性、合金成分优化及材料微结构设计等方面提升 W-Cu 合金的性能，并取得了显著效果。本章主要介绍 W-Cu 合金的基本物理性能及其具体应用领域、主要制备技术与性能提升的方法研究。

4.1 钨铜合金的基本物理性能

钨是一种常用的难熔金属，具有体心立方结构，其显著特征是强度和硬度非常高，并且是所有金属中熔点最高、热膨胀系数最低的金属，这使得其在高温环境下具有优异的稳定性；同时，钨在军事尤其是现代军事领域有着极其重要且广泛的应用，也是国家的重要战略资源。铜是面心立方结构的金属，具有 12 个滑移系，因而其延展性好、具有较强的塑性变形能力，同时具有优异的导热性和导电性，广泛应用于电力、电气、电子等领域，是人类最早使用的金属之一。钨和铜的物理性能对比见表 4-1。

表 4-1　钨和铜的物理性能比较

性能参数	钨	铜
密度/g·cm^{-3}	19.25	8.96
熔点/℃	3422	1084.6
沸点/℃	5930	2562
强度/MPa	550	120
硬度（HB）	350	35~50
弹性模量/GPa	411	145
热导率/W·(m·K)$^{-1}$	174	403
比热容/J·(kg·K)$^{-1}$	136	385
线膨胀系数/K^{-1}	4.5×10^{-6}	16.5×10^{-6}

由于钨和铜两种金属在固态下均不发生固溶，也不形成金属间化合物，因此，钨和铜组合而成的是一种假合金，也被称为复合材料。其同时兼备难熔金属钨的高熔点、高密度、高硬度、低热膨胀系数、良好耐电弧烧蚀性能和高传导金属铜优异的导电、导热性能。

4.2　钨铜合金的应用

钨铜合金因同时具有钨和铜两相的优点，具有高强度、高硬度、良好的导电和导热性能、耐电弧侵蚀能力及抗熔焊性能，因此被广泛用作高压、超高压、特高压断路器触头，电阻焊、电火花加工、等离子加工电极等电工材料。在大规模集成电路、大功率微波器件中，钨铜合金也被用作基片、连接件、散热元件等电子封装材料和热沉材料。在军事和航空航天领域，钨铜合金也有广泛用途。利用钨的高密度和高强度，钨铜合金被广泛用作穿甲弹弹芯、破甲弹药型罩、导航仪的陀螺转子、配重块等。同时，利用铜的高导热性和高温下的“自发汗冷却”特性，以及钨的耐高温性能，钨铜合金被用来制备各种导弹的喉衬、电磁炮导轨、火箭引擎上的喷嘴、燃气舵、鼻锥等耐高温零部件。此外，由于钨具有良好的耐等离子体刻蚀、低燃料滞留和低中子活化特性，钨铜合金的衍生材料——钨铜梯度合金，成为聚变反应堆面向等离子体第一壁和偏滤器的首选材料。

4.2.1　电工材料领域

钨铜合金因具有高的抗电弧烧蚀性能和抗熔焊性能，在各种高、低压开关电器和仪器仪表中作为电触头、电触点和电极。特别是钨含量（质量分数）在70%~90%的钨铜合金，用作高压、超高压、特高压断路器触头是其典型应用之一。

在钨铜合金中，高熔点金属钨形成高强度钨骨架，使合金具有耐电弧烧蚀、耐机械磨损及耐高温腐蚀的优异性能；而低熔点金属铜形成连续网络状结构，为合金提供了优异的导热和导电性能。在高温电弧冲击作用下，低熔点铜材料发生熔化。由于毛细管作用力，熔融的铜被吸附在烧结钨骨架形成的连通孔隙内部，延缓了高温电弧作用下铜液的飞溅和熔焊。即使熔融铜在高温电弧作用下铜蒸发，也会带走大量热量，使钨骨架迅速冷却，从而保证触头具有良好的开关性能。同时，钨骨架由于熔点很高，在电弧中的烧蚀极小，即使温度过高也不容易发生熔焊，从而保证了开关性能的稳定性、可靠性和长寿命。钨含量越高，抗烧损的性能越好，但电导率有所下降。具体的使用要求可参照国家标准（见表4-2）对电触头的物性要求进行选择。因此，钨铜合金被广泛用作油断路器、六氟化硫断路器、真空接触器、变压器转换开关等各类高压电器开关中的电触头，成为推动输变电领域不断提高电压等级、电流容量和输送功率的关键材料。高压输变电网装机容量的不断提升及新型能源并网，对断路器核心部件——电触头提出了越来越高的性能要求和较长的使用寿命要求，亟需开发新型钨铜合金触头材料。

表 4-2 钨铜合金电触头的物理性能与力学性能要求标准

电触头成分（质量分数,%）	密度/g·cm^{-3}	硬度（HB）	导电率/% IACS	抗弯强度/MPa
钨（50）铜	≥11.85	≥115	≥54	—
钨（55）铜	≥12.30	≥125	≥49	—
钨（60）铜	≥12.75	≥140	≥47	—
钨（65）铜	≥13.30	≥155	≥44	—
钨（70）铜	≥13.80	≥175	≥42	≥790
钨（75）铜	≥14.50	≥195	≥38	≥885
钨（80）铜	≥15.15	≥220	≥34	≥980
钨（85）铜	≥15.90	≥240	≥30	≥1080
钨（90）铜	≥16.75	≥260	≥27	≥1160

电阻焊作为一种常用的金属连接方式，利用电流通过金属工件产生的热量，使得工件表面熔化并连接在一起。电极是连接电源和工件的部件，需要具备良好的导电性和耐磨性。电火花加工则是一种通过电火花放电来加工金属的方法，它需要使用一种具有高熔点和高导电性的材料作为电极，以保证电极在加工过程中不会熔化或损坏。这两种技术在工业生产中都有广泛的应用。早期采用铜或石墨电极，成本较低，但耐烧蚀性能较差。钨铜合金的主要优点使其可以承受高电流密度、高温和高压的条件，作为电极材料使用时损耗小、能够保证稳定性和精度。因此，钨铜合金被广泛用作电阻焊电极和电火花加工电极。

4.2.2 热沉材料领域

热沉材料是热管理部件的重要组成之一，要求具有与芯片衬底匹配的热膨胀系数和较高的热导率，以助力芯片快速散热。同时，它还需要具有良好的加工或成型性能、可镀覆性、可焊性、耐蚀性及良好的气密性。钨铜合金兼具钨的低热膨胀特性和铜的高导热特性，且其热膨胀系数和导热、导电性能可以通过调整钨铜合金的成分进行优化。因此，它成为大功率器件封装材料和热沉材料的最佳候选材料之一。

20 世纪 90 年代以来，钨铜合金一直是电子封装材料和热沉材料的首选。其高热导率及与基板材料（如硅、砷化镓及陶瓷壳体）相近的热膨胀系数，使得钨铜合金与原来使用的高热膨胀系数的铜、铝等材料相比，极大地降低了封装时引起的热应力，提高了产品的可靠性和使用寿命。国际上，日本联合材料（A. L. M. T.）、奥地利 Plansee 和美国 Torrey Hills Technologies 公司和 H. C. Starck 公司都采用粉末冶金的方法制备了钨铜合金电子封装和热沉材料，其具体性能见表 4-3，并且实现了商业化生产。在国内，安泰天龙钨钼科技有限公司、长沙升华微电子材料有限公司、江苏鼎启科技有限公司、有研金属复材技术有限公司均有投入钨铜合金的研发和生产。生产的钨铜合金已在国防军工、微波射频、光通信和激光器行业取得了广泛应用。然而，国产钨铜合金的热导率及热膨胀系数与国外产品相比仍存在一定差距。随着微电子器件趋于小型化和集成化，高功率密度增加了器件的散热需求，对热管理用热沉材料提出了更加苛刻的要求。

表 4-3　钨铜合金热沉材料的热导率和热膨胀系数

公司名称	成分（质量分数）	热膨胀系数/K^{-1}	热导率/$W \cdot (m \cdot K)^{-1}$
Plansee 公司	W-10%Cu	6.4×10^{-6}	195
	W-15%Cu	7.3×10^{-6}	215
	W-20%Cu	8.3×10^{-6}	235
H. C. Starck 公司	W-30%Cu	9.6×10^{-6}	185
	W-10%Cu	6.5×10^{-6}	180

4.2.3　航空航天领域

固体火箭发动机是使用固体推进剂的化学火箭发动机，由药柱、燃烧室、喷管组件和点火装置等组成。数据显示，火箭推力的 65%～75%是通过喷管喉部加速至声速产生的。由此可见，喉衬对于火箭发动机的重要性。火箭发动机喷管属收敛-扩散型喷管，由入口段、喉部、出口锥构成，其作用是将燃烧产物的热能转换为高速射流的动能而产生推力。然而，喷管喉衬工作环境十分恶劣，在点火瞬间承受的升温速度约为 2000 ℃/s，工作温度通常高达 3000 ℃。因此，对喉衬材料的高温强度要求极高。当发动机工作时，钨铜合金作为“发汗材料”，其两相组织中所含的铜在 1084 ℃熔化、2562 ℃（0.1 MPa）气化时吸收大量热量。这一过程为钨骨架提供了良好的冷却效果，显著降低喉衬表面温度，从而保证了钨铜合金部件在高温极端环境下正常工作。同时，钨骨架中渗入铜，大大提高了合金强度，通常高于基体强度 4～5 倍，进而提高了抗热震性，并改善了机械加工性能。

除了喷管喉衬，钨铜合金还可用于其他受高温高速气流烧蚀和冲刷的高温器件，如燃气舵、空气舵、导弹端头（头锥、鼻锥）等导弹或火箭发动机部件。

抗烧蚀性和抗热震性是此类部件的最主要使用性能。因为固体燃料的燃气温度通常高达2700~3300 ℃，且燃气流中含有大量的固体粒子，对燃气舵、空气舵、导弹端头等部件产生严重的冲刷和烧蚀作用。此外，这些部件在急剧升温的条件下（几秒钟升至工作温度）工作，因此会遭受激烈的热震破坏。对于端头，当飞行器飞入太空再进入大气层时，由于速度快而受到大气粒子的激烈摩擦，产生高温和侵蚀。钨铜合金是能够满足上述要求的理想材料。虽然碳-碳（C-C）纤维复合材料具有质轻和抗热震性好的优点，多用于火箭喷管喉衬，但其抗烧蚀性远不如钨铜合金。因此，对于抗烧蚀性要求高的导弹或火箭发动机部件，仍需使用钨铜合金制造。

4.2.4 军工领域

钨铜合金除了应用于导弹喷管和喉衬外，在军工领域还具有广泛的应用，如电磁炮导轨材料、坦克破甲弹的药型罩材料、远程炮的尾喷管材料等。

作为新一代武器装备，电磁轨道炮并不需要使用火药或其他炸药。它依靠两条平行导轨间流动的电流产生强磁场，磁场和电流的共同作用产生强大的洛伦兹力，从而推动导轨间的弹丸远程、高速发射，并利用强大的电磁能将弹丸加速到极高速度。电磁轨道炮的射程可以大大超过传统火炮。与传统火炮相比，电磁轨道炮的能量成本更低，反应灵敏度更高。此外，其发射弹丸的速度更快、射程更远、稳定性更好、精准度更高、毁伤力更强。因此，电磁轨道炮导轨材料在满足高导电性能的基础上，其表层还需具备良好的耐电弧烧蚀特性及高温强度和高温耐磨性，钨铜合金是电磁炮导轨材料的最佳选择。

破甲弹是基于门罗效应（聚能效应）开发的化学能反装甲弹中空心装药破甲弹或聚能装药破甲弹，主要用于毁伤坦克、装甲车等装甲目标，药型罩作为破甲弹的“心脏”，其材料是聚能效应能量的载体，其性能直接影响射流密度、射流速度和连续射流长度等射流质量，因此希望药型罩具有破碎性好、侵彻力强、渗透率高等特点。根据侵彻流体动力学理论，药型罩形成更长且稳定的射流要求药型罩材料具备高密度、高声速、良好的导热性、高动态断裂伸长率等性能。钨铜合金药型罩的聚能效果明显高于纯铜，破甲弹的破甲威力得到很大提高，因而受到美国、法国、日本、以色列和瑞典等国家的重视。

4.2.5 其他领域的应用

核聚变实验装置，俗称“人造太阳”，是一种利用磁约束来实现受控核聚变的环形容器。它由超高真空室、纵场线圈、极向场线圈、内外冷屏、外真空杜瓦和支撑系统六大部件组成，运行时，装置需要超大电流、超强磁场、超高温度（芯部温度达到上亿摄氏度）、超低温度（线圈温度需降到零下二百多摄氏度）

及超高真空等极限环境。其运行原理是在真空室内加入适量氢的同位素氘或氚，通过类似变压器的原理使其产生等离子体，然后提高其密度和温度使其发生聚变反应。反应过程中会产生极高的温度、冲击力和辐射等。

聚变反应装置内直接面向高温等离子体的第一壁、偏滤器及限制器的材料，也是聚变堆至关重要的关键材料之一。在发生等离子体破裂和垂直位移时，暴露于高热流的面向等离子体材料表面承受来自等离子体、高能中子、氘、氚及电磁辐射的冲刷，而它的另一面必须被强制冷却。因此，面向等离子体材料必须具有很高的熔点和抗冲击能力，同时另一面需要有优良的导热性及室温塑性。钨铜合金功能梯度材料正好满足面向等离子体材料的要求。它的一侧是高导电、导热的铜，另一侧是高熔点、高硬度的钨，中间则为组成呈梯度变化的过渡层。高钨部分满足了抗高温离子冲击的需求，高铜部分能够迅速传递热能，从而降低了温度，避免了材料在高温下变形。

根据钨铜合金的各项特性，各种新的可能应用还正在不断地研究和开发。例如，它可以作为重载荷滑动摩擦轴套的加强筋，用作高速旋转和运动的固体密封件，以及各种仪器仪表中要求无磁、低膨胀、高弹性模量、防辐射屏蔽等特殊要求的零部件。此外，钨铜合金还被选为承受和传递大热流的装置材料。

4.3　钨铜合金的制备技术

钨、铜两相在低温和高温时均不互溶，而且两相熔点相差较大，无法通过传统铸造的方法制备钨铜合金，通常采用粉末冶金工艺进行制备。钨铜合金的各种制备技术主要是通过将烧结混合粉末预压制得到生坯，再进行烧结从而获得满足不同要求的烧结体。目前，国际上普遍采用熔渗法和高温液相烧结法。此外，活化液相烧结和热压烧结技术也被广泛用于制备钨铜合金。

4.3.1　熔渗法

熔渗法又称为熔浸法（infiltration），是制备难熔金属与低熔点金属合成假合金的通常方法，也是难熔金属制备合金与复合材料最经济的方法。钨与铜熔点相差较大，且两者互不相溶，满足熔渗法的基本条件。采用熔渗法制备钨铜合金的具体工艺如下：将钨粉或混有微量铜粉（诱导铜粉）的钨粉压制成生坯，然后通过预烧结制备具有一定强度和密度的多孔钨骨架。随后，将纯铜块放置于钨骨架上方，或直接将纯铜块放置于压制好的钨生坯上方。最后，将两者一同放置于烧结炉（气氛或真空）内，在铜熔点以上的温度进行熔渗或烧结。较高的温度使得铜熔化，熔融的铜液能够借助毛细作用力进入多孔钨骨架中，从而获得钨铜合金。

采用熔渗法制备钨铜合金时，烧结过程和熔渗过程可依次进行，也可同时完成。烧结和熔渗依次进行可获得较高强度的钨骨架，从而使制备出的合金强度和高温性能更好。熔渗法能够制备出高致密度，优良导电、导热性能的钨铜合金，且制品烧结性能较好，即骨架烧结强度高。然而，这种方法也存在一些不足。例如，制备出的合金成分受到限制，难以制备较低或较高铜含量的合金，且其制备的合金需要进行机加工去除多余的金属铜，增加了生产成本，因此其应用也受到一定程度的限制。尽管如此，由于熔渗法制备的钨铜合金综合性能优异，它们仍然是制备钨铜合金最主要的方法。

4.3.2 高温液相烧结法

为了解决熔渗法难以精确控制合金材料成分这一不足，研究者们提出了高温液相烧结法（high-temperature liquid-phase sintering）。其工艺过程为：将钨粉与铜粉按照预先设定好的成分配比进行配料，混合均匀后，在压样机上压制成型获得生坯。随后，将压制好的生坯放置于气氛烧结炉或真空烧结炉中，在高于铜的熔点的温度下进行烧结，即得到成分可控的钨铜合金材料。

高温液相烧结法制备工艺简单可控，获得的合金材料成分可控。然而，其烧结温度较高、烧结时间较长，且制备的合金致密度较低，一般仅为理论密度的90%~95%，难以获得高致密度的合金材料。为了提高其致密度，在液相烧结之后还需通过热锻、热压、复压等烧结后处理工序进行进一步改善。然而，其工艺过程相对复杂，增加了生产成本，因此其应用也受到了一定的限制。此外，高温液相烧结法的另一个不足之处是，在高温下，铜相可能会从骨架中溢出，从而引起合金的成分偏析，影响材料的均匀性和性能。虽然这一缺陷可通过成分补偿进行修正，但难以保证材料尺寸及成分的稳定性。

为了解决复杂几何形状及高精度制品的制备难题，研究者们开发了一种新型的粉末冶金成型技术，即金属粉末注射成型技术。该技术通过将金属粉末注射成型和高温液相烧结相结合，能够制备复杂形状的制品，且其具有优异的组织及性能。其制备工艺流程为：首先将钨粉、铜粉和有机黏结剂混合均匀后制粒，随后用注射成型机注入模腔内固化成型，然后去除成型坯中的黏结剂，最后经烧结（或烧结熔渗）得到钨铜合金制品。采用注射成型和熔渗工艺相结合的方法能够获得更加优异的组织及性能，但这种方法工艺过程复杂、成本较高。

4.3.3 活化液相烧结法

由于高温液相烧结法得到的合金材料致密度较低，且烧结温度较高，为了降低烧结温度、提高合金材料致密度，研究者们提出了活化液相烧结法（activated liquid-phase sintering）。活化液相烧结法是将 Co、Ni、Fe、Pd 等第三种活化金属元素加入钨铜合金材料中。在液相烧结过程中，活化元素能够起到活化作用，改善钨和铜的液相烧结过程，生成中间相或发生固溶，从而促进与改善钨铜合金材料的烧结过程。

通过添加活化元素，一方面可以改善铜与钨的润湿性，提高合金的致密度；另一方面可以促进固相钨颗粒之间烧结颈的形成，提高合金的致密度、硬度、强度等性能。活化液相烧结法的特点是显著降低了烧结温度，大幅缩短了烧结时间，同时显著提高了烧结体的致密度。然而，引入的活化元素会降低合金的热导率和电导率，对于制备导热、导电性能要求较高的电子材料来说，这种方法不适用。因此，该工艺仅适用于制备导热、导电性能要求不高的钨铜合金。

4.3.4　热压烧结技术

一般情况下，采用上述几种方法制备的合金材料在烧结过程中容易发生膨胀，严重影响材料的致密度，从而降低其力学性能和导热性能。而采用热压烧结技术可以解决这一致命性缺陷。热压烧结技术（hot press sintering）是将混合好的粉末装入模具内，在压应力作用下，将混合粉末加热到熔点以下某一温度进行烧结的方法。

热压烧结技术具有以下优点：在热压烧结过程中，外加压力和高温的共同作用可促进铜、钨原子间的相互扩散和迁移，利于钨铜合金组织中钨颗粒间烧结颈的形成，从而形成连续的钨骨架结构。此外，高温下施加压力能有效促进固相烧结阶段钨颗粒的重排和熔融铜的再分布，使材料中残留的孔隙缩小甚至消失，进一步促进合金的致密化。热压烧结还可以提高粉末颗粒的流动性和塑性变形能力，促进合金中闭孔的收缩，从而改善钨铜合金的致密化程度。另外，热压烧结过程的压力大小可控性强，可通过增大压力和延长保压时间等方式有效降低钨铜合金中的孔隙度，显著提高材料的致密度。

4.3.5　其他制备技术

随着科技的不断发展，对钨铜合金材料的要求也相应提高，如致密度要求达到98%以上；材料的成分和微观结构控制要求更加严格，零件要接近特定的复杂形状要求等。近年来，国内外研究学者在钨铜合金制备方面取得了显著进步，不断研发出一些新的制备工艺和技术，如放电等离子烧结法、选区激光烧结法、微波烧结法等。

放电等离子烧结（spark plasma sintering，SPS）的工艺过程为：将钨粉和铜粉按照一定配比混合后装入模具内，然后在放电等离子烧结炉中通过放电活化和加压烧结制备出钨铜合金。利用烧结过程中的脉冲电流及烧结压力可降低粉末烧结温度。同时，放电等离子烧结炉具有快速升温及均匀加热的特征，可获得组织细小、均匀的高致密度钨铜合金材料。然而，诸如加热速率、烧结温度、烧结压力、脉冲电流大小、保温时间等参数对最终样品的致密度和性能影响非常复杂，限制了其在工业界的大规模推广。

选区激光烧结（selected laser sintering，SLS）是一种采用激光器对钨粉或钨铜混合粉末逐层烧结的快速成型技术。选区激光烧结可选用各种不同成分的金属粉末烧结成中、小件，能直接得到金属零件，也可以进行后续的渗铜处理。但这种方法对粉末颗粒尺寸具有较高的要求，较细的粉末流动性和铺展性较差，会降低层与层之间的烧结致密度。通常情况下，级配粉末（即具有不同粒径分布的粉末）在选区激光烧结中具有良好的应用效果。

微波烧结（microwave sintering，MS）是利用微波对材料整体加热进行烧结的一种方法。与传统的加热方式不同，微波加热是通过微波对材料进行整体均匀加热，避免了材料内部因温度梯度产生的热应力，减少了内部裂纹萌生的概率，有利于改善材料的最终性能；同时，这种加热方式升温速度快，大大缩短了烧结时间，有效防止晶粒的粗化，从而获得细晶粒的钨铜合金。

上述各种制备技术虽然为改善钨铜合金的综合性能提供了新的方法，但其研究成果基本停留在实验室研究阶段，研究还不够深入。此外，这些新的制备技术所需的成型设备或烧结设备昂贵，制备流程也较为复杂，难以满足工业化生产的要求。因此，开发高效低成本、适用工业化生产的钨铜合金制备新工艺，以满足高性能、高可靠性的使用需求，对钨铜合金的工业化应用具有重大的现实意义。

4.4 钨铜合金改性研究

电子信息、航空航天和国防工业等高精尖领域的迅猛发展，对制备其核心部件的钨铜合金提出了更加苛刻的要求，这些要求主要体现在以下几个方面：（1）更高的强度及更好的气密性要求，其相对密度几乎达到全致密；（2）高可靠性要求其具备更均匀的成分、组织和结构；（3）苛刻的服役环境要求其具备更加优异的高温力学性能和稳定性等。对钨铜合金提出的一系列组织和性能的要求，必然会推动其成分的优化和制备合成工艺的改进，以及新技术的开发。近年来，国内外学者在钨铜合金的结构设计、合成或制备工艺、加工技术及其与服役性能的关系等方面，进行了大量基础和应用研究。

4.4.1 粉体改性

粉末冶金包括粉体制备、成型、烧结和后处理。其中，粉体制备作为粉末冶金的源头工序，对合金性能的好坏起到至关重要的作用。对于钨铜合金，复合粉末中两相的均匀混合成为制备钨铜合金的关键之一。一般采用 V 形混料机或其他类型机械搅拌装置，对特定比例的钨粉和铜粉进行混合，得到混合粉末。机械混合法具有操作简单、成本低、批量大的优势，是制备钨铜复合粉末常用的方法。然而，这种方法也存在一些局限性。钨粉和铜粉密度的差异大，会导致两种材料混合不均匀，烧结后在显微组织中存在单一元素的聚集，影响钨铜合金的整体性能。因此，大量研究通过粉末细化、粉末包覆、球化和造粒等方法，来提升钨铜合金的综合性能。

4.4.1.1　粉末细化

机械合金化的工艺流程为：将两种或多种金属单质粉末或合金粉末与球磨介质（如钢球或硬质合金球，其成分应尽量与原始粉体材料一致）按照一定比例放入球磨机中，通过高能球磨使之固态合金化。通过球磨介质对两个或多个组元的粉末进行剧烈碰撞，经历反复的塑性变形、冷焊、破碎，最终在原子水平上实现合金化，形成合金粉末。机械合金化处理可以细化粉末，有利于烧结过程中钨颗粒间烧结颈的形成，从而提高复合材料的致密度。此外，机械合金化可以使球磨粉末产生晶格畸变，粉末表面容易产生缺陷，为后续烧结提供更大的烧结驱动力，进一步改善粉末的烧结性。研究表明，通过调控机械球磨的时间、能量输入、气氛等参数，可制备出纳米级 W/Cu 复合粉末，实现 W 和 Cu 的均匀混合。球磨机类型、球磨时间和球料比等对制备纳米级 W/Cu 复合粉末的特性有一定影响。相比其他类型球磨机，行星式球磨机具有较高的球磨效率。同时，软质相 Cu 的含量会改变球磨过程中冷焊和断裂的过程，进而影响获得粉末的粒径和时间。延长球磨时间可以使原本在固体或液体状态下都不固溶的 W 和 Cu 发生固溶[1]。机械合金化制备的纳米级钨铜合金在较低温度下（1200 ℃）即可达到致密化，且组织均匀性高，这主要归因于纳米颗粒在烧结过程中产生了二次重排。采用不同球料比对 W/Cu 复合粉末进行球磨工艺优化。随着球料比增大，W/Cu 复合粉末与研磨球的碰撞概率和磨削面积增大，有利于提升球磨效率。然而，当球料比过大时，磨球之间碰撞增多，球磨过程的机械能被过多消耗，导致球磨效率逐渐降低。需要注意的是，机械合金化方法也存在一些局限性。例如，球磨过程中可能引入杂质，这些杂质会影响最终复合材料的导电及导热性能。此外，机械合金化生产周期长、生产效率低，不利于工业化生产。

机械-热化学法的工艺过程为：将含有 W 或 Cu 的氧化物（如 WO_3、CuO、$CuWO_4$ 等）按照一定比例混合均匀，然后在还原性气氛下还原，最终得到纳米级别的 W/Cu 复合粉体。具体实施过程为：将 W 粉和 Cu 粉在特定温度下氧化，获得 $CuWO_{4-x}$ 的氧化产物，随后进行高能球磨，最后还原得到混合粉末。在还原过程中，粉体粒径相比于原始氧化粉末粒径增大不明显，且还原后粉末的氧含量显著降低。将 WO_3 和 CuO 粉体进行射流研磨，在氢气气氛下不同还原温度时的研究表明，随着还原温度的升高，W 晶粒粒径和 Cu 晶粒粒径均有不同程度的增大[2]。采用机械-热化学法得到的复合材料具有较高的致密度和热导率。然而，WO_x 的存在会阻碍 WO_3 或 $CuWO_{4-x}$ 的完全还原，进而影响钨铜合金的最终性能。通过在液相烧结之前进行热处理，可以提高复合材料的致密度，但还原热处理的温度不宜太高。

另一种常用的制备方法是喷雾干燥法，其工艺过程为：将多种金属盐的混合溶液与仲钨酸铵或偏钨酸铵混合成均匀溶液后送入雾化器中，由喷嘴高速喷入干燥室，获得金属盐的微粒。收集后进行焙烧，即可得到复合氧化物粉末前驱体的超微颗粒，然后将前驱体在一定条件下进行还原或碳化以得到所需成分的复合粉体。制备得到的平均粒径为 500 nm 的钨铜复合粉体中，纳米铜晶粒通过氧化铜的过渡层和钨表面具有良好的润湿性，从而形成较为均匀的组织形貌。在还原过程中，随着氢气还原温度的升高，复合粉体的粒径逐渐增大。研究发现，采用乙酸铜作为前驱体，在乙二醇中溶解乙酸铜，铜离子被钨粉还原，生成的铜颗粒均匀分散在钨粉表面，且反应温度较常规的还原温度更低。图 4-1 展示了采用喷雾干燥法制备的细小 W-50%Cu 过饱和固溶体。该固溶体具有体心立方结构，由约 20%的铜原子取代钨晶格中的钨原子组成。铜原子在过饱和固溶体中的分布不均匀，以 10 nm 的纳米团簇形式存在[3]。

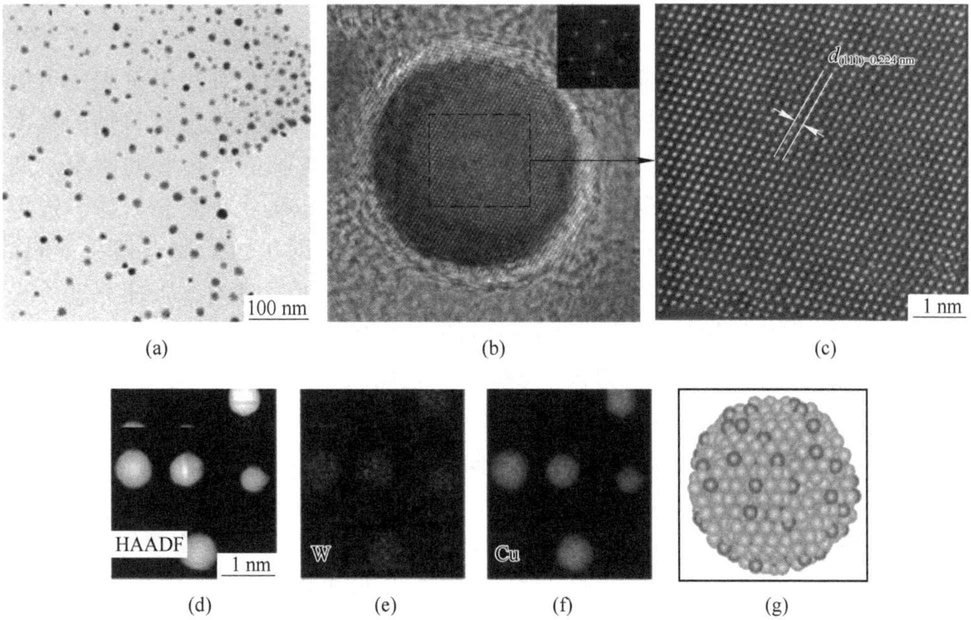

图 4-1 W-50%Cu 过饱和固溶体的透射电子显微照片

(a)(b) TEM 照片；(c) 高分辨图；(d)~(g) 能谱分析

除了上述采用物理和化学的方法制备复合粉体外，还有溶胶-凝胶法、均匀相沉积法和冷冻干燥法，其实现均匀混合的方式都是将粉体进行微纳米化，以得到混合均匀的复合粉体。

4.4.1.2 粉末包覆

除用上述方法通过微纳米化 W/Cu 复合粉末获得混合均匀的复合粉体外，还可以通过将两种组元形成核-壳结构粉体（即将其中一种组元包覆在另一种组元表面）来实现粉体间的均匀混合。化学镀是指在没有外加电流的情况下，利用处于同一溶液中的金属盐和还原剂，在具有催化活性的基体表面能够进行自催化还原反应，从而在基体表面化学沉积形成金属或合金。利用化学镀可以在钨粉体表面镀覆一层单质铜，形成 W@ Cu 核-壳粉体。化学镀的具体流程为：将钨粉体超声清洗后加入乙二胺四乙酸二钠（EDTA-2Na）溶液中搅拌，再将硫酸铜和乙醛酸加入溶液中，并保持一定的反应温度和酸碱度。最后，将反应完毕的粉体进行清洗、干燥。利用该方法可以直接在钨颗粒表面镀铜，无需使用铅或金等催化剂，省去了传统化学镀需要活化、敏化等复杂的预处理过程[4]。同时，研究了 2,2-联吡啶作为化学镀过程中的稳定剂对铜镀层的表面形貌、成分和化学镀过程的影响[5]。研究表明，通过添加 2,2-联吡啶得到的 W@ Cu 包覆粉具有纯度高、铜镀层致密且化学镀过程稳定等优点。将采用化学镀方法制备的 W@ 10Cu、W@ 30Cu 和 W@ 50Cu 包覆粉体进行压制，并在氢气气氛下 1100 ℃烧结 1 h，可得到梯度功能材料。

电沉积法是利用外加电流的作用，使金属离子或金属络离子等反应离子在阴极表面发生氧化还原反应，生成新相并沉积在阴极表面。利用电沉积法可以在钨颗粒表面沉积一层金属，形成 W@ Cu 核-壳粉体。其中壳层材料铜的厚度为 2.5 μm。通过控制搅拌频率和电流密度，可以有效避免钨颗粒的团聚。此外，采用电沉积法也可以制备镍包石墨复合粉体、钴包碳化钨复合粉体、镍包金刚石复合粉体。以电沉积 W@ Cu 核-壳粉体为例，对电沉积制备核-壳粉体的过程控制进行了细致的研究。研究了电流强度、电沉积时间、脉冲宽度等工艺参数对核-壳粉体镀层厚度、含量和包覆率的影响规律，最终形成了完善的制备镀层含量和包覆率可控的核-壳粉体工艺路线。为进一步优化工艺参数，建立了特征参数（电流强度、电沉积时间和脉冲宽度等）与 W@ Cu 核-壳粉体镀层厚度、含量和包覆率的机器学习模型。利用该模型模拟不同特征参数下 W@ Cu 核-壳粉体镀层厚度的变化规律，并在承载量为 1000 g 的装置中进行实验验证。采用粒径为 28 μm 的待镀钨粉对镀层厚度的机器学习模型进行验证。图 4-2 为大批量制备 W@ Cu 核-壳粉体的显微组织形貌和截面形貌。实验结果表明，在电流密度为 7 A/dm^2、电沉积时间为 6 h 实际镀层厚度为 3.93 μm，与理论镀层厚度（3.15 μm）大致相符。采用 W@ Cu 核-壳粉体可以获得组织均匀的复合材料，在显微组织中形成连续的铜网络结构，从而显著提高热导率。W@ 27Cu 合金的热导率为 241 W/(m · K)。

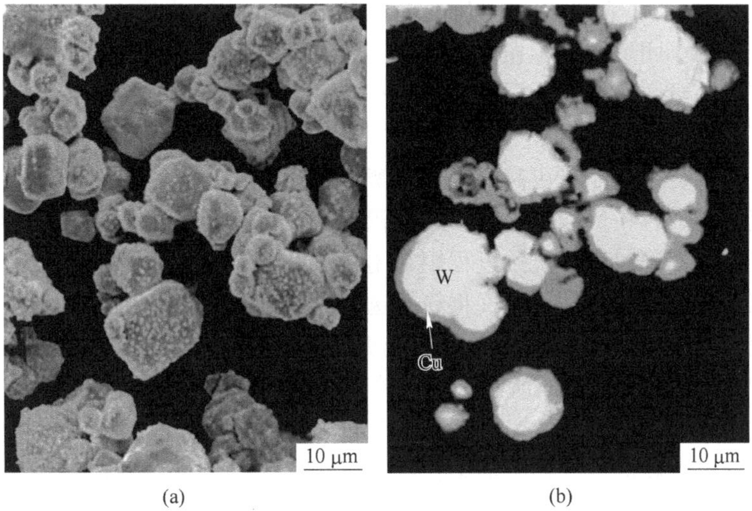

图 4-2 大批量制备 W@ Cu 核-壳粉体的扫描电子显微组织形貌（a）和截面形貌（b）

化学气相沉积是通过化学反应将一种物质沉积在另一种物质表面的气相工艺，这种方法也可以应用于制备包覆型粉体。通过使用化学气相沉积技术成功将 Al_2O_3 分别包覆在二氧化硅（SiO_2）、二氧化钛（TiO_2）、氮化硼（BN）、单壁碳纳米管（SWNT）、铁（Fe）、聚甲基丙烯酸甲酯（PMMA）颗粒表面，获得均匀的包覆粉末[6]。这种方法具有包覆均匀、厚度可控的优势。采用丙酮作为气相源对钨颗粒进行氧化，使其形成针状的 $WO_{2.72}$ 相，如图 4-3 所示。该相均匀分布在钨颗粒表面，形成 W@ $WO_{2.72}$ 包覆粉末。然后，对 W@ $WO_{2.72}$ 复合粉末进行低温真空碳化，在钨颗粒表面生成超细 WC 和 W_2C 颗粒，最终得到 W@ WC_x 复合粉末。

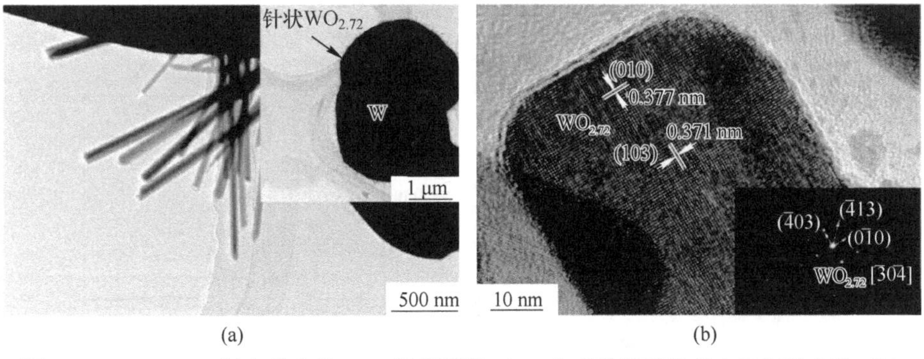

图 4-3 W@ $WO_{2.72}$ 复合粉末的 TEM 显微形貌（a）和高分辨图及其电子衍射花样（b）

4.4.1.3 球化和造粒

气流磨是通过高速气流将物料推到磨盘中间，产生高速剪切和撞击力，使物料迅速被破碎和细化。该工艺对钨粉颗粒具有良好的分散、修形和分级效果。对于费氏粒度为1 μm的钨粉，射流磨粉工艺后，大团聚体消失，粒径分布变窄，但2~3 μm的小团聚体仍存在。对于费氏粒度为5 μm和10 μm的钨粉，采用优化后的气流磨参数可制得不同中粒径和窄粒径分布的单分散钨粉。研究发现，采用气流磨处理粉末制备的钨铜合金具有更高的组织均匀性和较低的钨颗粒连接度，同时这种合金还兼具更高的强度、塑性和导热性能[7]。进一步地，采用颗粒级配气流磨处理钨粉可以增加粉末的堆积密度，从而在相同压制压力下增加钨骨架的相对密度，同时减少烧结过程中封闭孔隙的形成，提高材料的致密度。

等离子球化技术是利用载气将粉体送入热等离子的高温环境，粉体颗粒迅速吸热后表面（或整体）熔融，并在表面张力作用下形成球形液滴，之后冷却凝固获得球形粉体。如图4-4所示，采用等离子球化工艺合成了平均粒径为13 μm的球形致密钨颗粒，并进一步得到孔隙分布均匀、孔道连通的多孔钨基体。研究表明，球形钨颗粒能保持初始形态，可获得孔隙分布均匀、孔道连通的多孔钨骨架，与不规则钨颗粒相比具有显著优势。此外，多孔压块的孔隙率可以在不同条件下进行微调，通过改变钨颗粒之间的连接度进而调控产品的显微硬度。

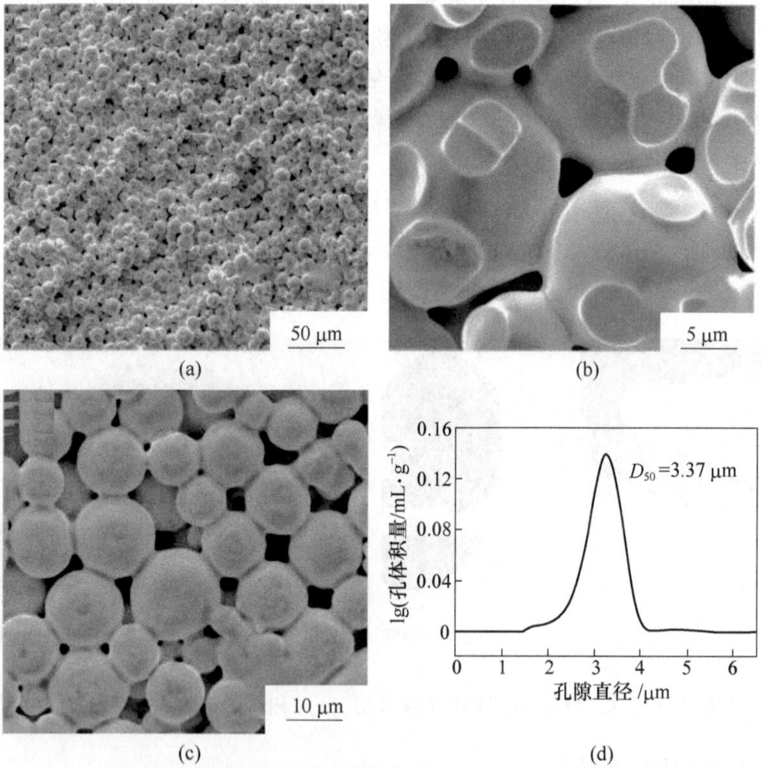

图4-4　多孔钨骨架的断口显微形貌（a）~（c）及孔隙分布图（d）[8]

喷雾造粒干燥机是一种常用的粉末制备设备，能够将液体或浆状物料通过喷嘴均匀地雾化成微小颗粒，然后在热风流的作用下进行干燥，最后形成具有一定粒度和流动性的颗粒制品。一般会在原料中加入一定量的黏结剂进行二次成型。这些黏结剂是高分子聚合物，含有大量的碳，因此脱脂温度需要合理调控。采用喷雾造粒-脱脂-烧结工艺能够制得松装密度大、流动性好、纯度高的团聚金属粉。其中，脱脂温度是控制造粒金属粉碳含量的重要参数；烧结过程直接影响造粒金属粉的组织形貌、霍尔流速及松装密度[9]。以喷雾造粒钼粉作为原料制备的钼铜合金的显微组织为：多孔的钼骨架被铜充满并存在少量球状孔隙，连接的铜相形成了网络状的微观形态并存在富集区。钼铜合金的相对密度高于98%、布氏硬度分布均匀，与烧结钼骨架熔渗制备的钼铜合金性能相当。

4.4.2 钨铜合金成分优化

前述研究表明，通过优化烧结制备工艺和粉末预处理，可以提升钨骨架强度和钨铜合金致密度。然而，面对高压电触头的高强耐烧、电子封装及热沉材料的高导热率与热膨胀系数极限匹配、电磁轨道炮导轨优异的高温强度和耐磨性等极端服役条件，仅有钨、铜两相组成的钨铜合金已难以满足苛刻的使用需求。因此，在制备工艺优化和粉末预处理改性的同时，成分设计已成为提升钨铜合金综合性能的重要方式之一。为此，本节重点研究合金元素、陶瓷颗粒、碳材料等的添加对钨铜合金微观组织及性能的影响，为高性能钨铜合金的制备提供理论指导和技术参考。

4.4.2.1 添加合金元素

钨铜合金成分对其性能有着重要的影响。钨含量决定了合金的硬度、强度、耐磨性和耐电弧烧蚀性能，铜含量则决定了合金的导电、导热和耐腐蚀性能。除了钨和铜，在实际使用中，可根据具体服役需求，在钨铜合金中添加钴、镍、铁、铬、钯、锌等活化元素或强化元素，以获得优良的性能表现。根据合金元素对钨、铜及其界面的影响，可以将合金元素对钨铜合金的影响分为以下三类。

第一类：不溶于钨，与铜形成固溶体或化合物的合金元素，如锌和银。在钨铜合金中添加锌的研究结果表明，锌的加入有利于降低合金材料的烧结温度，其抗弯强度和硬度随着锌添加量的增加而逐步提高。断口微观组织显示，材料断裂模式主要为钨颗粒的穿晶断裂和铜相的塑性断裂。这表明适量锌的添加增强了具有较强的钨与锌的烧结界面，使合金获得了较高的弯曲强度和硬度。然而，随着锌的添加，由于铜晶格发生畸变，电子和声子发生散射，导致钨铜合金热导率和电导率有所降低。同时，由于合金密度的增加，添加锌后钨铜合金的热膨胀系数降低。采用化学沉淀法将银引入钨铜合金，由于银可溶解于铜中，显著提升了合金的烧结性能。在一定范围内，随着银添加量的增加，合金致密度逐渐增加。但是，由于银的硬度低于铜，添加合金元素银之后，钨铜合金的硬度有所降低。采用化学镀的方式制备铜包覆钨粉体和银包覆钨粉体，再将两种粉末按比例混合压制，并进行真空热压烧结，可得到 W-Cu/Ag 合金。相比其他合金元素的添加，银的添加促进了钨和铜之间的烧结，同时不降低电导率。

第二类：在铜和钨中都固溶的合金元素，如锆。通过将铜、锆熔渗到钨烧结骨架中，发现锆在熔渗过程中由铜、锆扩散到钨中，其余锆在随后的时效处理中析出。锆的传质和沉淀过程有利于 W/Cu 界面和铜相的强化，同时保留了铜相的高导电性。此外，由于锆对 W/Cu 界面和富铜相的强化作用，真空环境发生击穿时对电弧具有一定的分散、细化作用，并且可以减轻熔融铜液的飞溅。锆的引入可以有效地提高了合金在真空环境的抗电弧烧蚀性能。第一性原理计算表明，锆原子取代钨原子可以显著增强 W/Cu 界面结合强度和界面稳定性，这有利于 W/Cu 界面的综合性能改善，且计算结果与实验结果相吻合[10]。

第三类：与钨形成固溶体或化合物的合金元素，如钴、镍、铁、钯等。这些活化元素的加入，一方面可以改善难熔金属钨与熔融液相铜之间的润湿性；另一方面可在钨颗粒表面形成高扩散性过渡层，降低烧结活化能和烧结温度，加速钨骨架的烧结，提高其烧结强度。采用座滴法研究添加不同含量合金元素钴对 W/Cu 间润湿性的影响结果表明，合金元素钴的加入可以降低 W/Cu 间的接触角。当钴添加量（质量分数）为 1.5%时，接触角由 110.25°降低到 25°。除了显著降低两者之间的润湿角，活化元素钴可以在钨颗粒表面生成 W_6Co_7 金属间化合物，其作为载体层为钨原子的扩散提供通道，成为合金致密化的另一个主要原因。合金元素铁的引入，同样可以发挥降低 W/Cu 间接触角和形成 Fe_7W_6 金属间化合物载体层的作用，具有与活化元素钴相同的作用机理。钴和铁均可以与钨形成金属间化合物，其可以作为钨扩散的通道，改善钨颗粒之间的烧结活性，进而提高烧结钨铜合金的致密度、硬度、强度等力学性能。对于添加镍、钯活化烧结钨制品，富含镍、钯的钨固溶体作为载体层为钨原子的扩散提供通道，增强钨的烧结动力学。然而，镍和钯更容易溶解于熔融铜液中，提高高温液相烧结过程钨在铜中的溶解度，进而改善 W/Cu 间的润湿性。

4.4.2.2　添加陶瓷相颗粒

陶瓷颗粒因具有耐磨性好、优异的高温稳定性和抗氧化性，是强化金属基复合材料力学性能和高温性能的理想添加相。为了增强钨铜合金的力学性能和耐电弧侵蚀性，通常可以在钨铜合金中添加 Al_2O_3、ZrO_2、HfO_2 等氧化物陶瓷颗粒，WC、TiC、ZrC 等碳化物陶瓷颗粒，以及 Y_2O_3、La_2O_3、CeO_2 等稀土氧化物颗粒。这些陶瓷相颗粒具有优异的强度、耐磨性和高温性能，能够显著提升钨铜合金的综合性能。

金属氧化物因具有高熔点和优异的热稳定性，常用来改善金属材料的高温性能。其在钨铜合金中的弥散分布，还可以利用其较低的电子逸出功在电弧侵蚀过程中分散电弧，从而增强钨铜合金的耐电弧侵蚀性能。在这些金属氧化物添加剂中，Al_2O_3 由于其低成本、高硬度、优异的耐磨性、低密度、良好的热稳定性和化学稳定性，作为强化相广泛应用于钨基复合材料，以提高其硬度等力学性能。同时，将 Al_2O_3 添加到钨铜合金中，还具有良好的晶粒细化效果。此外，在钨铜合金中添加 Al_2O_3 使得首击穿相由铜向 Al_2O_3 转移，阴极斑点分布更为分散，延长了电弧寿命并降低截流值。然而，合金材料的电导率会有一定程度降低。

碳化物陶瓷颗粒具有以下优点：高硬度，良好的导电及导热性、抗氧化能力、热稳定性和化学稳定性，以及很高的软化温度（3000 ℃以上）。因此，碳化物陶瓷颗粒广泛用来改善金属材料的综合性能。WC、TiC、ZrC 是目前钨铜合金中研究和应用较多的碳化物陶瓷相。一方面，这些碳化物的熔点很高，与钨的熔点相近，高温强度较好，非常适合作为弥散强化相；另一方面，这些碳化物具有良好的导电性和稳定性，通常被选作强化钨铜合金的弥散强化相。同时，其线膨胀系数与钨的线膨胀系数十分接近，在钨铜合金加热和冷却过程中，相界面产生的热应力较小，不易产生裂纹。此外，分布在钨骨架上的碳化物起到很好的钉扎作用，减少了铜液飞溅，同时，电击穿发生在 Cu/(W，Ti)C 相界面上，有利于分散电弧，使得击穿坑较浅，进而提高钨铜合金耐电弧烧蚀性能，如图 4-5 所示。

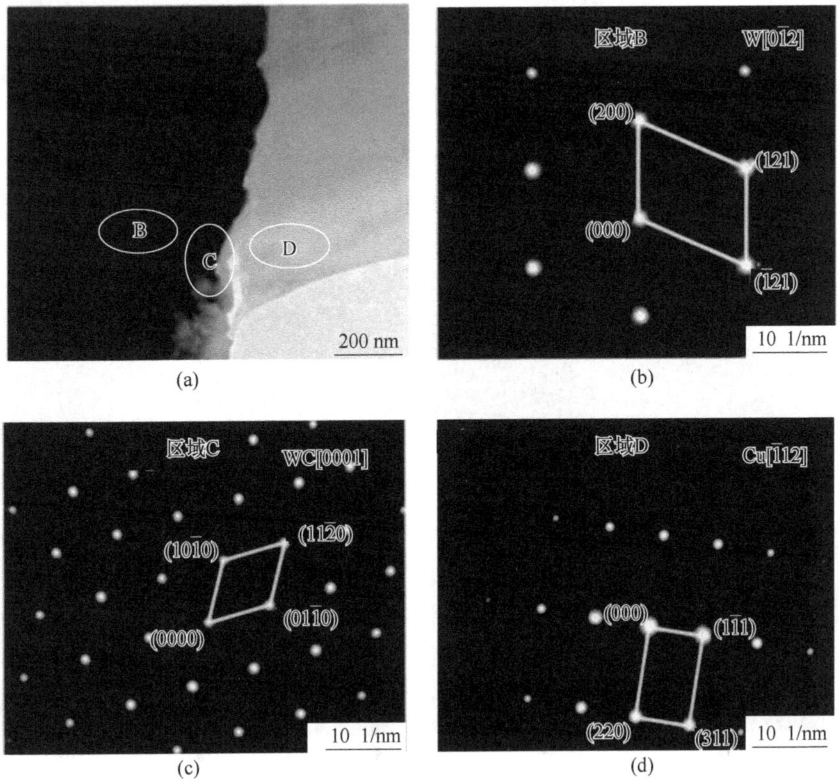

图 4-5 添加 WC 颗粒的钨铜合金的 TEM 的明场像图（a）和选区电子衍射（b）~（d）

稀土氧化物具有功函数低、物理化学稳定性好等优势，是增强钨铜合金力学性能和耐电弧烧蚀性能较理想的添加物。采用熔渗法制备 CeO_2 增强 W/Cu 复合材料，当 CeO_2 掺杂量（质量分数）为 0.5%时，W/Cu 复合材料的电导率达 69.41% IACS，抗弯强度最大达到 1102.7 MPa。CeO_2 的引入可以减少铜液飞溅，烧蚀组织呈现细小分散的烧蚀坑，从而提高钨铜合金的耐电弧烧蚀性能提升。Y_2O_3 对钨铜合金性能的影响与 CeO_2 类似。采用水热合成法将 La_2O_3 引入 W-25%Cu 合金中，限制了 W/Cu 复合粉末的异常长大，获得了纳米级粉体。掺杂的 La_2O_3 不仅存在于钨和铜颗粒表面，而且分布在整个铜相中，如图 4-6 所示。添加质量分数为 2.0% La_2O_3 的钨铜合金的综合性能最佳，其电导率为 52.5% IACS，硬度（HB）为 288，抗拉强度为 375.9 MPa。

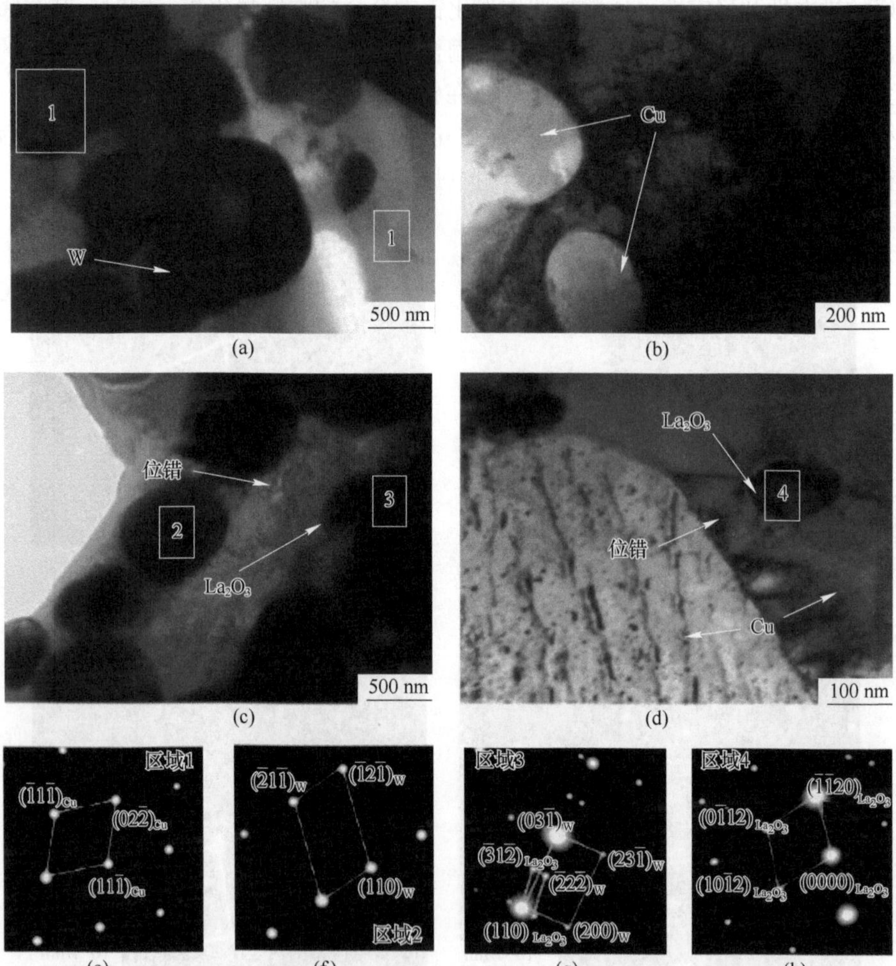

图 4-6　W-Cu-La_2O_3 合金的 TEM 显微形貌（a）~（d）和选区电子衍射花样（e）~（h）[11]

4.4.2.3 添加碳材料

除了合金元素，石墨、碳纳米管和石墨烯等碳材料由于具有特殊的结构特性和物理性能，已成为金属基复合材料常用的增强体材料。通过包裹、卷曲及堆叠，石墨烯可以衍生出碳纳米管（CNTs）、C_{60} 及石墨材料，如图 4-7 所示。石墨烯和碳纳米管由于具有特殊的一维、二维或层状结构，表现出优异的导热、导电和自润滑性，有利于改善金属基复合材料的热、电学性能和摩擦磨损性能。将碳材料作为增强相有望提高钨铜合金的导电、导热性能和力学性能，进而满足不同场景对材料的要求。

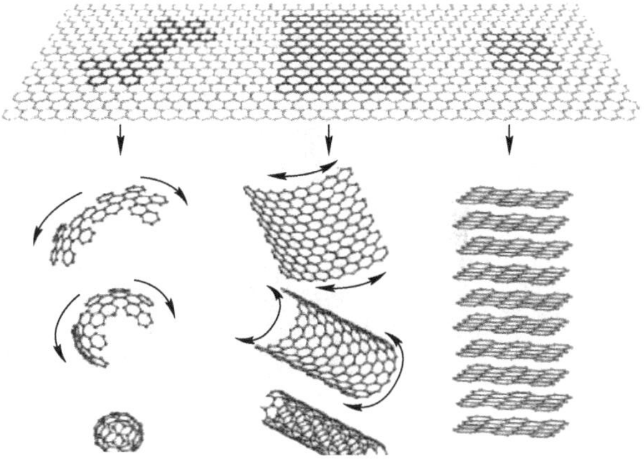

图 4-7 石墨烯构成的碳材料[12]

通过高能球磨的方式将 CNTs 引入钨铜合金中，如图 4-8 所示，在烧结过程中 CNTs 与钨反应生成碳化钨陶瓷相。碳化钨的生成提高了钨铜合金的硬度、高温抗压强度（提升 18.4%）、耐电压强度（提升 68.3%）及耐磨性。

为了避免石墨烯与钨发生反应，利用化学镀的方式在还原氧化石墨烯（rGO）的表面包覆金属铜，并研究其对钨铜合金的组织和耐电弧烧蚀性能的影响。结果表明，纳米结构的 rGO@ Cu 增加了金属铜的黏度，抑制了金属铜的快速流动和飞溅，生成的碳化钨具有较低的功函数，抑制了电弧击穿，延长了钨铜合金的使用寿命。采用高能真空电击穿设备对添加石墨烯的钨铜合金的耐烧蚀性能进行评价，研究结果表明，添加的石墨烯与生成的碳化钨颗粒耦合可以增加熔融铜相的黏度，降低其流动性，从而抑制飞溅，进而减少了钨相的熔化和溅射，最终减小烧蚀坑的体积。

4.4.3 钨铜合金结构设计

通过成分设计可以显著提升钨铜合金的强度、硬度、耐磨、耐电弧烧蚀等性能，但是不可避免地降低了其传导性能。在电工、热沉等应用中，钨铜合金的传导性能直接决定其服役性能。大量研究表明，结构设计可以有效实现材料多种性

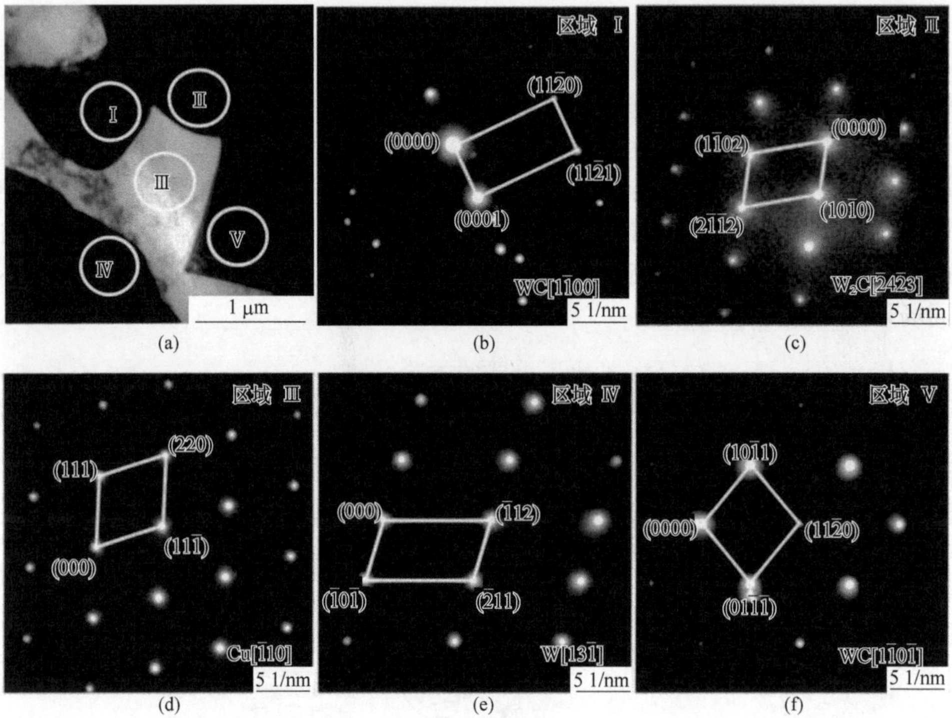

图 4-8　添加 3% CNTs 的 W-25%Cu 合金的 TEM 明场像（a）和选区电子衍射（b）~（f）

能的协同提升。针对钨铜合金，梯度结构、超细结构、网络结构、仿生结构等均可有效提升其综合性能。

4.4.3.1　梯度结构钨铜合金

钨因其高熔点、高热导率、优异的高温强度、低蒸气压、低物理溅射率、低氚滞留量等优点，成为面向等离子体第一壁材料及部分偏滤器材料最热门的候选材料之一。为了保证面向等离子体材料的完整性和安全性，与面向等离子材料相连的热沉材料需要及时地排出热流，铜及铜基材料是比较理想的热沉材料。然而，由于钨和铜完全不互溶，且两者之间的熔点、弹性模量和热膨胀系数相差较大，如果仅仅通过焊接、等离子喷涂、气相沉积等方法将两者直接连接，在制备和服役过程中，W/Cu 界面处会产生较大的热应力，导致界面应力集中，进而引发裂纹的萌生和扩展，最后导致材料失效。为了解决这一问题，可以在钨和铜之间引入梯度 W/Cu 复合材料过渡层，通过实现钨和铜之间成分的梯度变化，有效缓解热应力。同时，在电工、热沉、航空航天等领域，钨铜合金在不同部位需要满足截然相反的性能需求，而梯度结构能够有效满足这些特殊需求。

A　非连续梯度结构钨铜合金

非连续梯度结构是在特定方向上钨和铜成分逐层变化，层内为均质结构的钨铜合金。这种结构的优势是可以采用简单的叠层法制备。然而，叠层法的坯体需要在高温下烧结致密化，而梯度结构中不同层之间由于钨、铜含量的差异，烧结活性也不同。烧结温度较低时，高钨含量层难以致密化；烧结温度较高时，高铜含量层的铜容易被挤出。为了提高 W/Cu 复合粉末的烧结活性，可通过化学法或物理法来获得高烧结活性的超细/纳米 W/Cu 复合粉末或铜包覆钨复合粉末，再以这些粉末为原料制备钨/铜功能梯度材料。此外，提升 W/Cu 复合粉末的均匀性，改善液相烧结过程颗粒重排效果，也可以有效降低烧结温度。活化烧结也被用于非连续梯度结构钨铜合金的制备，如使用 Ni-Mn-Co 为活化烧结剂，采用叠层法在 1000 ℃真空烧结即可得到 11 层钨铜功能梯度材料，如图 4-9 所示[13]。除了提升粉末的烧结活性，许多特种烧结方法（如热压法、超高压法电阻烧结、微波烧结、爆炸压实、扩散烧结等）也可以有效降低烧结温度，并已应用在梯度钨铜合金的致密化。以不同钨、铜比例的混合粉末为原料，采用叠层法制备压制生坯，再通过热压法可制备钨铜功能梯度材料。此外，采用超高压电阻烧结、微波烧结、爆炸压实/扩散烧结等方法也可以实现叠层梯度复合材料的致密化。

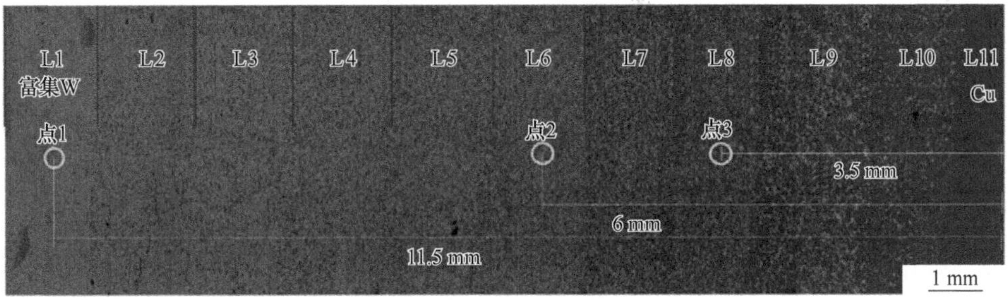

图 4-9 钨铜功能梯度材料的显微组织[13]

（L1 ~ L11 指第 1 层到第 11 层）

为了解决传统叠层铺粉法效率低、无法精确控制过渡层厚度的缺点，一些新的成型方法被开发出来用于制备多层复合的梯度钨铜合金。例如，以铜包覆钨粉为原料，通过流延法制备不同 W/Cu 质量比的流延片，最后烧结得到钨铜功能梯度材料。此外，利用多坯料挤压法、有机基轧膜—叠层共轧等方法也可制备出多层梯度结构的钨铜合金，且各层的 W/Cu 质量比均可精确控制。

B 连续梯度结构钨铜合金

虽然非连续梯度结构在一定程度上可以满足特殊需求，但由于其各层之间存在成分差异，仅能减小界面间的热应力。相比之下，连续梯度结构是指钨和铜在特定方向上连续变化，能基本消除层间热应力。由于钨和铜密度差异较大，这一特性可以被用于制备连续梯度结构。例如，以 Al、CuO、Cu 和 W 混合粉末为原料，通过超重力场自蔓延合成—熔渗法，可制备连续梯度结构 W-Cu 材料[14]。此外，还可以利用重力沉降制备孔隙率连续梯度变化的多孔钨骨架，再通过熔渗得到连续梯度结构的钨铜功能梯度材料。

此外，通过烧结或处理过程中不同部位温度或环境的连续变化，可以直接制备连续梯度结构的钨铜合金或钨骨架。例如，利用微波烧结炉中温度场的梯度变化可以实现多孔钨坯体烧结中孔隙率的梯度变化，对多孔钨坯体进行熔渗铜之后，成功制备了铜含量（质量分数）在 7.2%～15.5%之间连续变化的钨铜功能梯度材料。若在多孔钨坯体烧结过程中加入活化元素镍，则可以得到铜含量（质量分数）在 10.9%～24.2%之间连续变化的钨铜功能梯度材料[15]。同时，利用水蒸气与钨粉颗粒的氧化-升华反应，可以制备具有连续孔隙度梯度的多孔钨坯体，再通过熔渗得到连续梯度结构的钨铜功能梯度材料[16]。

4.4.3.2　超细结构钨铜合金

细晶强化是强化金属材料常用的方式之一，可以显著提升材料的强度和硬度。然而，对于钨铜合金，其制备工艺（如高温烧结或熔渗）决定了铜相晶粒尺寸难以精确控制，因此钨的晶粒尺寸直接决定了钨铜合金的物理性能和力学性能。同时，由于在铜熔点以下，钨的变形能力极低，导致钨铜合金难以通过变形细化晶粒，因此细化原料钨粉的粒径成为制备超细结构钨铜合金的常用途径。超细 W/Cu 复合粉末的制备方法主要分为物理法和湿化学法两类。

物理法是通过高能球磨等物理碰撞细化粉末颗粒并使不同组分均匀混合的方法。例如，以 WO_3/CuO 复合氧化物粉末为原料，通过球磨细化氧化物粉末的颗粒尺寸，再经 H_2 还原得到纳米尺寸的 W/Cu 复合粉末。此外，以偏钨酸铵为原料，利用射频等离子球化技术制备纳米球形钨粉，并利用球磨将其与铜粉混合，可以得到铜均匀包裹纳米球形钨颗粒的 W/Cu 复合粉末。

湿化学法以液相中的原子或离子为核心逐渐生长，容易实现更细小颗粒的均匀混合和分散，从而制备高纯度、细粒度和成分均匀的粉末。湿化学法主要有喷雾热解法、共沉淀法、溶液燃烧合成法、冷冻干燥法等。这些方法可以制备出超细或纳米级的氧化钨前驱体粉末，再利用 H_2 还原过程中氧化钨的破碎和分解进一步细化，获得纳米尺寸的钨粉。此外，还可以利用湿化学法制备 WO_3/CuO 复合粉末前驱体，再通过共还原获得纳米 W/Cu 复合粉末。

以纳米钨粉与铜粉混合或直接还原获得的 W/Cu 复合粉末为原料，可直接经过固相烧结、液相烧结或熔渗法制备超细钨铜合金。例如，以球磨制备的纳米 W/Cu 复合粉末为原料，通过热压烧结可以得到钨晶粒粒径为 500 nm 的 W-20% Cu 合金，其维氏硬度（HV）达到 310，如图 4-10 所示。采用共沉淀法制备的粒径为 50～100 nm 的近球形 W/Cu 复合粉末，在 1050 ℃和 1150 ℃下烧结后，致密度分别达到 94%和 98%，且钨相晶粒粒径细小（<1 μm），粒径分布窄[18]。

4.4.3.3　网络结构钨铜合金

在钨铜合金中，铜相导热远高于钨相，因此铜相是主要的导热通道。通过调

图 4-10 球磨纳米 W/Cu 复合粉末制备钨铜合金的显微形貌（去除铜后）[17]

控微观组织使铜相形成连通的网络结构，可以促使电子在网络通道中快速传导，从而提升钨铜合金的导热和导电性能。将铜包覆于钨粉颗粒表面形成 W@ Cu 核-壳结构，并以其为原料，可以制备出铜相呈网络结构的钨铜合金。通过熔渗法制备的均匀网络结构钨铜合金，其耐电弧烧蚀性能较常规钨铜合金得到显著提升。利用化学镀制备的 W@ Cu 核-壳粉末成功制备出热导率为 239 W/(m · K) 的钨铜合金，其优异的热传导性能得益于组织中连续的铜网络结构，如图 4-11 所示。

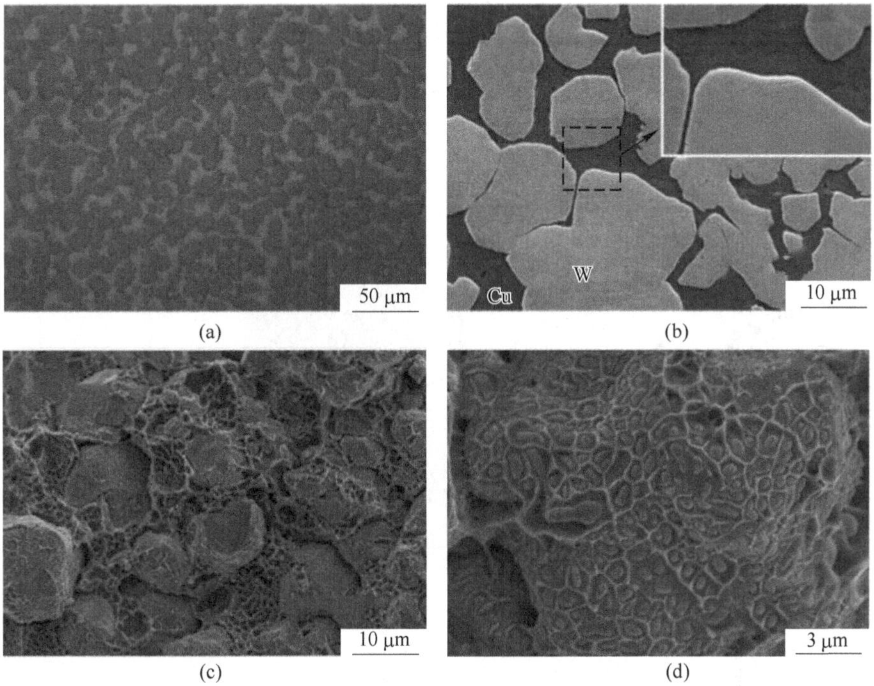

图 4-11 钨铜合金的显微组织形貌[19]

(a) 抛光后的光学照片；(b) SEM 显微形貌；(c)(d) 断口 SEM 显微形貌

然而，对于由低比表面积常规微米尺寸钨粉制备的钨铜合金，当铜相形成连续网络结构时，钨颗粒仅能以孤岛形式分布于铜中，无法形成连续的钨骨架，在高温下，钨骨架对液相铜的毛细作用无法发挥，从而影响钨铜合金在高温下的应用。因此，通过细化钨粉粒径，使钨铜合金中钨相和铜相均形成连续网络结构，可以进一步提升钨铜合金的性能。对于纳米级粉末，由于其表面能过高，粉末极不稳定，颗粒间易发生团聚。此外，在烧结过程中，颗粒粗化较为明显，局部致密化程度加重，易导致闭孔和铜、钨两相分布不均的现象。而介于微米与纳米之间的亚微米级粉末，则兼具细化粒度尺寸和较高稳定性的双重优势。例如，与常规 8 μm 粉末制备的钨铜合金相比，采用 400 nm 钨粉所制备的超细钨铜合金的硬度提升 84%，电导率仅下降 11.6%。其相对密度、硬度（HB）和电导率分别为 98.9%、230 和 48.7% IACS，同时其压缩强度和摩擦磨损性能均得到显著提升，如图 4-12 所示。

4.4.3.4　仿生结构钨铜合金

道法自然，利用受生物启发的合成策略和仿生原理设计合成结构材料和功能材料，是近年来迅速崛起并飞速发展的研究领域，已成为化学、材料、生命、力学、物理等学科交叉研究的前沿热点之一。

连续纤维增强金属基复合材料是由高强度、高模量的纤维增强体与金属基体组成的高性能复合材料，通过基体、纤维类型、纤维排布方向、含量、方式的设

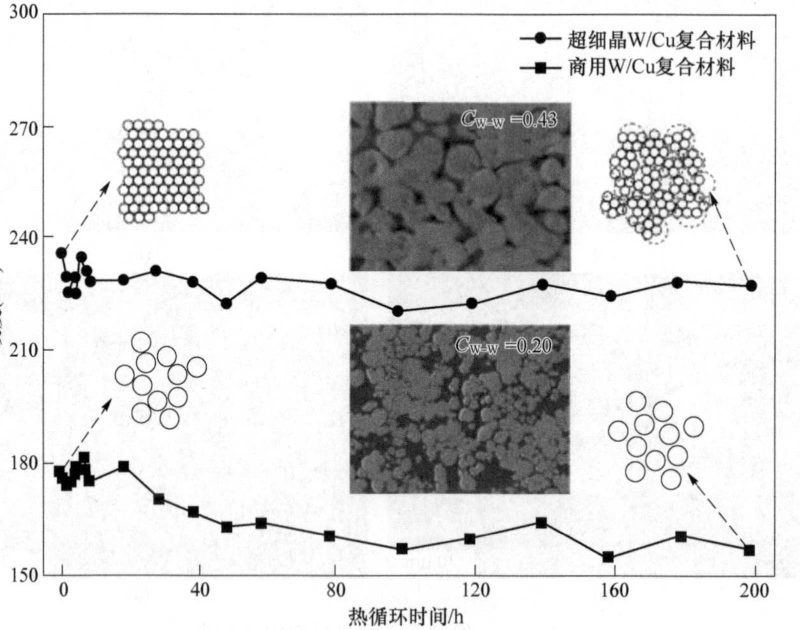

(a)

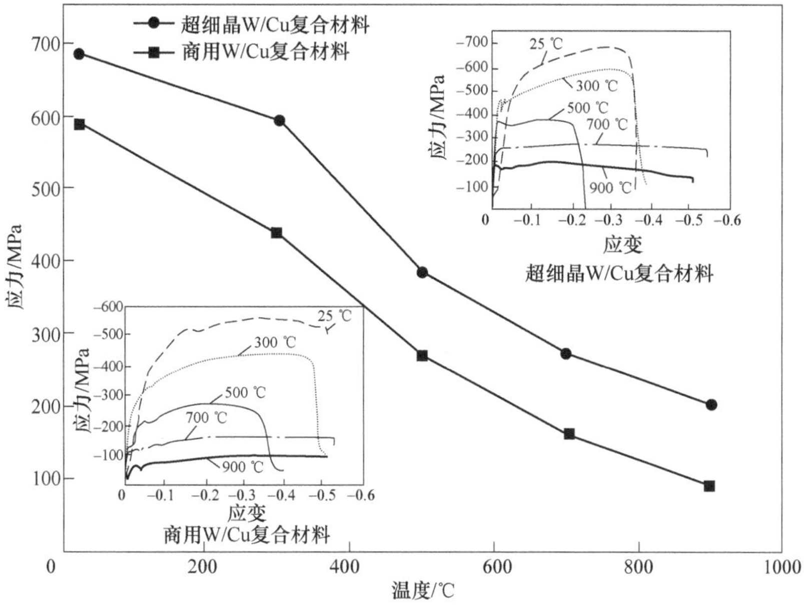

(b)

图 4-12 400 nm 钨粉制备钨铜合金的硬度（a）和压缩性能（b）[20]

计组合，可获得多种高性能材料。例如，采用高强度钨纤维作为增强相，将其编织成纤维网，并与铜、钨粉末混合，经烧结制备得到钨纤维增强钨铜合金（见图 4-13）。钨纤维的加入不仅可以提高钨铜合金的整体强度，还能进一步提升其耐磨性及抗电弧烧蚀性[21]。然而，钨纤维的引入会形成钨纤维与钨颗粒、钨纤维与铜相两种界面，且钨纤维与基体结合较差，导致钨纤维周围存在孔洞缺陷。为了改善钨纤维与铜的润湿性，可以在钨纤维表面镀覆镍、铬层。改性后的钨纤维与基体界面结合良好，有利于基体与增强相的载荷传递及放电过程中电弧的分散

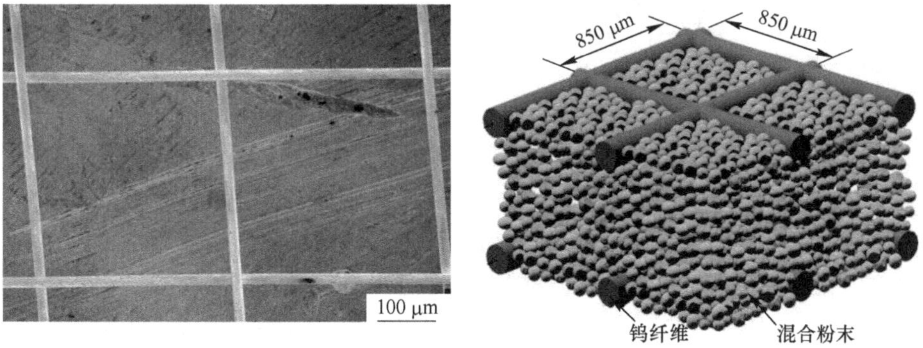

(a) (b)

图 4-13 钨纤维网的 SEM 显微形貌（a）和钨铜合金的结构模型示意图（b）

和裂化。对于表面镀铬处理的钨纤维网增强超细结构钨铜合金，其在室温和高温的抗压强度均优于未添加钨纤维网增强的钨铜合金及添加表面未经处理的钨纤维网增强钨铜合金。此外，在检测温度下，表面镀铬处理的钨纤维网增强超细结构钨铜合金表现出优异的塑性变形能力。其优异的压缩力学性能归因于表面镀铬处理的钨纤维与周围基体之间良好的界面结合状态，确保了载荷的有效传递和转移。

此外，直接在钨纤维束中熔渗铜合金可制备钨纤维强化钨铜合金，还可以将短钨纤维直接压制成型，以其为钨骨架熔渗铜后获得高导热、低热膨胀系数的钨铜合金。进一步地，通过模拟鱼鳞结构，在钨纤维编织结构中熔渗铜制备布利冈（Bouligand）结构钨铜合金，其室温强度和塑性得到协同提升，如图 4-14 所示。

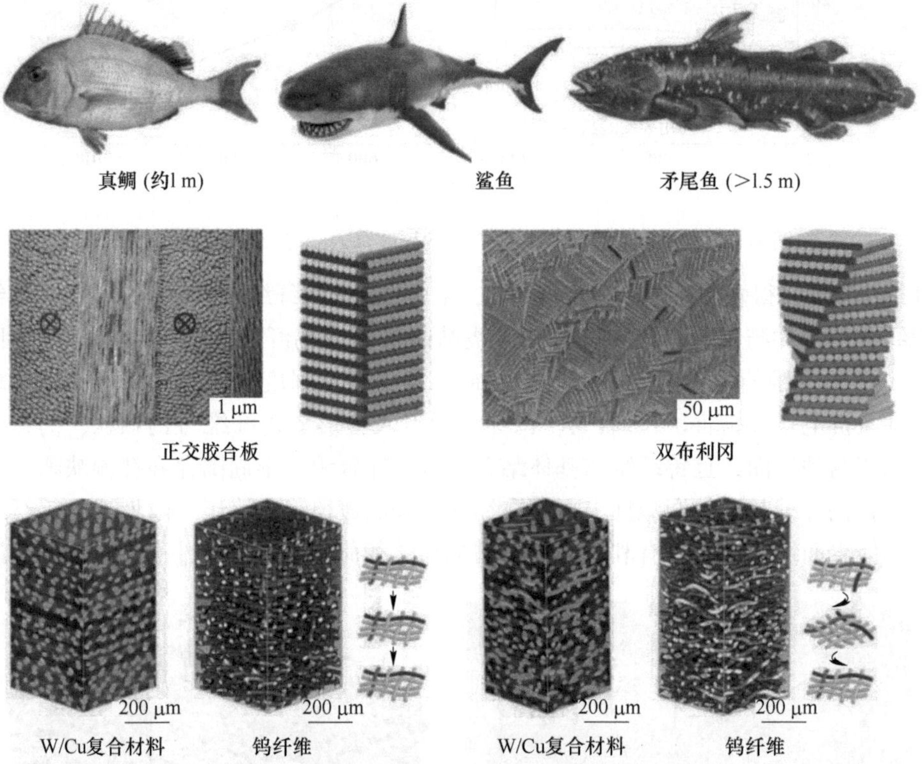

图 4-14　布利冈结构钨铜合金的结构示意图[22]

受天然木材多级结构设计策略的启发，定向排列片层结构被用于提升钨铜合金的综合性能。将钨粉、分散剂等配制成稳定浆料，再使用冰模板法制备仿木材的定向排列结构钨骨架。采用冰模板法制备定向片层结构钨骨架，然后熔渗获得定向排列片层结构钨铜合金。由于在其片层方向上高电阻 W/Cu 相界面较少，因此在片层方向上具有低的电阻，如图 4-15 所示。同时，连续的钨片层具有高的承载能力，可以在压缩过程中承载压应力，进而获得更高的压缩强度[23]。

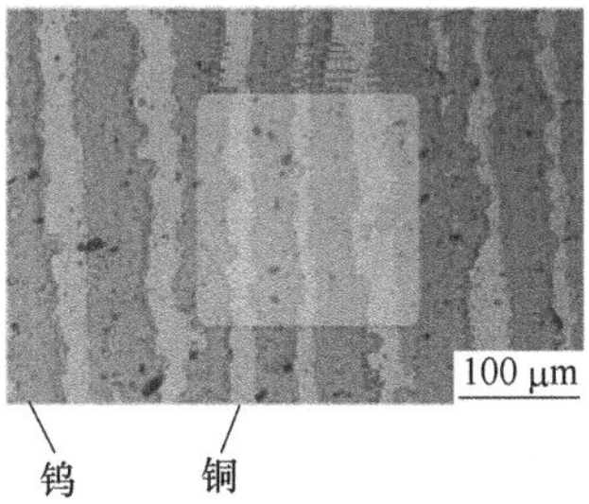

(a)

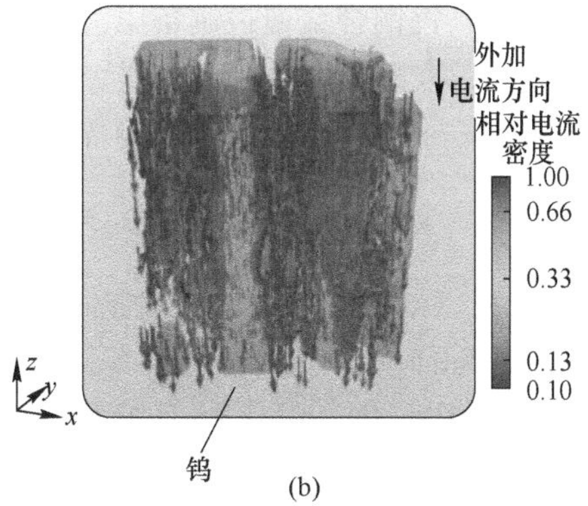

(b)

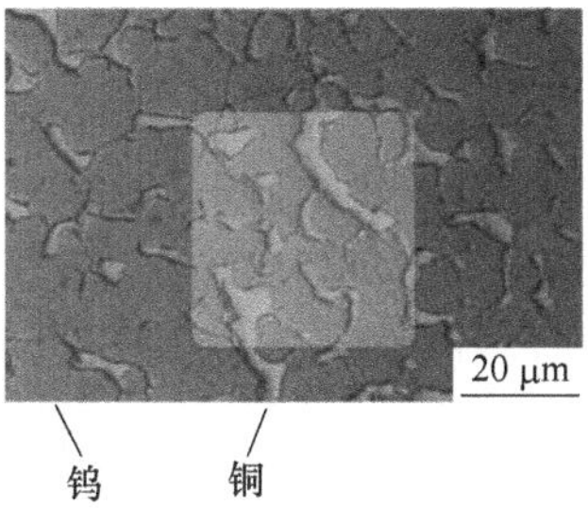

(c)

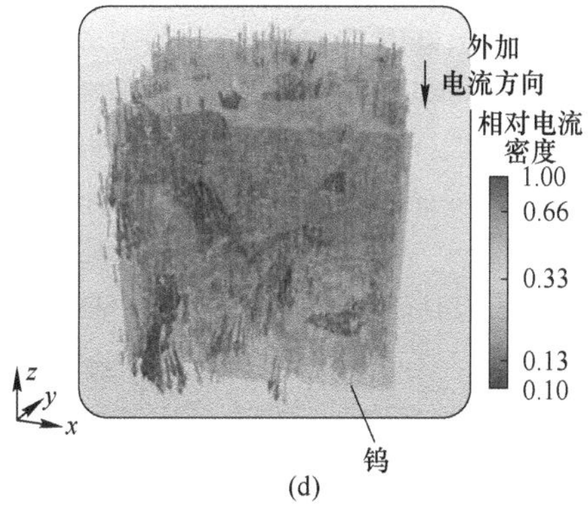

(d)

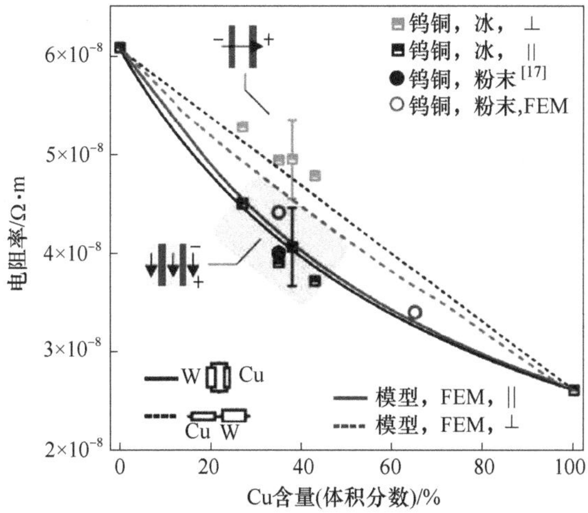

(e)

图 4-15 冰模板法和粉末冶金法制备的片层结构及常规均质钨铜合金比较

(a)(c) 冰模板法制备钨铜合金；(b)(d) 粉末冶金法制备钨铜合金；

(e) 不同方法制备钨铜合金的导电性能对比

((a)(b) 为截面微观组织图；(c)(d) 为基于 X-CT 组织的

FEM 模拟电流和归一化电流密度分布)

综上所述，钨铜合金通过制备工艺的优化、原料粉末改性、合金成分优化和材料结构设计，实现了合金性能的进一步提升和多样化，从而满足日益苛刻的高性能材料服役需求，并在新兴领域发挥更重要的作用。

参考文献

[1] XIONG C S, XIONG Y H, ZHU H, et al. Synthesis and structural studies of the Cu-W alloys prepared by mechanical alloying [J]. Nanostructured Materials, 1995, 5 (4): 425-432.

[2] CHENG J, SONG P, GONG Y, et al. Fabrication and characterization of W-15Cu composite powders by a novel mechano-chemical process [J]. Materials Science and Engineering A, 2008, 488 (1/2): 453-457.

[3] ZHANG H B, LIU T, HAN Y, et al. Supersaturated W-Cu nanocomposites with outstanding strength-ductility synergy [J]. Materials Science and Engineering A, 2023, 874: 144578.

[4] LIU S, YU K, SHEN Q, et al. Fabrication of W@ Cu composite powders by direct electroless plating using a dripping method [J]. Journal of Wuhan University of Technology, 2013 (4): 199-203.

[5] CHEN W, LUO G, LI M, et al. Effect of 2, 2-dipyridyl on the plating rate, microstructure and performance of copper coated tungsten composite powders prepared using electroless plating [J]. Applied Surface Science, 2014, 301: 85-90.

[6] KING D M, SPENCER J A, LIANG X H, et al. Atomic layer deposition on particles using a fluidized bed reactor within situ mass spectrometry [J]. Surface and Coatings Technology, 2017, 201: 9163-9171.

[7] CHEN Z, LI B, ZHANG Q, et al. Enhanced mechanical properties and thermal conductivity of W-30Cu composite fabricated with monodisperse and nearly spherical W powder [J]. International Journal of Refractory Metals and Hard Materials, 2021, 101: 105663.

[8] LI B Q, SUN Z Q, JIN H C, et al. Fabrication of homogeneous tungsten porous matrix using spherical tungsten powders prepared by thermal plasma spheroidization process [J]. International Journal of Refractory Metals and Hard Materials, 2016, 59: 105-113.

[9] 庄飞，付静波，杨秦莉. 雾化造粒钼粉烧结过程研究 [J]. 中国钼业，2019, 43 (3): 58-60.

[10] WANG J W, FAN J L, GONG H R. Effects of Zr alloying on cohesion properties of Cu/W interfaces [J]. Journal of Alloys and Compounds, 2016, 661: 553-556.

[11] LI J, FANG F, WANG Z, et al. Microstructure and properties characterization of W-25Cu composite materials liquid-liquid doped with La_2O_3 [J]. International Journal of Refractory Metals and Hard Materials, 2018, 71: 115-121.

[12] GEIM A K, NOVOSELOV K S. The rise of graphene [J]. Nature Materials, 2007, 6 (3): 183-191.

[13] YUSEFI A, PARVIN N, MOHAMMADI H. W-Cu functionally graded material: Low

temperature fabrication and mechanical characterization [J]. Journal of Physics and Chemistry of Solids, 2018, 115: 26-35.

[14] ZHAO P, GUO S, LIU G, et al. Fabrication of W-Cu functionally graded material with improved mechanical strength [J]. Journal of Alloys and Compounds, 2014, 601: 289-292.

[15] ZHOU C, LI L, WANG J, et al. A novel approach for fabrication of functionally graded W/Cu composites via microwave processing [J]. Journal of Alloys and Compounds, 2018, 743: 383-387.

[16] MA X, XIAO B, CAO S, et al. A novel approach to fabricate W/Cu functionally gradient materials [J]. International Journal of Refractory Metals and Hard Materials, 2018, 72: 183-193.

[17] QIU W T, PANG Y, XIAO Z, et al. Preparation of W-Cu alloy with high density and ultrafine grains by mechanical alloying and high pressure sintering [J]. International Journal of Refractory Metals and Hard Materials, 2016, 61: 91-97.

[18] CHENG J, LEI C, XIONG E, et al. Preparation and characterization of W-Cu nanopowders by a homogeneous precipitation process [J]. Journal of Alloys and Compounds, 2006, 421 (1/2): 146-150.

[19] ZHANG L, CHEN W, LUO G, et al. Low-temperature densification and excellent thermal properties of W-Cu thermal-management composites prepared from copper-coated tungsten powders [J]. Journal of Alloys and Compounds, 2014, 588: 49-52.

[20] ZHANG Q, LIANG S, HOU B, et al. The effect of submicron-sized initial tungsten powders on microstructure and properties of infiltrated W-25wt.%Cu alloys [J]. International Journal of Refractory Metals and Hard Materials, 2016, 59: 87-92.

[21] LIANG S, CHEN L, YUAN Z, et al. Infiltrated W-Cu composites with combined architecture of hierarchical particulate tungsten and tungsten fibers [J]. Materials Characterization, 2015, 110: 33-38.

[22] ZHANG Y, TAN G, ZHANG M, et al. Bioinspired tungsten-copper composites with Bouligand-type architectures mimicking fish scales [J]. Journal of Materials Science and Technology, 2022, 96: 21-30.

[23] RÖTHLISBERGER A, HÄBERLI S, KROGH F, et al. Ice-templated W-Cu composites with high anisotropy [J]. Scientific Reports, 2019, 9 (1): 476.

5 聚变装置用面向等离子体 ODS-W 材料的制备与性能

化石能源枯竭危机是人类社会发展的必然，太阳能、风能、核能等能源成为未来社会最有希望的替代能源。其中，核能分为裂变和聚变两种，核裂变反应中铀或钚等重原子的原子核分裂会产生大量放射性污染物质，而核聚变反应是在极端条件下将轻质原子的原子核融合产生中子和氦等，产生的聚变能远超裂变时释放的能量，因而氘-氚聚变反应有希望成为一种永续的清洁能源。强磁约束托卡马克装置的设计为可控热核聚变反应的实现提供了基础，国际社会也陆续开展了大型聚变工程项目与广泛合作，如国际热核试验堆计划（International Thermonuclear Experimental Reactor，ITER）。

面向等离子体材料（plasma-facing materials，PFMs）是现阶段热核聚变反应应用亟须解决的问题之一。在核聚变堆反应过程中 PFMs 会受到来自堆体的热冲击和辐照作用，在热应力和辐照作用下会产生表面熔融、开裂、脆化、硬化和“绒毛”状纳米丝（fuzz）结构等损伤，这极大威胁到了反应堆体的安全稳定运行。因此，PFMs 需要具有良好的高温稳定性、低活化、低蒸气压和低物理溅射等性能。钨由于具有高熔点、高导热系数、良好的高温强度和低氢同位素滞留等性能，被认为是最合适的 PFMs。但是，纯钨具有高韧脆转变温度（ductile to brittle transition temperature，DBTT）、低再结晶温度（约 1200 ℃）和中子辐照硬化、脆化等缺点，因而无法满足聚变反应堆的实际应用。为了实现聚变能的安全应用，现阶段必须通过合适的手段对 PFMs 用钨材料进行改性设计以提高其综合性能。

本章重点介绍了通过湿化学法结合轧制加工制备的 W-Y_2(Zr)O_3（以下简写为 WYZ）复合材料，系统地探究了其在模拟聚变堆条件下的热冲击损伤行为、显微组织、织构演变、压缩与拉伸力学性能，为其作为 PFMs 提供了重要的参考数据。WYZ 复合材料具有优异的致密度、硬度和抗热冲击性能，但在聚变堆实际复杂工况下的性能尚不明确，后续工作还需考虑实际聚变堆条件，如稳态热负荷、辐照和高温下的多场耦合作用下的损伤机制，以及细化颗粒和优化复合强化方法，以全面评估并提升 WYZ 复合材料在核聚变反应堆中的应用潜力。

5.1 聚变装置用面向等离子体材料研究概述

5.1.1 聚变装置用面向等离子体材料的研究进展

国际社会对于聚变反应堆的研究也展开了广泛合作，逐渐实现向未来聚变示范电站（demonstration plant，DEMO）的过渡。图 5-1 为 ITER 装置示意图[1]。我国于 2006 年正式加入 ITER 项目，研究至今也取得了许多关键成果，为解决核聚变堆中存在的重要问题作出了重大贡献。

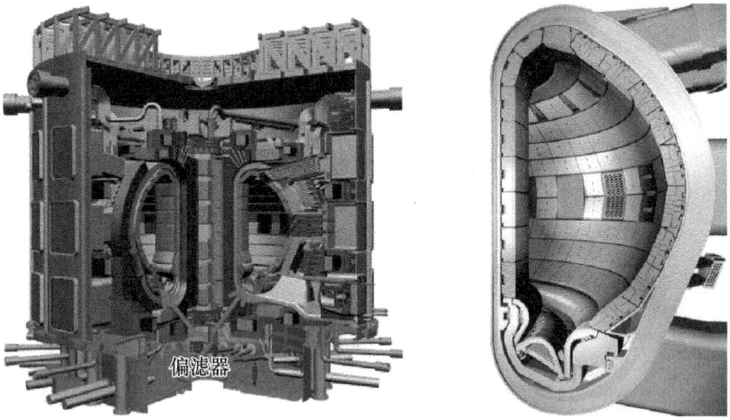

(a) (b)

图 5-1 ITER 装置示意图[1]

（a）3D 剖面图；（b）偏滤器部分面向等离子整体材料示意图

尽管强磁约束为可控聚变反应的实现提供了可能，但聚变堆工况条件下会产生高温热流和等离子体辐照，如果没有合适的材料来容纳反应堆体的巨大能量，核聚变能终将无法应用。钨具有高熔点、高热导率、低氘滞留和低溅射等优点，被认为是未来热核聚变反应堆用 PFMs 的最佳候选基体。但 PFMs 用钨材料在聚变堆工况条件下面临的低温脆性、再结晶脆化、热负荷损伤和辐照损伤等问题仍亟待解决。

5.1.1.1 面向等离子体材料发展路线

可控核聚变的研究始于 20 世纪 50 年代并一直持续至今，因此面向等离子体材料研究也一直持续至今。Roth 等人[2] 详细探讨了 ITER 装置内等离子体与 PFMs 的相互作用，对托卡马克（Tokamak）装置通过施加磁场限制等离子体无序运动，使得热离子和电子远离 PFMs。低 Z 材料往往具有低聚合能，因此极其容易产生溅射。低 Z 材料具有降低等离子体冷却特性，高 Z 材料具有降低材料侵蚀特性，这个矛盾点是聚变反应堆工程设计面临的典型挑战之一。

钨当前已经被用于 ITER 设计中的偏滤器部位。当前，依照中国聚变工程试验堆发展路线，我国将于 21 世纪 20 年代具有建造 CFETR 一期的能力，要求第一壁（或偏滤器）材料在 CFETR 一期时要经受高达 $10^{24}\ m^{-2} \cdot s^{-1}$ 的粒子流轰击，以及 5~20 MW/m^2 的热负荷，先进钨基材料已被列为未来核聚变装置中 PFMs 的第一候选。

5.1.1.2　聚变堆面向等离子体材料的工况条件

对于整个聚变装置而言，在等离子体运行过程中，所产生的热流、粒子流和离子流将会直接作用在 PFMs 上，面临的多场耦合损伤作用机制图如图 5-2 所示。这些极端威胁主要包括高达 20 MW/m^2 的稳态热负荷，以及瞬态热负荷损伤，高达 14.1 MeV 的高能中子辐照，以及氢、氦等离子体辐照过程中面临的表面结构损伤、渗透和滞留等问题。因此只有设计制造具有优异力学性能、良好高温性能稳定性及高抗辐照损伤性能的先进材料才能解决 PFMs 在未来聚变反应堆中应用的难题。

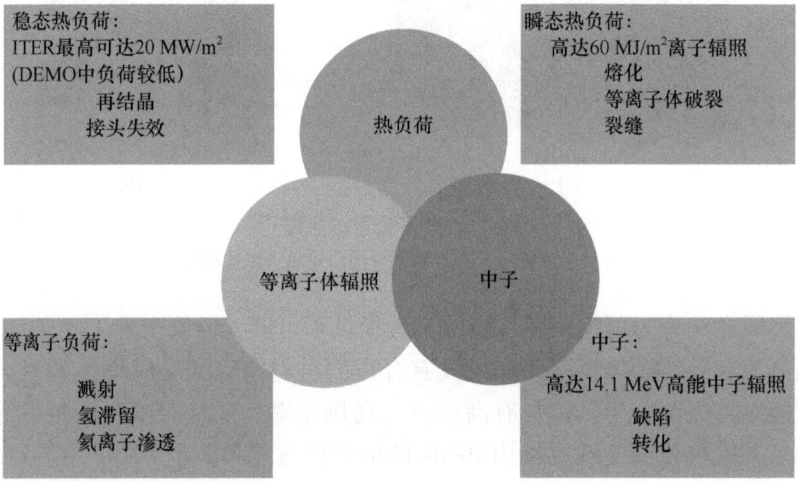

图 5-2　热核聚变反应堆工况条件下 PFMs 面临的多场耦合损伤作用机制图[3]

5.1.1.3　面向等离子体材料的选择

PFMs 材料的选择需要考虑与等离子体具有良好的兼容性，即低 Z 或高抗溅射性能。图 5-3 展示了不同研究阶段 PFMs 的演变示意图。

研究过程中，PFMs 的选择主要分为低 Z 和高 Z 两类。对于碳材料，由于其具有稳定的高温结构、良好的散热效率而先后被应用于中等尺寸实验装置和欧洲联合环（JET）装置，但由于其强度低、抗辐照损伤性能差等问题被淘汰。对于

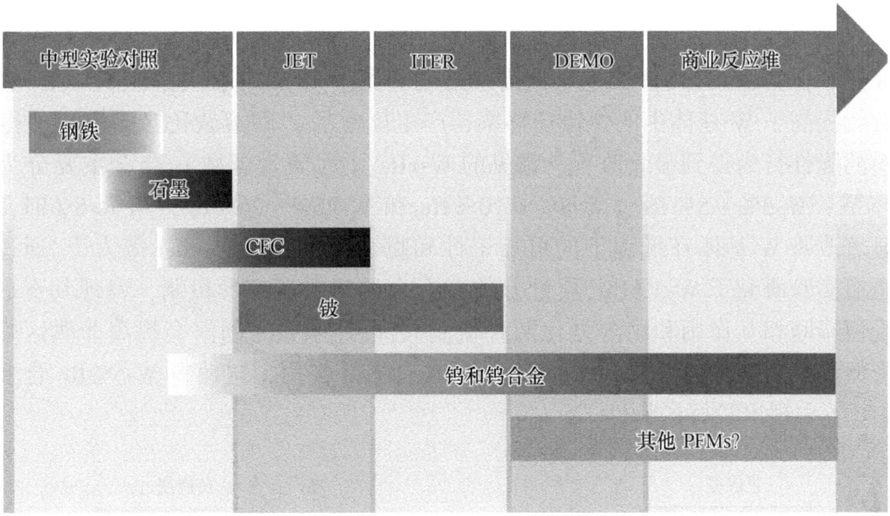

图 5-3 不同研究阶段 PFMs 的演变示意图[3]

高 Z 材料，钼和钨具有相似的物理化学性质，都具有高熔点、高导热系数、低溅射产额、低氘滞留等优点，但由于钼是高活化元素，在中子辐照下容易发生嬗变，因而不被考虑。而采用钨基材料制备的 PFMs 已在许多实验设备上成功运行，如法国全钨偏滤器托卡马克装置（W environment in steady-state Tokamak，WEST）、中国全超导托卡马克核聚变实验装置（experimental advanced superconducting Tokamak，EAST）等，表明采用全钨材料作为偏滤器进行等离子体放电工作是安全可行的[4]。

5.1.2 面向等离子体钨基材料的改性方法

纯 W 材料在聚变堆工况条件下存在低温脆性、热稳定性差、热负荷损伤等问题，无法满足 PFMs 的应用要求。现阶段报道的 PFMs 用 W 基材料改性方法主要包括合金化强化、弥散强化、纤维韧化及复合强化。

5.1.2.1 合金化强化

在 W 基体中添加合金化元素会通过影响位错迁移、降低晶界处杂质含量及改善界面关系来提升材料的力学、抗热冲击损伤和抗辐照损伤等性能。通常在 W 基体中掺杂的合金元素有铼（Re）、钾（K）、钼（Mo）、钽（Ta）、铌（Nb）等。

A W-Re 合金

W 作为一种 BCC 结构金属，塑性变形主要依靠 1/2<111>螺型位错滑移系。Re 的熔点高达 3180 ℃，它和 W 可以很好地固溶。Rieth 等人[5] 通过密度泛函理论模拟研究了 Re 对 W 位错核心结构和位错滑移面的影响（见图 5-4），Re 的加入改变了 W 基体中位错核心的对称结构，使得位错滑移所需要克服的 Peierls 势垒降低，位错在｛110｝面上呈锯齿状滑动导致了｛112｝面上的运动。Re 合金化有效提高了 W 基体中的位错迁移率，产生反常的“固溶软化”效应而使得 W 材料的脆性行为得到显著改善。常见的 W-xRe(x 为质量分数）合金主要分为以下体系：W-3%～5%Re、W-8%～10%Re 和 W-25%～26%Re，当 x>8%时，可以显著改善 W 基体在低温下的可加工性和脆性行为。Kappacher 等人[6] 通过纳米压痕实验研究了 W-5%Re(质量分数）合金的热激活变形机制，发现其变形机制受位错间相互作用和固溶强化两种机制共同控制，Re 固溶会提高非热区硬度而降低温度敏感性，并且对 Peierls 势垒具有降低作用，这使得 W-5%Re 合金在 200 ℃下表现出较好的韧性。

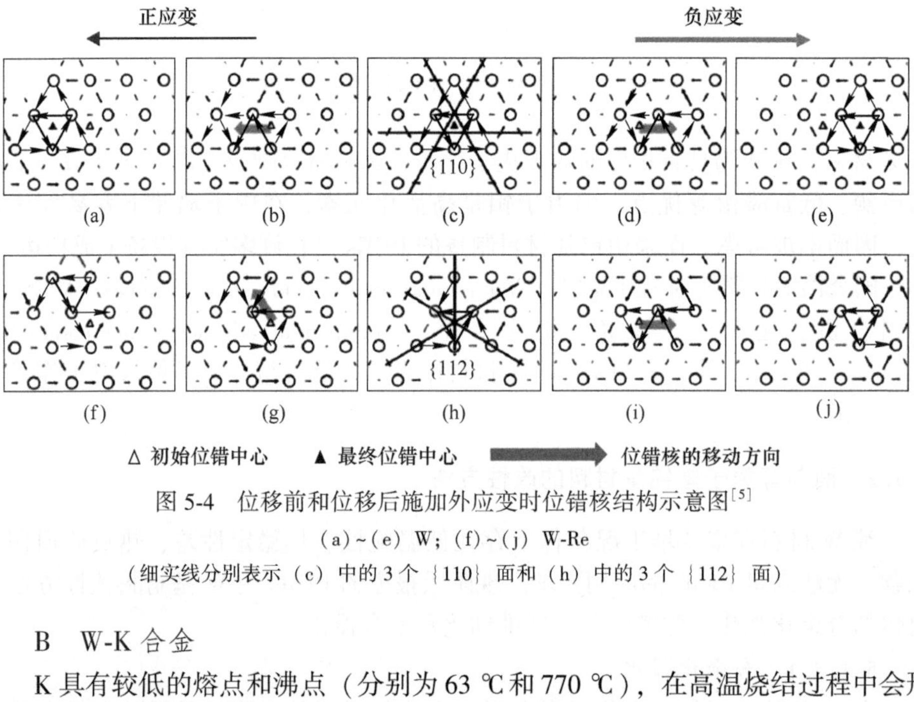

图 5-4 位移前和位移后施加外应变时位错核结构示意图[5]

(a)～(e) W；(f)～(j) W-Re

（细实线分别表示（c）中的 3 个｛110｝面和（h）中的 3 个｛112｝面）

B W-K 合金

K 具有较低的熔点和沸点（分别为 63 ℃和 770 ℃），在高温烧结过程中会形成 K 蒸气，分散的 K 蒸气聚集形成气泡，产生大量弥散分布的 K 泡留在 W 基体中。如图 5-5 所示，K 泡在 W 基体中主要有晶界、晶内和晶界/晶内复合三种存在形式[7]。晶界处的 K 泡（见图 5-5(a)）会产生较大的应力集中，容易成为裂纹源，因而将弥散分布的 K 泡全部包覆在 W 基体内（见图 5-5(b)）可以显著提高强韧性。但事实上，完全晶界或完全晶内 K 泡强化 W 基材料都很难获得，更多的是形成晶界/晶内复合型 K 泡强化 W 基材料（见图 5-5(c)）。

Huang 等人[8] 研究了机械合金化（mechanical alloying，MA）结合放电等离

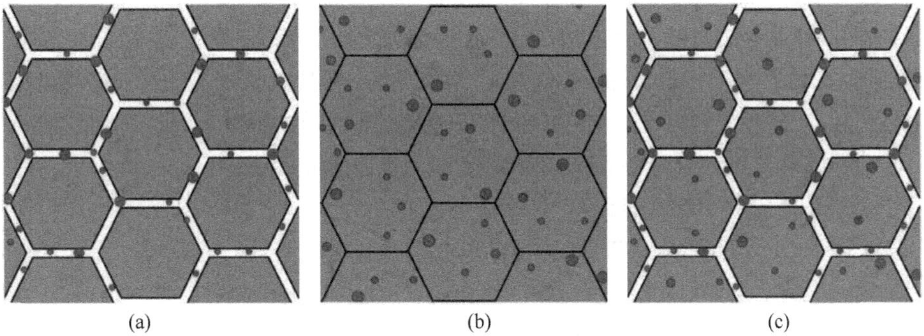

图 5-5 W-K 合金中 K 泡的三种存在形式[7]
(a) 晶界; (b) 晶内; (c) 晶界/晶内复合

子体烧结（spark plasma sintering，SPS）制备的不同 K 掺杂量（质量分数：0.46%、0.82%、1.08%、1.21%、1.44%）W-K 合金的组织和性能。当 K 掺杂量为 0.82%时，W-K 合金硬度（$HV_{0.2}$）和抗拉强度具有最大值（分别为 449.4，650 MPa，300 ℃），瞬态热冲击裂纹阈值为 0.37 GW/m^2。但烧结制备的大尺寸 W-K 合金中不可避免地存在大尺寸和分布不均匀的 K 泡，对性能改善具有不利影响，不过这可以通过后续的大塑性变形和退火工艺进行改善。

C 其他 W 合金

Mo 与 W 具有相近的晶体结构和物理化学性质，但由于 Kirkendall 效应，W-Mo 合金很难实现致密化。Srivastav 等人[9] 研究了 SPS 烧结过程中 W、Mo 扩散速率差异诱导的局部孔洞演化对 W/Mo 复合粉末致密化过程的影响。如图 5-6

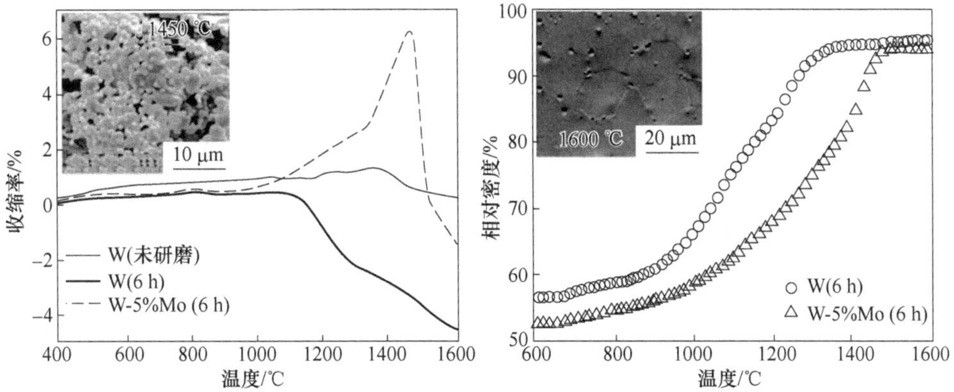

图 5-6 W-5%Mo 粉末非等温烧结过程中 Kirkendall 孔隙（插图）引起的膨胀（a）及相对密度与温度之间的关系图（b）[9]

所示，在非等温烧结过程中观察到 Kirkendall 孔隙的膨胀现象，烧结过程中 Kirkendall 孔隙的动态演变使得粉末间点接触增加，局部焦耳热过强导致致密化曲线呈现出典型的“S”形曲线。利用 SPS 烧结升温快、时间短的优点可以对 Kirkendall 空穴进行致密化。1650 ℃时 SPS 烧结制备的 W-Mo 合金（相对密度约为 95%）具有比纯 W 细的晶粒粒径（分别为 7.3 μm 和 11.4 μm），但硬度比纯 W 低，这可能是由 Mo 固溶到 W 晶格中导致的。

Xu 等人[10] 研究发现，W-15%Nb(15%为质量分数）合金在 He^+辐照（1230 ℃，50 eV 和 80 eV，1.5×10^{22} $m^{-2}\cdot s^{-1}$）作用下，Nb 原子比 W 原子更容易吸引 He^+，因而 Nb 在 W 基体中的富集抑制了 He^+在 W 基体中的扩散，提高了 W 基体的抗辐照损伤性能。

5.1.2.2 弥散强化

弥散强化 W 基复合材料主要是在 W 基体中掺杂氧化物/碳化物颗粒，这些弥散分布的第二相颗粒会钉扎晶界迁移，还会钉扎 W 基体中的位错运动，显著提高 W 基体的变形抗力。

A 氧化物弥散强化钨基复合材料

氧化物（如 Y_2O_3、La_2O_3、ZrO_2 等）掺杂可以与钨（W）基体形成稳定的相界面、钉扎位错和晶界运动、细化 W 晶粒。氧化物弥散强化 W 基复合材料可以通过 MA 法或化学法进行制备，化学法制备氧化物弥散强化 W 基复合材料前驱体粉末主要有湿化学法、溶胶-凝胶法、冷冻-干燥法和水热法等。相较于 MA 法，化学法制备工艺简单，杂质含量少，成分和粒度可控，更适合工业批量化制备。

Y_2O_3 具有高熔点和稳定的物理化学性质，被广泛用于制备弥散强化金属基材料。Tan 等人[11] 采用传统湿化学法结合 SPS 烧结制备的 W-Y_2O_3 复合材料在 400 ℃下屈服强度为 397.4 MPa，极限抗拉强度为 436.0 MPa，伸长率为 6.4%。Hu 等人[12] 采用改进的冷冻-干燥法结合 SPS 烧结制备了 W-Y_2O_3 复合材料，在抗 He^+辐照损伤性能方面表现良好。Yao 等人[13] 研究发现纯 W 和 W-Y_2O_3 复合材料在相同 He^+辐照（50 eV，9.9×10^{24} m^{-2}）条件下，W-Y_2O_3 复合材料具有比纯 W 明显细小的 He 泡，He 泡密度也显著降低。基体中的缺陷可以作为 He^+的捕获位点，W 基体和 Y_2O_3 的相界面成为 He^+的额外捕获位点，因而界面具有比 W 基体中更致密的 fuzz 结构。

Chen 等人[14] 研究了不同 La_2O_3 掺杂量（0~5.0%，质量分数）对 W 基体组织和性能的影响。随着 La_2O_3 掺杂量增加至 5%，W-La_2O_3 复合材料的致密度逐渐降低，而晶粒粒径则先减小后增大。Liu 等人[15] 探究了不同 La_2O_3 掺杂量对 W 基体抗辐照损伤性能的影响，在 He^+辐照（200 eV，1.4×10^{22} m^{-2}，1550 K）后纯 W 和 W-La_2O_3 试样表面均产生致密的 fuzz 结构。

B 碳化物弥散强化钨基复合材料

碳化物（ZrC、TiC 和 HfC 等）掺杂相可以在钨（W）基体中稳定存在、钉扎晶界和位错运动、细化晶粒并提高 W 基材料的力学性能。碳化物弥散强化 W 基复合材料一般通过 MA 法制备。

Lang 等人[16] 通过 MA 法制备了不同碳化物（TiC、TaC 和 ZrC 等）掺杂 W 基复合材料，在 W 晶粒内部观察到了大量弥散分布的细小（约 10 nm）碳化物颗粒，其与 W 基体具有良好的界面关系。但随着掺杂量的增加，碳化物颗粒会在烧结过程中聚集粗化。Wang 等人[17] 采用改进的 MA 法结合 SPS 烧结制备了 W-0.5%ZrC（质量分数）复合材料，如图 5-7 所示，W-ZrC 复合材料中 ZrC 颗粒粒径仅为 24 nm，与 W 基体具有良好的界面关系。W-0.5%ZrC 复合材料的初始再结晶温度为 1400 ℃，在 100 次瞬态电子束热冲击试验下的裂纹阈值为 0.22～0.33 GW/m^2，比纯 W 的高出 0.11～0.22 GW/m^2。热稳定性和抗热冲击损伤性能

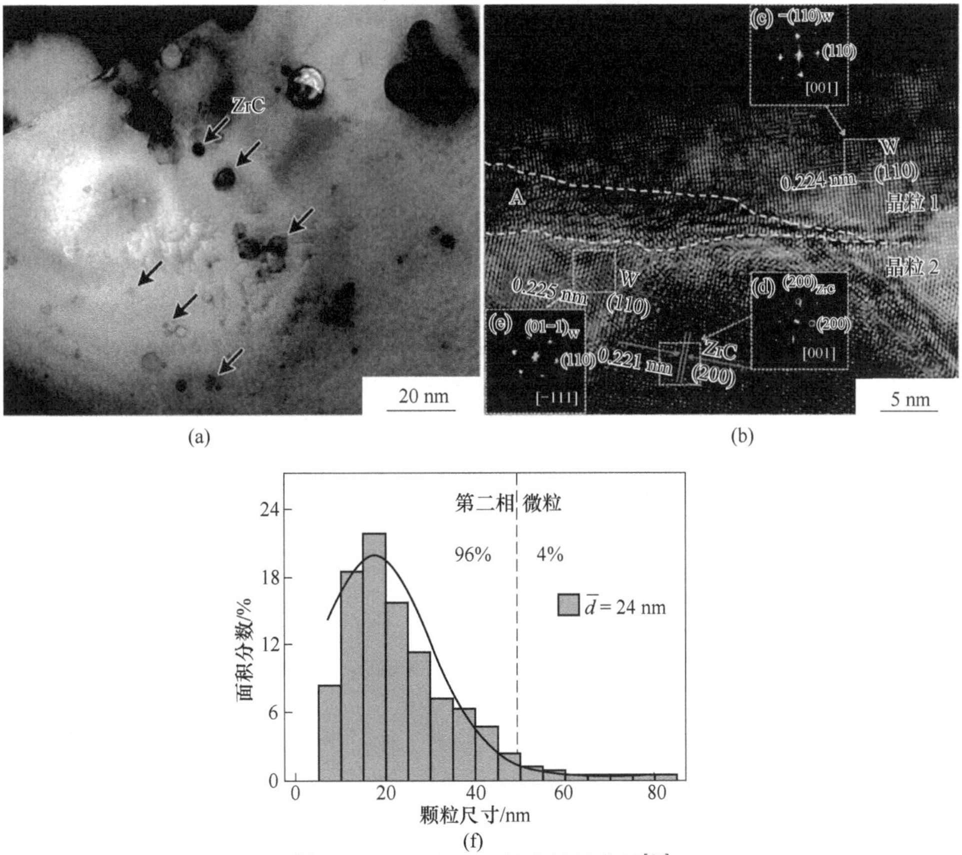

图 5-7 W-0.5%ZrC 复合材料分析[17]

（a）W-0.5%ZrC 显微组织和弥散第二相颗粒的 TEM 图像；（b）W 和 ZrC 的 HRTEM 图像；（c）（e）基体的 FFT 图；（d）颗粒的 FFT 图；（f）对应粒径分布统计图

的改善作用主要归因于弥散分布纳米 ZrC 颗粒对晶界的钉扎作用。

Hu 等人[18] 通过新型冷冻-干燥法制备了 W-TiC 复合粉末，当 TiC 掺杂量（质量分数）为 0.5%时，复合粉末的尺寸最细小均匀，继续增加 TiC 含量将导致复合粉末的团聚和粗化。烧结后 W-0.5%TiC 复合材料的致密度高达 98.3%，晶粒粒径仅为 680 nm，硬度（$HV_{0.2}$）高达 625±38，这主要归因于大量纳米 TiC 颗粒对晶粒的细化及形成稳定相界面所产生的界面强化作用。碳化物颗粒弥散强化 W 基复合材料的成分设计和制备方法在未来还需要进一步考虑和改善。

5.1.2.3　纤维增韧

纤维增韧 W 基复合材料（W_f/W）是通过在 W 基体中添加具有良好韧性的 W 纤维（W_f），使 W 基体的韧性得到显著改善。W_f 具有较高的韧性，并且通过 W 基体界面间的能量吸收可以使 W_f/W 复合材料表现出良好的伪塑性行为。

Gietl 等人[19] 通过连续化学气相沉积法制备了高致密度（>99%）、单层等间隔 W_f/W 复合材料，三点弯曲实验测得其室温断裂韧性高达 241 MPa · $m^{1/2}$。纤维自身性能对 W_f/W 材料整体的性能改善具有重要影响，纯 W 和 W-K 纤维具有较好的韧性和强度，因而更适合作为 W_f 来增韧 W 材料，而且还可以设计成网状、层状或是短/长纤维复合增韧 W 材料。

5.1.2.4　复合强化钨材料

单一手段强化对性能的改善具有局限性，而复合掺杂强化的改性设计或许可以进一步提升 W 基材料的性能。Miyazawa 等人[20] 研究了 Re 掺杂对 W-K 合金中子辐照（700 ℃，0.74 dpa）后力学性能的影响。在中子辐照后，纯 W、W-K 和 W-Re 合金表现出严重的硬化和脆化，而 W-K-Re 合金在中子辐照后仍具有良好的韧性，如图 5-8 所示。由于 Re 掺杂对 W-K 合金晶粒的细化，W-K-Re 合金中的界面显著增加，这些附加界面可以作为辐照缺陷的捕获位点，因而 Re 和 K 的复合掺杂改善了 W 基体抗中子辐照损伤性能。

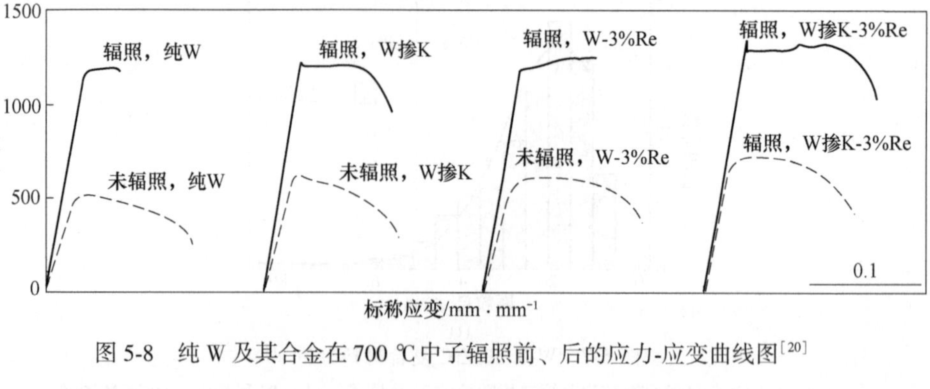

图 5-8　纯 W 及其合金在 700 ℃中子辐照前、后的应力-应变曲线图[20]

除了多种合金元素的复合强化，合金化结合第二相强化也被进行了广泛的研究。Zhao 等人[21] 通过 MA 和 SPS 烧结制备的 W-0.5%ZrC-3%Re(0.5%和 3%为质量分数）复合材料致密度高达 99.5%，晶粒粒径仅为 0.4 μm，纳米 ZrC 颗粒和 Re 的协同强化作用使得材料在 1500 ℃退火 1 h 后仍具有高达 740 的硬度（$HV_{0.2}$）。

Dong 等人[22] 成功利用湿化学法制备了不同阳离子（La^{3+}、Sc^{3+}、Zr^{4+}、Ti^{4+}、Hf^{4+}）复合掺杂 W-2%Y_2O_3(2%为体积分数，下同）复合材料，研究表明，掺杂 La^{3+}和 Hf^{4+}可以有效细化复合材料晶粒，改善 Y_2O_3 颗粒的均匀分散程度，显著提高复合材料的强韧性。

5.1.3 大粒径颗粒增强钨基复合材料的塑性加工技术

颗粒增强钨（W）基材料具有显著提升的综合性能，但通过 SPS、热等静压（HIP）、微波烧结等工艺制备的样品受到粒径的限制，不适合工程应用。大塑性变形工艺可以使 W 基体中的固有缺陷消除，增加位错密度的同时产生变形织构，有利于改善 W 基体的性能。PFMs 用颗粒增强 W 基复合材料的常见塑性加工方法有轧制加工、锻造成型和高压扭转等。

5.1.3.1 轧制加工

轧制是将坯料按一定压下量进行减薄的塑性加工方法，对 W 基复合材料的 DBTT 有明显的降低作用，这主要是因为在加工变形过程中 W 基体内部气孔被消除[23]。热轧过程中动态回复和再结晶使得晶粒反常长大，晶界滑移受阻形成纤维织构，使材料在不同织构取向上表现出一定的性能差异。

Yao 等人[24] 通过湿化学法结合轧制加工制备了 W-2%Y_2O_3(2%为体积分数）复合材料，主要织构类型为 θ 织构、α 织构和 γ 织构。因而，对于 PFMs 用轧制加工颗粒增强 W 基复合材料可以通过调控颗粒类型、轧制参数和退火工艺来改善 W 基体的性能。

5.1.3.2 锻造成型

锻造是利用冲击或压力使材料变形以获得所需形状工件的塑性加工工艺，具有工艺简单、可批量化生产、生产效率高的优点。Xie 等人[25] 研究了轧制和锻造制备 W-0.5%ZrC(0.5%为质量分数，下同）复合材料的抗热冲击性能和力学性能。锻造态 W-0.5%ZrC 复合材料在 0.44 GW/m^2 功率密度热冲击后表面便观察到明显的热冲击裂纹，而轧制态 W-0.5% ZrC 复合材料在功率密度高达 0.66 GW/m^2 的热冲击作用下，表面仍未出现裂纹或熔融。

5.1.3.3 高压扭转

高压扭转是在坯料高度方向施加压力的同时在其侧面施加一扭矩，促使坯料同时产生轴向压缩和径向切变的大塑性变形工艺，常被用来制备超细晶材料。Xue 等人[26] 通过高压扭转制备了超细晶 W，随着匝数的增加，W 晶粒的

(110) 晶面与切向的夹角逐渐减小，晶界总面积和位错密度逐渐增加。Wang 等人[27] 研究发现，高压扭转制备的超细晶粒 W 织构类型主要为 {112}<111>、{110}<112>和 {110}<001>，而 W-1% La_2O_3(质量分数，80～320 nm) 复合材料主要为 γ 织构，织构类型差异主要是由颗粒掺杂对层错能的影响导致的。高压扭转对于制备组织和性能均匀的大粒径颗粒增强 W 基复合材料仍具有一定局限性。

5.1.4　钨基材料损伤行为研究进展

多种粒子及热负荷的施加对钨材料的性能考核极为严峻[3]。热负荷为主要由稳态热负荷及边缘等离子体压力周期性波动而产生的瞬态热负荷。氢同位素在钨表面滞留将导致材料严重脆化。氦离子也会与钨材料表面产生反应，注入氦离子可向材料内部迁移与空位结合形成氦泡等损伤。钨材料将转化为铼，在中子持续轰击下，铼将再次转化为锇，这对材料性能有极大影响。

5.1.4.1　钨基材料热负荷损伤行为

稳态热负荷及瞬态热负荷是 PFMs 必须考量的性能指标。对于瞬态热负荷，其测试设备及测试样品准备较为简便，所以研究较多。瞬态热负荷将导致材料表面温度显著提升，进而使得 PFMs 产生极高的热应力。瞬态热负荷产生的高温度梯度和高热应力将导致材料再结晶和晶粒长大、表面开裂、表面熔化、蒸发、液滴溅射等，这可能导致 PFMs 产生致命破坏进而污染等离子体工作环境[28]。瞬态热负荷按照单个脉冲可分为两个阶段，即升温阶段及降温阶段，如图 5-9 所示。对于升温阶段，温度急剧升高将产生极大压应力，更易导致钨材料表面产生塑性变形；对于降温阶段，温度急剧降低将产生极大拉应

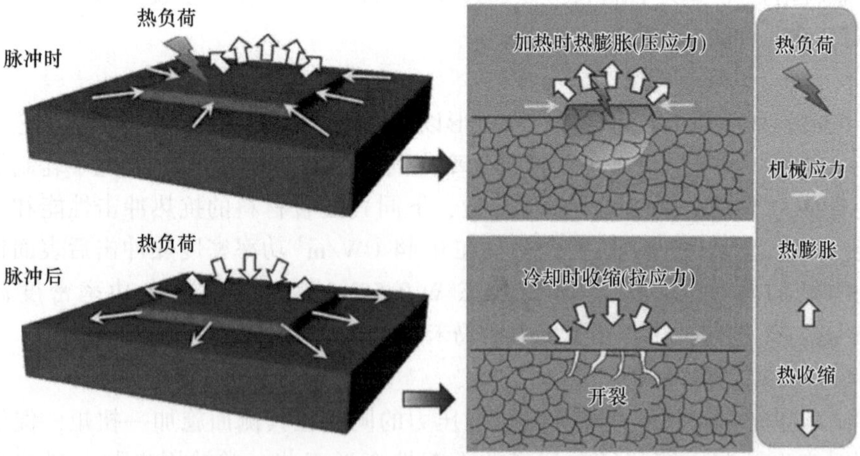

图 5-9　瞬态热负荷测试导致裂纹形成机理示意图[28]

力，更易导致钨材料表面产生开裂。钨材料的抗热负荷损伤与力学性能密切相关。

国内外一般采用电子束设备对材料体系进行瞬态热负荷测试，例如，国外的 JUDITH 1、JUDITH 2、JEBIS、FE200、EB1200 等设备，国内以核工业西南物理研究院的 EMS-60 设备为主；不可否认，不同设备的机器参数有差异，其试验结果也会存在相当程度的偏差。Wang 等人采用不同初始粒径 W-0.5%ZrC（0.5%为质量分数，下同）粉（0.2 μm、0.5 μm、2.8 μm 粒径的粉末分别用 0.2WZC、0.5WZC、2.8WZC 表示）制备轧制 W-0.5%ZrC 复合材料，并对不同退火态进行瞬态热负荷测试，图 5-10 所示为不同状态材料经瞬态热负荷测试后表面形貌变化[29]，结果表明，经 100 次瞬态热负荷后，所制备的 3 种不同材料表现出不同开裂阈值和开裂模式。0.2WZC 和 0.5WZC 样品开裂阈值在 0.22~0.33 GW/m^2 之间，但 2.8WZC 样品的开裂阈值小于 0.22 GW/m^2。此外，材料经高温退火发生再结晶后材料开裂阈值显著降低，裂纹数密度显著增加。

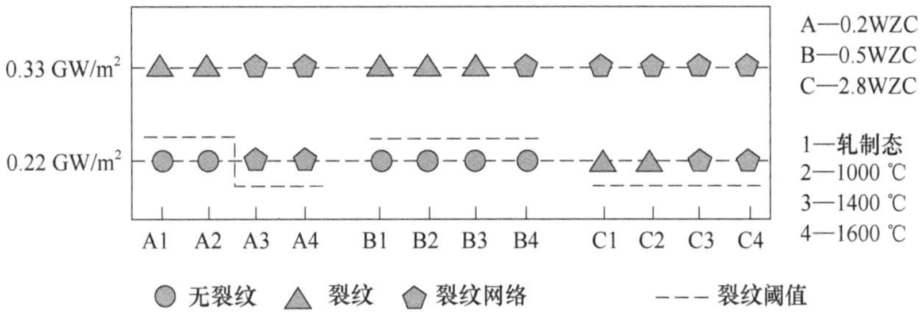

图 5-10 不同状态材料经瞬态热负荷测试后表面裂纹形态变化[29]

一般需先制备成 W/Cu 模块，然后进行稳态热负荷测试。对于 W/Cu 复合块连接，一般采用 CuMn 系钎料进行真空钎焊处理。针对水冷平板形钨铜面向等离子体部件，Lian 等人采用真空钎焊方式制备相应部件并进行稳态热负荷考量[30]，对相应模块进行 9 MW/m^2 功率密度下 1000 次循环稳态热负荷测试，通过高温计测量温度从初始阶段到最后阶段表面温度偏差在 5%以内，表明 W/CuCrZr 模块可承受 9 MW/m^2 功率密度下 1000 次循环稳态热负荷测试。

5.1.4.2 钨基材料辐照损伤行为

在聚变装置稳定运行的前提下，聚变反应持续进行，PFMs 不可避免遭受氢氦等离子体及中子辐照，使得等离子体与材料相互作用成为聚变装置持续运行的关键研究领域。图 5-11 为聚变反应环境下各种粒子与材料表面反应简化模型[31]。除了到达堆芯等离子体的溅射杂质原子，杂质还将可能重新沉积在另一个面向等离子体部件表面，再沉积现象可形成高缺陷浓度随机缺陷结构。

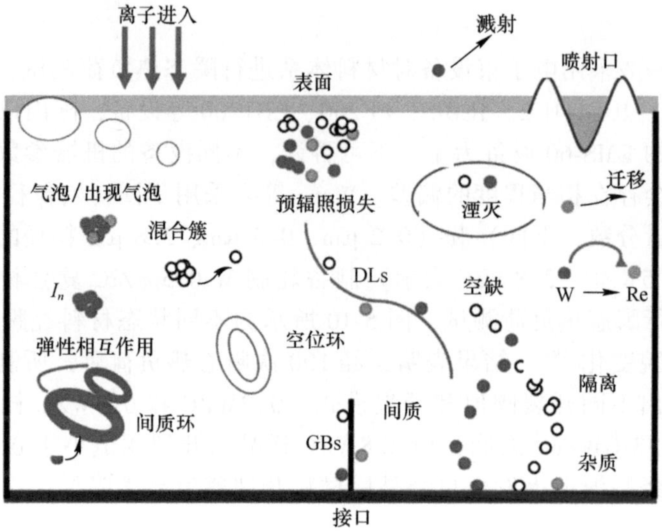

图 5-11　聚变反应环境下各种粒子与材料表面反应简化模型[31]

氦离子辐照一般按照入射能量可分为低能辐照与高能辐照。Kajita 等人[32]最早发现 fuzz 结构，这种形态特征是钨表面产生伸出细卷须结构，其厚度一般为几微米。对于氦离子辐照产生的 fuzz 结构条件，Hammond 等人统计钨材料产生 fuzz 结构的离子能量及表面温度[33]。

Kajita 等人[32] 根据辐照后表面形貌对 fuzz 结构的形成及演变状况进行相关阐释，如图 5-12 所示。当氦离子初始注入时，氦离子与钨材料内部缺陷形成氦与空位复合体，随着氦离子的持续注入，与钨晶格中原子发生置换，更多氦离子与空位结合进而形成氦泡，表层氦泡聚集进而破裂导致材料表面形成针孔状损伤形貌。针孔状损伤形貌底部将与氦离子发生进一步反应，导致氦泡在底部聚集。当持续不断的氦离子被注入材料中时，氦泡将向内部延伸，氦气泡会在孔洞周围聚集，将钨材料向上推动。最终，在钨表面形成细长棒状结构，进而形成 fuzz 结构。Liu 等人[15] 在不同氦离子辐照参数下研究第二相颗粒对钨基材料经氦离子辐照后损伤的影响，采用低能氦离子辐照纯钨和 W-La_2O_3 复合材料；研究发现辐照后的 W-La_2O_3 表面出现孔洞结构，可能是 La_2O_3 的熔点低于纯钨，在高温下优先被溅射。

另一个问题是钨材料内部经氦离子辐照后的内部滞留，一般采用高能氦离子辐照（千电子伏特量级）及后续脱附进行相关研究。El-Atwani 等人针对不同晶粒度（纳米晶、超细晶、ITER 级）钨材料进行氦滞留及分布行为研究[34]，通过 TDS 探究常温（RT）及 773 K 温度下 4 keV 氦离子注入后滞留问题。

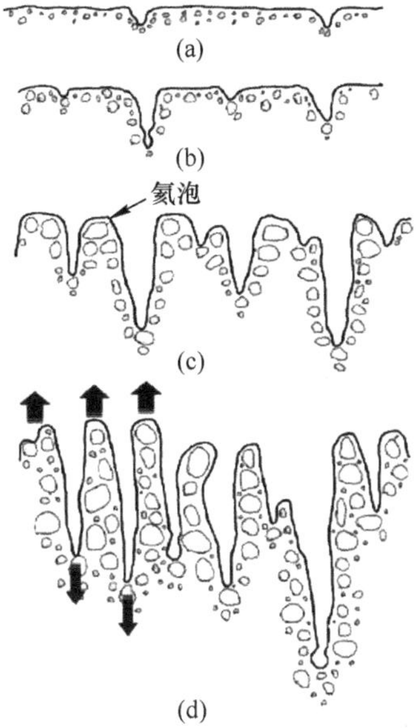

图 5-12 钨材料 fuzz 结构形成过程示意图[32]

（a）表面孔形成；（b）表面孔深化；（c）氦泡聚集生长；（d）fuzz 结构形成

钨材料经氘离子辐照后表面一般形成鼓泡现象。Shu 等人[35]在直线等离子体装置中进行低能（38 eV）高通量（1×10^{22} cm^{-2}）氘离子注入试验，观察到氘鼓泡现象。对于再结晶纯钨，在注入温度为 520 K、离子通量为 1×10^{26} cm^{-2} 的情况下观察到严重氘鼓泡损伤行为。氢在近表面区域过饱和进而形成位错环并向表面移动，也就是缺陷聚集及晶格塑性变形导致气泡、孔洞及表面鼓泡形成[29]。

5.2 ODS-W 复合材料的热冲击损伤与再结晶行为

本节对湿化学法结合轧制加工制备的 WYZ 复合材料显微组织、抗热冲击损伤性能和高温退火行为进行了研究。研究结果表明，WYZ 复合材料的致密度高达 99.3%，显微硬度（$HV_{0.2}$）为 425.9，在瞬态电子束热冲击作用下的开裂阈值为 0.3~0.4 GW/m^2，增加功率密度将进一步导致 WYZ 复合材料产生开裂、熔融损伤。

5.2.1 WYZ 复合材料的显微组织

WYZ 复合材料 RD-TD 面抛光后的表面 SEM 形貌如图 5-13(a) 所示，在 W 基体中观察到很多均匀分布的黑色第二相颗粒存在，Y-Zr-O 颗粒的能谱线扫描和元素组成如图 5-13(b) 所示，Y、Zr 和 O 分布均匀，原子分数和成分设计吻合。

Y-Zr-O 颗粒粒径分布统计如图 5-13(c) 所示，1 μm 以下第二相颗粒占比高达 85.1%，WYZ 复合材料的 XRD 如图 5-13(d) 所示，由于 Y-Zr-O 颗粒的掺杂量(质量分数) 仅为 0.4%，没有被检测出，因而仅观察到 BCC 结构 W 的衍射峰(JCPDS：04-0806)。

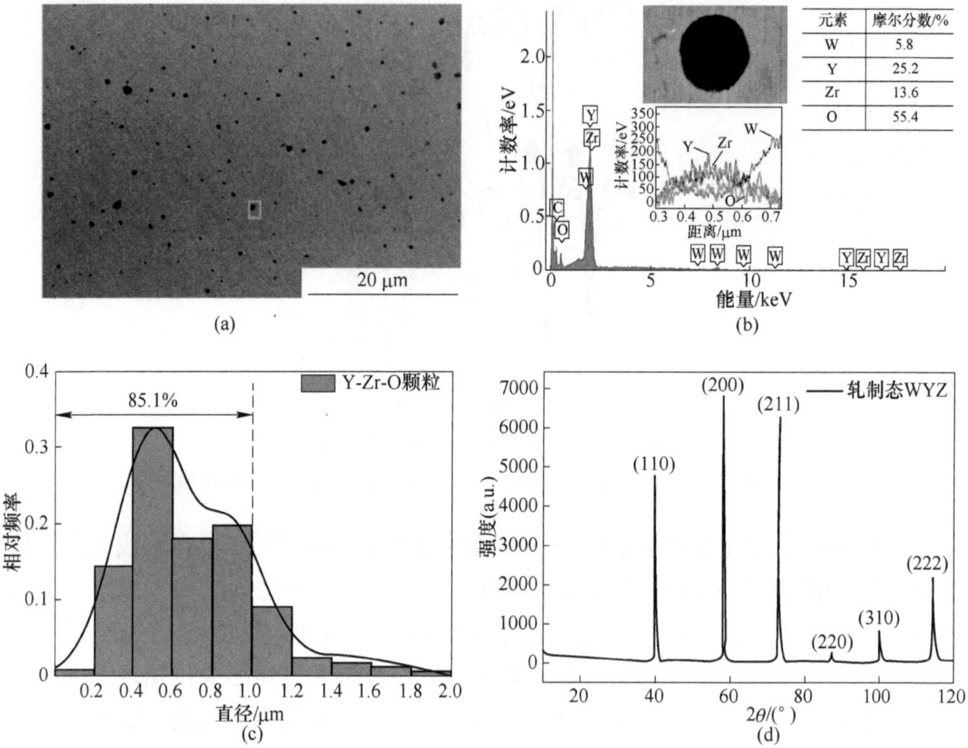

图 5-13　WYZ 复合材料 RD-TD 面抛光后表面分析结果

(a) SEM 形貌图；(b) 图 (a) 中标记的 Y-Zr-O 颗粒的能谱图；
(c) 图 (a) 中 Y-Zr-O 粒径分布图；(d) XRD 谱图

5.2.2　电子束热冲击损伤行为

选择 WYZ 复合材料的 RD-TD 面作为瞬态热冲击试验的直接载荷面，在不同功率密度电子束下经过 100 次脉冲瞬态热冲击试验后的表面 SEM 形貌如图 5-14 所示。WYZ 复合材料样品在 0.3 GW/m^2 以下功率密度热冲击作用下没有出现明显的裂纹，当功率密度增加至 0.4 GW/m^2 时，在样品表面观察到宽度为 (3±0.83) μm 的微裂纹，表明 WYZ 复合材料的裂纹阈值为 0.3～0.4 GW/m^2。随着功率密度的继续增加，WYZ 复合材料样品表面开始出现明显的塑性变形，并且裂纹宽度逐渐增加。当吸收功率密度为 0.5 GW/m^2 时，主裂纹与塑性变形区域之间出现明显的光滑区域。这一发现表明，主裂纹附近

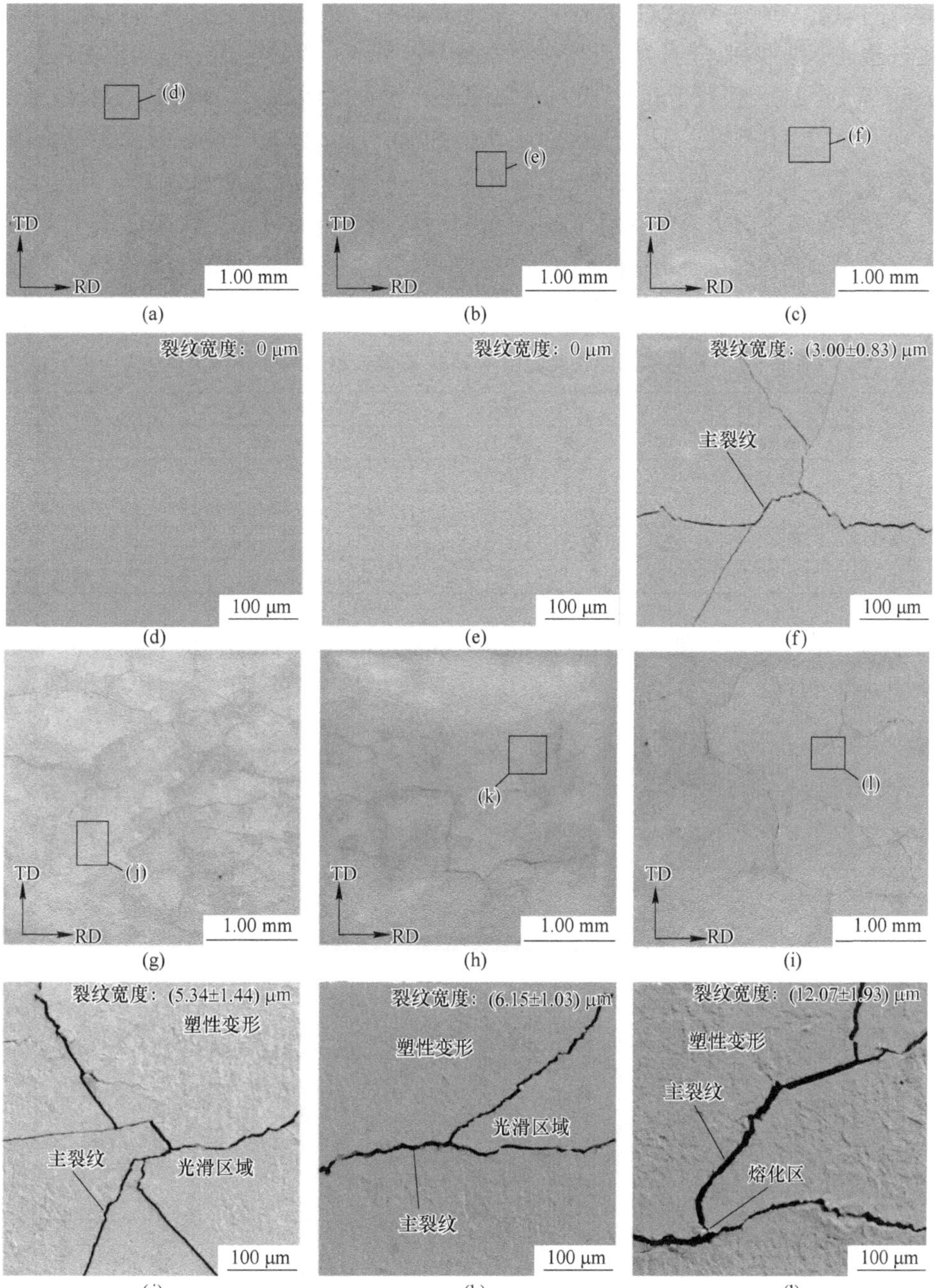

图 5-14 WYZ 复合材料样品在不同功率密度电子束下经过 100 次脉冲瞬态热冲击实验后的表面 SEM 形貌

(a)(d) 0.2 GW/m^2；(b)(e) 0.3 GW/m^2；(c)(f) 0.4 GW/m^2；(g)(j) 0.5 GW/m^2；(h)(k) 0.6 GW/m^2；(i)(l) 0.8 GW/m^2

区域的能量是通过主裂纹的产生和扩展而释放的，而远离主裂纹区域的能量则是通过塑性变形而释放的，从而在材料表面产生明显的褶皱。当吸收功率密度达到 0.8 GW/m^2 时，相对于 0.6 GW/m^2 热冲击裂纹宽度增加了约 96.2%。裂纹尖端出现明显的熔化现象，这说明经过多次脉冲后，能量更有可能在裂纹尖端聚集。从裂纹宽度来看，材料在热冲击下的开裂是一种典型的能量释放方式。

在瞬态热冲击实验中不同 W 基复合材料的损伤行为对比见表 5-1，综合来看，WYZ 复合材料具有优于报道的纯 W 和 W-Y_2O_3 复合材料 RD-TD 面的抗瞬态热冲击损伤性能。

表 5-1　在瞬态热冲击实验中不同 W 基复合材料的损伤行为对比

材料	应用表面	脉冲次数	破裂阈值/$GW \cdot m^{-2}$	参考文献
WYZ 轧制	RD-TD	100	0.3～0.4	本研究的样品
纯 W 轧制	RD-TD	1	<0.22	文献［36］
W-2%Y_2O_3(2%为体积分数) 轧制	RD-TD	100	0.22～0.33	文献［37］
W-1.0%La_2O_3(1.0%为质量分数) 轧制	TD-ND	1	<0.22	文献［38］
W-0.5%ZrC (0.5%为质量分数) 轧制	—	1	0.22～0.33	文献［29］

为了进一步分析热冲击造成的损伤，采用 CLSM 表征试样的表面损伤程度。从图 5-15 可以看出，0.5 GW/m^2 和 0.6 GW/m^2 功率密度下的表面形貌相似。当

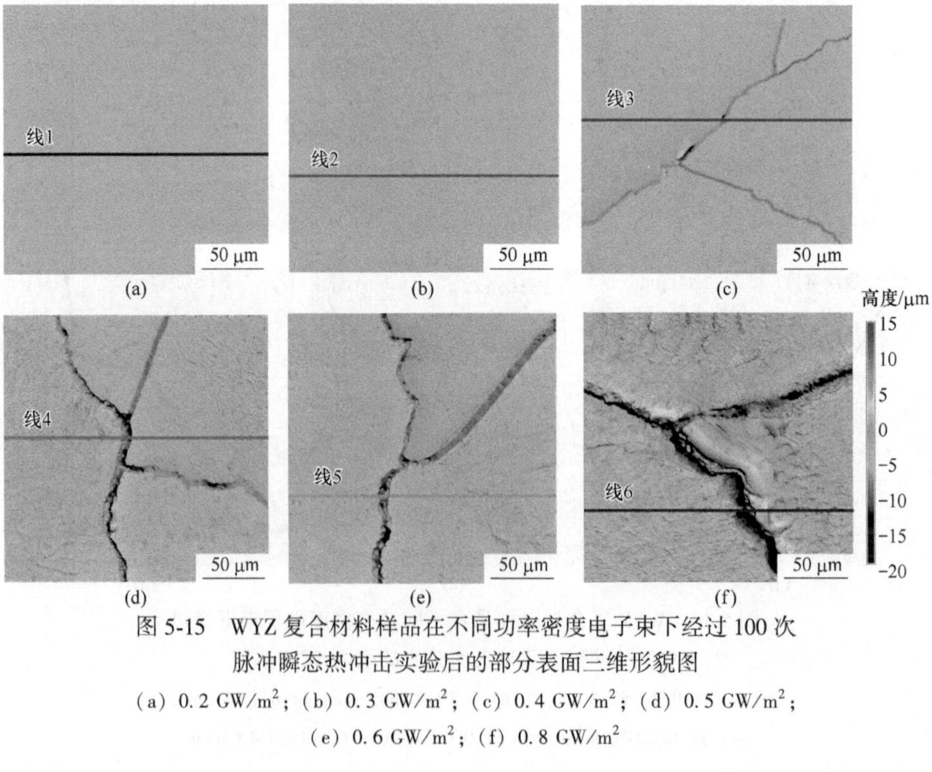

图 5-15　WYZ 复合材料样品在不同功率密度电子束下经过 100 次脉冲瞬态热冲击实验后的部分表面三维形貌图

(a) 0.2 GW/m^2；(b) 0.3 GW/m^2；(c) 0.4 GW/m^2；(d) 0.5 GW/m^2；(e) 0.6 GW/m^2；(f) 0.8 GW/m^2

功率密度达到 0.8 GW/m^2 时，表面粗糙度显著增加，高达 3.22 μm。这一发现与材料裂纹尖端在此功率密度下的熔化现象有关，材料熔化使表面起伏明显增大。

WYZ 复合材料的损伤过程可以表示为：（1）0.4 GW/m^2 热冲击作用下，材料仅在薄弱区域出现主裂纹，其他区域不呈现损伤形态；（2）在 0.5 GW/m^2 和 0.6 GW/m^2 热冲击作用下，由于热应力的增加使材料表面粗糙化，在薄弱区域出现主裂纹，其他区域出现塑性变形；（3）当功率密度增加至 0.8 GW/m^2 时，由于在裂纹尖端进一步积累热应力而反复承受热载荷，材料发生熔化，并且热应力的增加导致裂纹附近光滑区域进一步产生塑性变形。

5.2.3　WYZ 复合材料退火后显微组织及宏观织构演变

不同退火态 WYZ 复合材料试样腐蚀后的表面 SEM 形貌如图 5-16 所示。采用 Nanomeasure 软件对不同退火态 WYZ 试样 RD-TD 面相同面积内的晶粒尺寸进行统计，其结果如图 5-16 中的对应插图所示。当退火温度从 1100 ℃ 提高到 1300 ℃时，退火后的试样没有明显的组织变化。在 1400 ℃退火后，晶粒开始长大，20 μm 以下晶粒粒径占比从 94.2% 显著降低至 76.8%。当温度从 1400 ℃增加至 1600 ℃，晶粒粒径明显粗化，原本处于被拉长状态的 W 晶粒被异常长

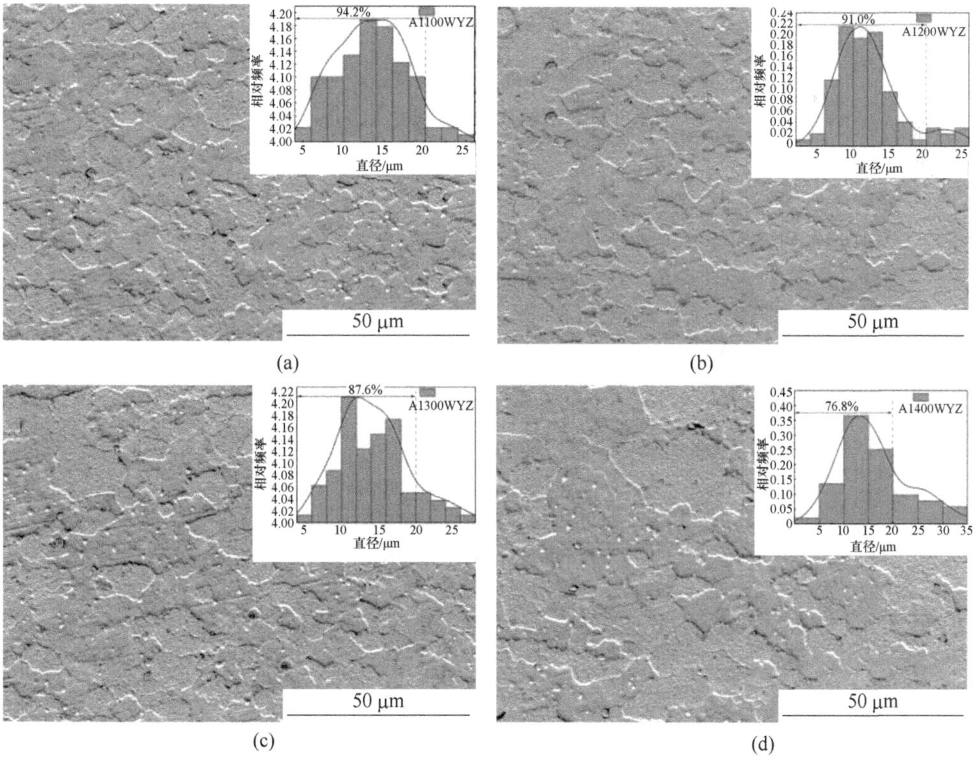

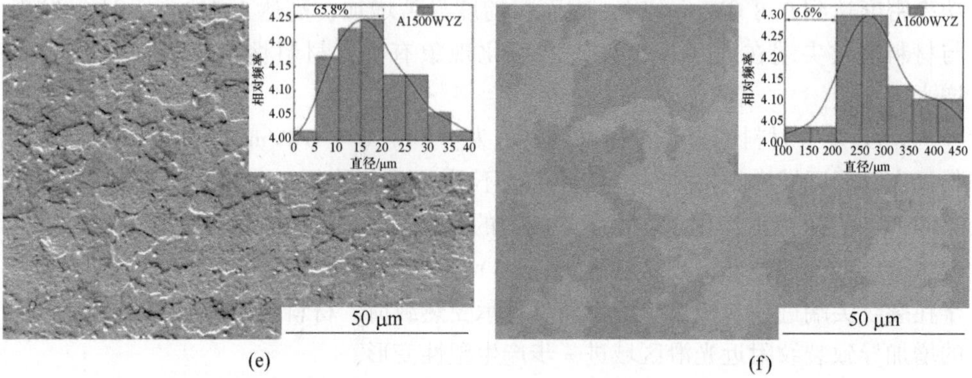

图 5-16　在不同温度退火 1 h 后 WYZ 复合材料试样 RD-TD 面的显微形貌
(a) 1100 ℃; (b) 1200 ℃; (c) 1300 ℃; (d) 1400 ℃; (e) 1500 ℃; (f) 1600 ℃

大的 W 晶粒（粒径大于 200 μm）取代，200 μm 以下晶粒粒径占比仅为 6.6%，这种晶粒的异常长大可能与 Y-Zr-O 颗粒在 W 基体中的分布状态有关。部分晶粒中第二相含量较低，对晶界迁移的钉扎作用较差，因此晶粒在充分的热激活下趋于异常生长。

图 5-17 为退火 1 h 后 WYZ 复合材料试样 RD-TD 面的取向分布图（φ_2 =

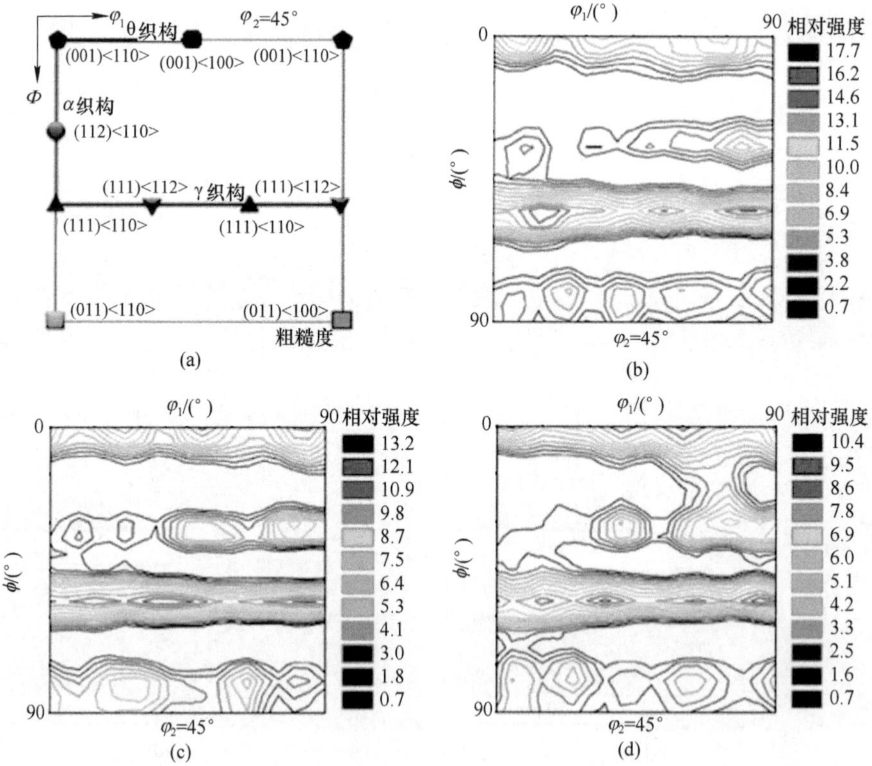

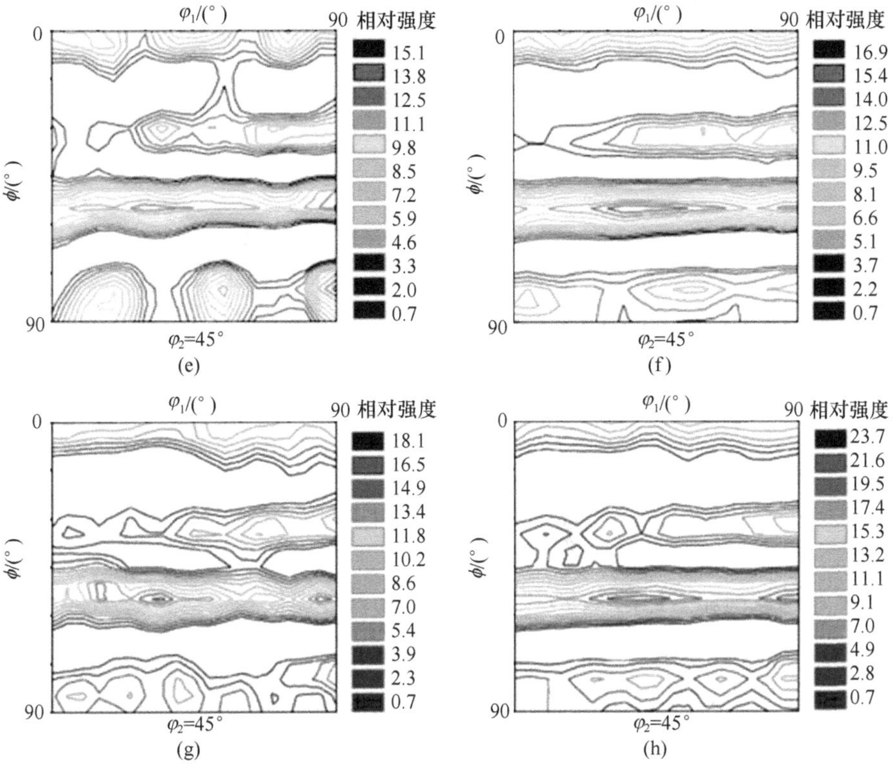

图 5-17　不同温度退火 1 h 后 WYZ 复合材料试样
RD-TD 面的取向分布图（$\varphi_2=45°$）

（a）轧制态；（b）1000 ℃；（c）1100 ℃；（d）1200 ℃；
（e）1300 ℃；（f）1400 ℃；（g）1500 ℃；（h）1600 ℃

45°）。WYZ 复合材料试样在轧制过程中主要形成的是 θ 织构和 γ 织构，可以看出较强的 θ 织构、γ 织构和较弱的 Goss 织构都是连续的，在 1000～1200 ℃ 温度范围内退火后，观察到整体织构强度随着退火温度的升高逐渐降低，主要体现为 θ 织构和 γ 织构的强度逐渐降低，并且均观察到一些弱的｛112｝<110> 织构。随着温度继续升高至 1600 ℃，WYZ 复合材料的整体织构强度逐渐增强。

5.3 ODS-W 复合材料的压缩力学性能与强化机制研究

本节主要选取不同取向和退火态 WYZ 复合材料试样进行压缩力学实验。以轧制法向纯 W(N-W) 试样作为对照组，研究了 WYZ 复合材料沿轧制方向（R-WYZ)、轧制横向（T-WYZ）和轧制法向（N-WYZ）试样的压缩力学性能。WYZ

复合材料压缩性能试样的取向和尺寸如图 5-18 所示，不同取向压缩试样均在 1000 ℃下进行 1 h 的去应力退火处理。对 N-WYZ 试样进行 1400 ℃(A1400N-WYZ) 和 1600 ℃(A1600N-WYZ) 高温等时退火处理后，采用相同的应变速率进行压缩试验。不同取向 WYZ 试样组织的晶粒长径比和晶界三重结密度是影响压缩强度各向异性的主要原因。

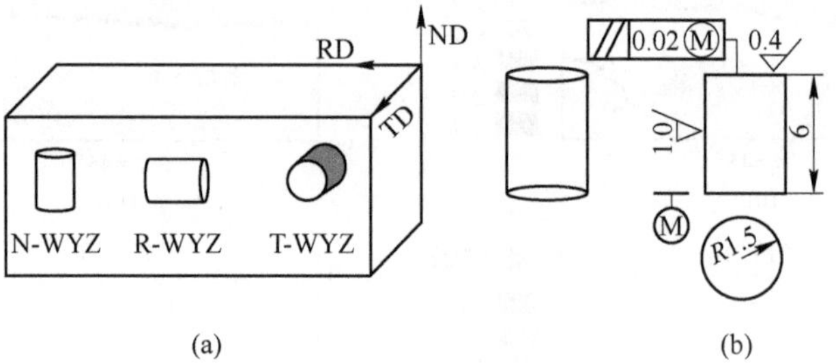

图 5-18　WYZ 复合材料压缩性能试样取向（a）和尺寸（b）

5.3.1　不同取向和退火态 WYZ 试样的压缩力学性能

在单轴压缩过程中，试样的横截面不断增大，小尺寸压缩试样的微小变形会造成真应变与工程应变之间的较大差异。因此，在以下分析中，采用公式拟合压缩工程应力-应变曲线，得到压缩真应力-真应变曲线。

$$\varepsilon_{\text{true}} = \int_{l_0}^{l} \frac{\mathrm{d}l}{l} = \ln\left(\frac{l}{l_0}\right) = \ln\left(1 - \frac{\Delta l}{l_0}\right) = \ln(1 - \varepsilon_{\text{eng}}) \tag{5-1}$$

$$\sigma_{\text{ture}} = \frac{F}{A} = \frac{F}{\dfrac{A_0}{1 - \varepsilon_{\text{eng}}}} = \sigma_{\text{eng}}(1 - \varepsilon_{\text{eng}}) \tag{5-2}$$

以轧制法向纯 W(N-W) 试样作为对照组，不同取向和退火态 WYZ 试样在不同测试温度下的压缩真应力-真应变曲线如图 5-19 所示（应变率为 19.8%），其中的插图为试样压缩变形后的宏观形貌。N-W 试样的断裂强度为 1430.0 MPa，而 WYZ 试样的极限抗压强度显著高于 N-W 试样（R-WYZ、T-WYZ 和 N-WYZ 分别为 1548.6 MPa、1455.7 MPa 和 1680.0 MPa）。T-WYZ 试样的极限抗压强度为 956.5 MPa，而 N-WYZ 试样的强度最低（925.2 MPa），但仍比 N-W 试样高 11.9%。室温下的极限抗压强度与 Xiao 等人[39] 报道的热锻 W-3.0% ZrO_2(Y)(3.0%为质量分数）复合材料相当，最高抗压强度均达到 1680.0 MPa。高温退火后 N-WYZ 试样的抗压强度也有所降低，特别是 A1600N-WYZ 样品的屈服强度急剧下降。然而，在室温至 400 ℃的温度范围内，A1600N-WYZ 试样仍具有可与 N-W 试样相媲美的抗压强度，表明 WYZ 复合材料具有良好的压缩力学性能。

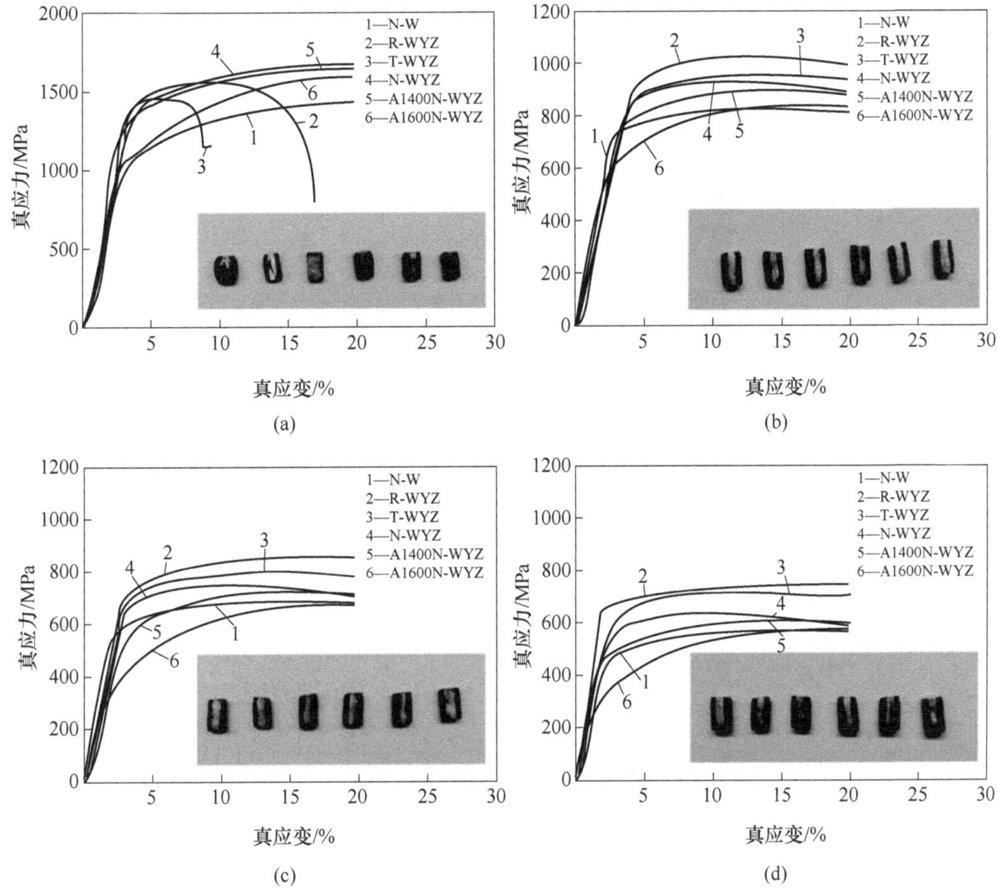

图 5-19 不同取向和退火态 WYZ 试样在不同测试温度下的压缩真应力-真应变曲线

(a) 室温；(b) 200 ℃；(c) 300 ℃；(d) 400 ℃

室温压缩纯 W 和 WYZ 试样表面和断口 SEM 显微形貌如图 5-20 所示。对于 N-W 试样，在室温下几乎被压碎，且其微观表面上存在许多纵向裂纹和“褶皱”组织，这是由在受到径向压力作用时基体强度和塑性较差导致的。A1400N-WYZ 和 A1600N-WYZ 试样在室温压缩后表面的裂纹较小，试样的微观表面上可以观察到“褶皱”组织，但没有明显的微裂纹，断口处均存在部分较大尺寸的穿晶断裂，这使得 A1400N-WYZ 和 A1600N-WYZ 试样具有较高的塑性。此外，在所有 WYZ 试样断口处均观察到黑色第二相颗粒，这种颗粒掺杂抑制了裂纹在压应力作用下的扩展，并且钉扎位错运动，显著提高了 W 基体的抗压强度。

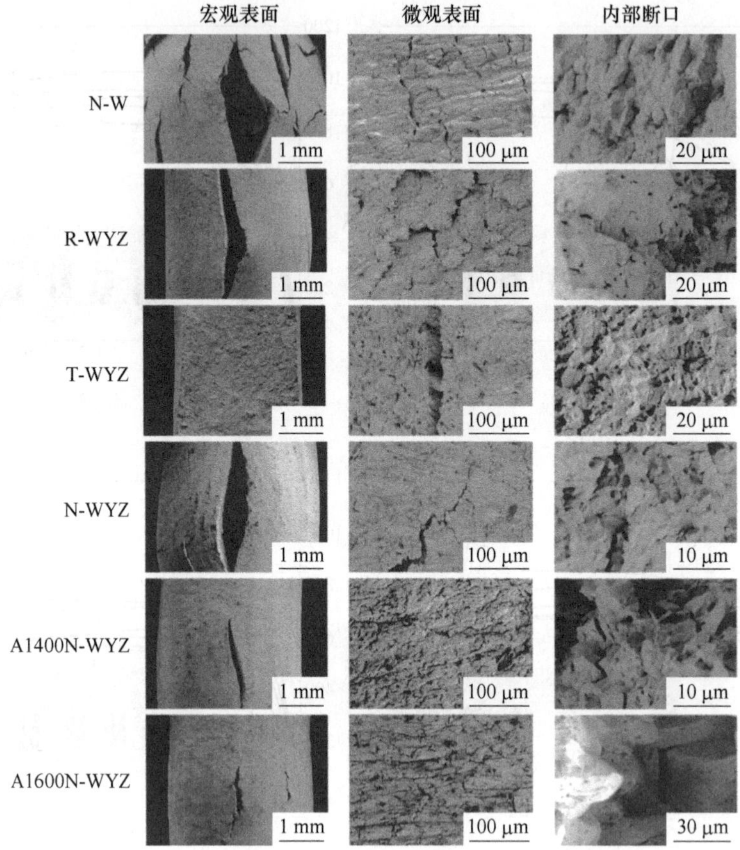

图 5-20　室温压缩试样表面和断口 SEM 显微形貌

5.3.2　压缩各向异性机理分析

R-WYZ 和 T-WYZ 试样具有高于 N-WYZ 试样的强度。R-WYZ 试样晶粒具有最大的长度，W 基体的晶粒内变形机制被促进，位错在晶内形核、运动，大量位错在晶界处缠结、堆积，产生较大的应力集中，从而使 R-WYZ 试样表现出最高的强度。

为了进一步研究退火温度对 WYZ 复合材料压缩各向异性行为的影响，表 5-2 详细列出了不同取向和退火态 WYZ 复合材料试样在室温至 400 ℃压缩试验下的屈服强度（YS）和极限抗压强度（UCS）。从图 5-21(a)~(d) 中可以看出，尽管在 1600 ℃退火后，不同取向 WYZ 复合材料试样的压缩强度间的差异有所降低，但 WYZ 复合材料试样的压缩强度各向异性并未消除。这表明 WYZ 复合材料试样的压缩性能各向异性并不完全依赖于晶粒结构，还与高温退火过程中位错湮灭和织构类型转变等因素有关。

表 5-2 不同取向和退火态 WYZ 复合材料试样在室温至 400 ℃压缩试验下的屈服强度和极限抗压强度

试样	室温		200 ℃		300 ℃		400 ℃	
	屈服强度/MPa	极限抗压强度/MPa	屈服强度/MPa	极限抗压强度/MPa	屈服强度/MPa	极限抗压强度/MPa	屈服强度/MPa	极限抗压强度/MPa
R-WYZ	1375.5	1548.6	949.0	1022.2	737.2	853.9	667.4	745.5
T-WYZ	1327.3	1455.7	871.1	956.5	713.7	792.2	654.8	709.8
N-WYZ	1310.7	1680.0	850.9	925.2	679.3	744.8	583.5	633.2
A1400R-WYZ	1293.0	1532.7	906.4	994.6	678.6	780.9	612.1	693.2
A1400T-WYZ	1259.3	1490.2	824.1	923.1	659.8	753.1	589.2	652.8
A1400N-WYZ	1240.9	1644.2	786.5	891.5	576.4	716.3	498.4	602.3
A1600R-WYZ	1049.3	1606.1	716.2	823.1	490.1	697.1	467.4	575.9
A1600T-WYZ	1027.7	1595.6	666.0	775.9	476.2	684.3	465.7	563.7
A1600N-WYZ	1004.1	1588.8	652.2	748.9	453.7	666.7	455.7	542.8

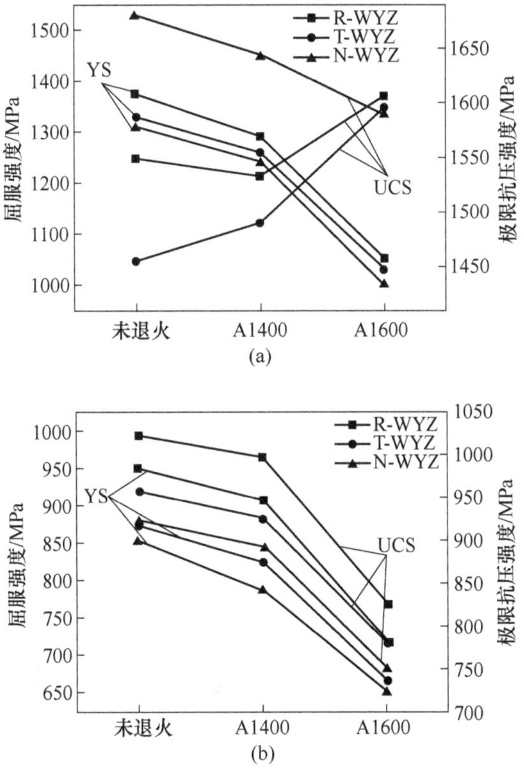

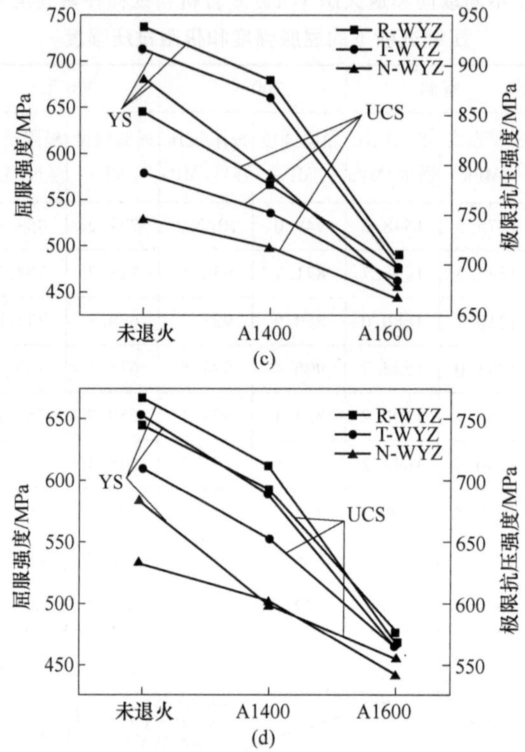

图 5-21　WYZ 复合材料试样在不同测试温度下压缩后的屈服强度和极限抗压强度变化图

（a）室温；（b）200 ℃；（c）300 ℃；（d）400 ℃

5.3.3　强化机理

压缩前、后 N-WYZ 试样的 TEM 显微形貌如图 5-22 所示，其中压缩后 N-W 试样为参照组。在 Y-Zr-O 颗粒附近没有观察到明显的位错（见图 5-22(a)），这是因为轧制过程产生的位错在去应力退火过程中湮灭，W 基体中 Zr^{4+} 与 Y^{3+} 形成了具有与 Y_2O_3 相似晶体结构的 Y-Zr-O 固溶体颗粒。第二相颗粒的能谱如图 5-22(b) 所示，该颗粒由 Y、Zr 和 O 组成。(Y+Zr)：O 的原子比约为 2：3，与 Y_2O_3 中 Y：O 的原子比一致，说明 Zr^{4+} 与 Y^{3+} 成功形成了 Y-Zr-O 固溶体。

图 5-22(c) 和 (d) 为压缩试验后 N-W 和 N-WYZ 试样的 TEM 图像。压缩试验后的 N-W 试样基体中可以观察到明显的位错线，位错强化是变形后 W 基材料中存在的一种重要强化方式。基体中混合位错对抗压强度 σ_D 的影响符合以下方程：

$$\sigma_D = \alpha \boldsymbol{b} \mu \rho^{-1/2} \tag{5-3}$$

式中，α 为位错强化系数；$\boldsymbol{b}$ 为柏氏矢量；μ 为基体材料的剪切模量；ρ 为位错密度。

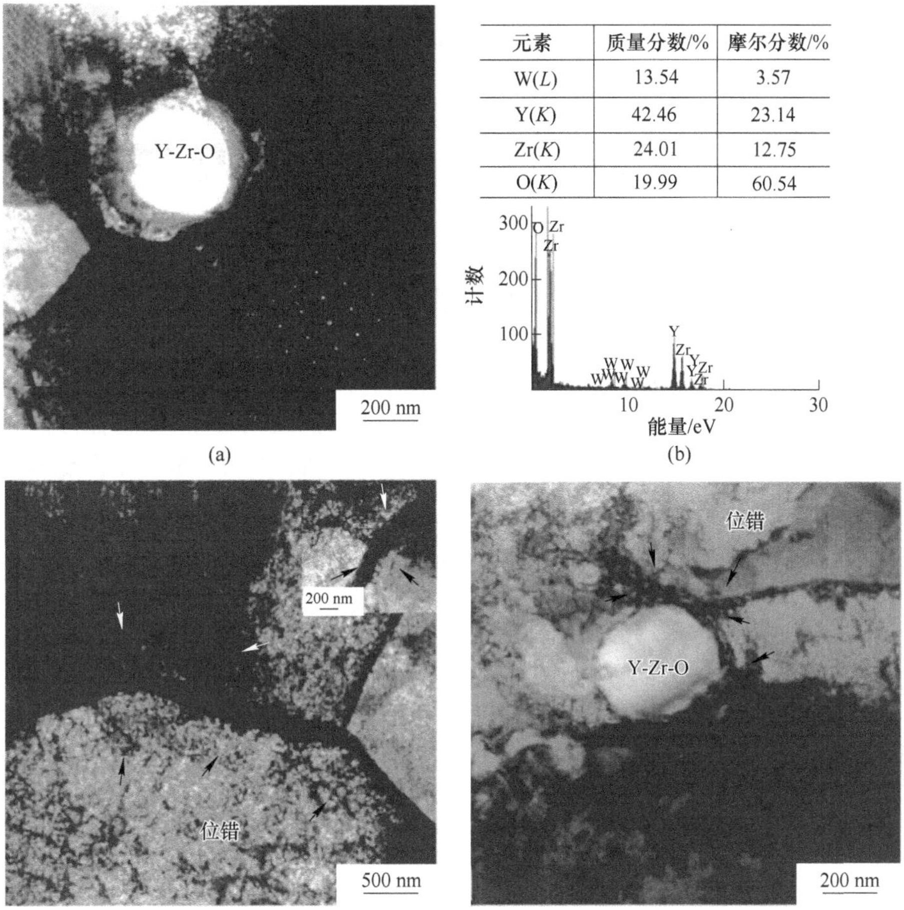

元素	质量分数/%	摩尔分数/%
W(*L*)	13.54	3.57
Y(*K*)	42.46	23.14
Zr(*K*)	24.01	12.75
O(*K*)	19.99	60.54

图 5-22　压缩前、后 N-WYZ 试样的 TEM 显微形貌

（a）压缩前 N-WYZ 试样中 Y-Zr-O 颗粒的 TEM 图像；（b）为（a）中观察到的 Y-Zr-O 颗粒的 EDS 能谱；（c）（d）压缩试验后 N-W 和 N-WYZ 试样的 TEM 图像

此外，在图 5-22（c）中观察到一些位错在晶界处的塞积，这证实了位错强化机制在压缩过程中的作用。掺入 Y-Zr-O 颗粒后，WYZ 复合材料的晶粒粒径显著细化，晶粒细化对屈服强度 σ_G 提高的贡献可以用 Hall-Petch 方程表示：

$$\sigma_G = \sigma_0 + kd^{-1/2} \tag{5-4}$$

式中，σ_0 为纯 W 的固有屈服强度；k 为晶界强化系数；d 为晶粒直径。

位错在晶界处的塞积引起应力集中，使 WYZ 复合材料的强度得到提高，晶粒细化导致晶界密度显著增加，加剧应力集中程度，因此 WYZ 复合材料具有比纯 W 材料高的强度。如图 5-22 所示，弥散分布在 W 基体中的 Y-Zr-O 颗粒对位错运动具有阻碍作用，这将导致大量的位错线被钉扎在这些第二相颗粒附近。根

据 Orowan-Ashby 方程，析出强化应力 σ_p 为

$$\sigma_p = \frac{m\mu \boldsymbol{b}}{1.18 \times 2\pi\varphi\left(\frac{1}{3}\sqrt{\pi/(6f_V)} - 1\right)} \tag{5-5}$$

式中，m 为泰勒因子；μ 为剪切模量；φ 为粒径；f_V 为掺杂颗粒体积分数。

在纳米氧化物颗粒钉扎和位错堆积的影响下，晶界不易滑移，相邻位错源不易启动。

5.4 ODS-W 复合材料的拉伸力学性能及其断裂行为研究

通常用来评价 W 基材料低温力学性能的标准是韧脆转变温度（ductile to brittle transition temperature，DBTT）。为了研究再结晶退火对 WYZ 复合材料拉伸性能的影响，继续对 R-WYZ 试样进行再结晶退火处理。拉伸试验在室温至 500 ℃下进行，拉伸应变速率为 0.3 mm/min。

5.4.1 取向和退火对 WYZ 复合材料拉伸性能的影响

在拉伸过程中，采用公式拟合工程应力-应变曲线，得到拉伸真应力-真应变曲线。拉伸性能的定义：屈服强度是塑性变形量为 0.2%时测量的拉应力，极限抗拉强度是拉伸过程中测量的最高拉伸应力，断裂伸长率和总伸长率则反映拉伸试样的应变量。

$$\varepsilon_{\text{true}} = \int_{l_0}^{l} \frac{\mathrm{d}l}{l} = \ln\left(\frac{l}{l_0}\right) = \ln\left(1 + \frac{\Delta l}{l_0}\right) = \ln(1 + \varepsilon_{\text{eng}}) \tag{5-6}$$

$$\sigma_{\text{ture}} = \frac{F}{A} = \frac{F}{\dfrac{A_0}{1 + \varepsilon_{\text{eng}}}} = \sigma_{\text{eng}}(1 + \varepsilon_{\text{eng}}) \tag{5-7}$$

图 5-23 为不同取向和退火态 WYZ 复合材料试样在室温（RT）至 500 ℃下的拉伸真应力-真应变曲线，图中插图为对应曲线中 WYZ 复合材料试样的拉伸断裂宏观形貌。

表 5-3 中详细列出了不同取向和退火态 WYZ 试样在不同测试温度下的极限抗拉强度和断裂伸长率。为了更直观地比较取向和退火对 WYZ 复合材料拉伸断裂行为的影响，图 5-24 直观地展示了表 5-3 中数据的极限抗拉强度、断裂伸长率和测试温度之间的变化关系。WYZ 复合材料试样在室温下的断裂强度较低，可能是由严重的低温脆性和 WYZ 复合材料拉伸试样的取向力学性能特性导致的。相较于纯 W 试样[40]，R-WYZ 试样的高温强度明显提升，与锻造 W-1.0% Y_2O_3[41]（1.0%为质量分数）复合材料相比，Zr^{4+} 对 Y_2O_3 颗粒的稳定作用显著降低了 W-Y_2O_3 复合材料的 DBTT(>400 ℃)。

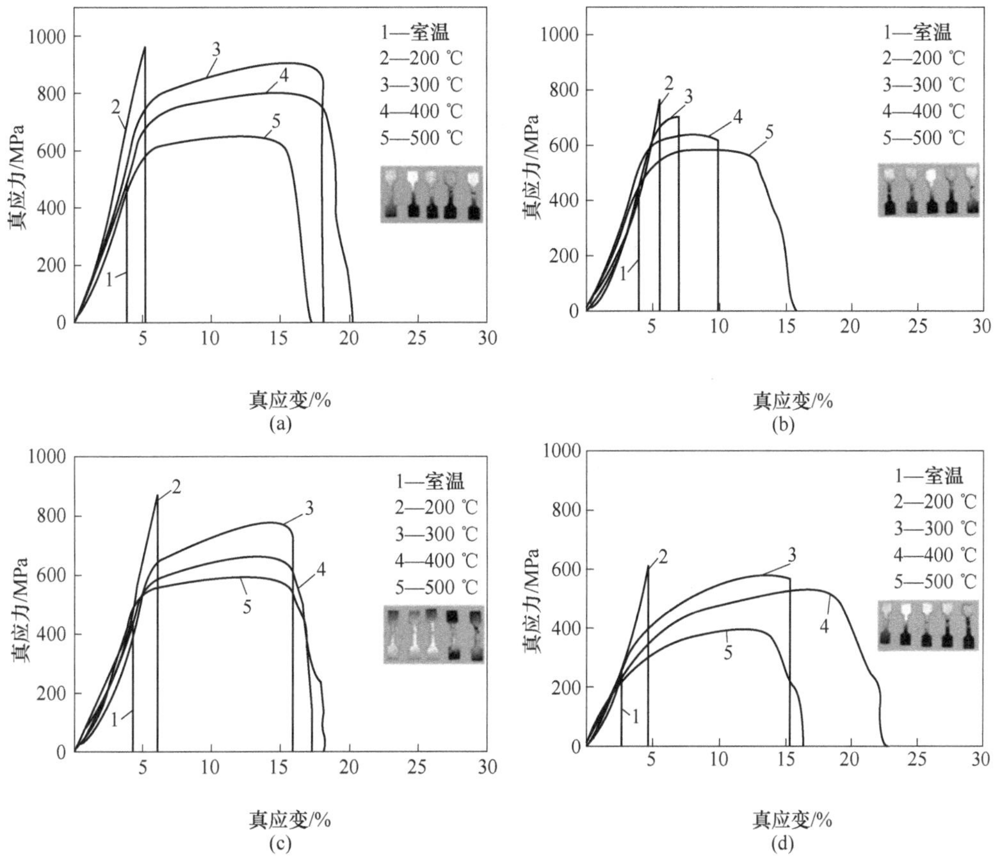

图 5-23 不同取向和退火态 WYZ 复合材料试样的拉伸真应力-真应变曲线

（a）R-WYZ；（b）T-WYZ；（c）A1400R-WYZ；（d）A1600R-WYZ

表 5-3 不同取向和退火状态 WYZ 试样在不同测试温度下的极限抗拉强度和断裂伸长率

样品	室温		200 ℃		300 ℃		400 ℃		500 ℃	
	极限抗拉强度/MPa	断裂伸长率/%	极限抗拉强度/MPa	断裂伸长率/%	极限抗拉强度/MPa	断裂伸长率/%	极限抗拉强度/MPa	断裂伸长率/%	极限抗拉强度/MPa	断裂伸长率/%
R-WYZ	491.1	0	970.9	0	903.6	13.1	803.2	14.4	656.3	11.9
T-WYZ	482.3	0	763.5	0	714.5	5.0	638.1	6.3	588.5	7.8
A1400R-WYZ	451.7	0	868.2	0	774.5	10.7	664.9	12.8	594.1	11.5
A1600R-WYZ	255.6	0	607.5	0	582.1	10.9	524.7	15.5	392.6	10.7

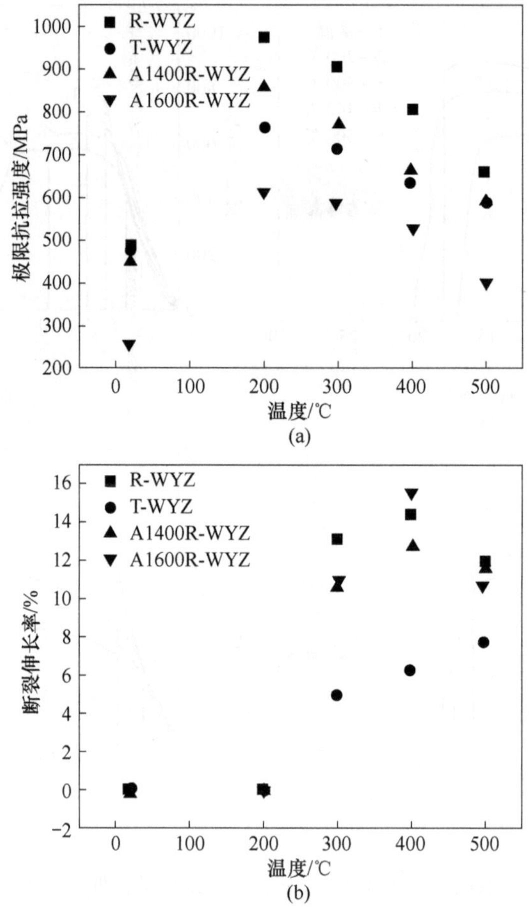

图 5-24　在室温至 500 ℃范围内试样的极限抗拉强度（a）和断裂伸长率（b）的变化趋势

5.4.2　不同取向和退火态 WYZ 复合材料断口形貌分析

图 5-25 为不同取向和退火态 WYZ 复合材料试样在室温至 500 ℃拉伸断裂后的宏观断口形貌。在 300 ℃以下的测试温度下，所有样品的断口表面都不均匀，局部存在较大的断裂棱台。在 400 ℃测试时，R-WYZ、A1400R-WYZ 和 A1600R-WYZ 试样的断口均出现明显的局部分层，裂纹平行于 TD 方向贯穿整个断口。相比之下，T-WYZ 试样在 500 ℃拉伸后才开始出现明显的分层断裂。

500 ℃下测试的 R-WYZ 试样的断口 SEM 显微形貌和韧窝中球状颗粒的能谱图如图 5-26 所示，元素组成也证实了韧窝中球状颗粒为 Y-Zr-O 颗粒。高温拉伸试验中，在拉应力作用下 Y-Zr-O 颗粒与 W 基体的弹性模量差异是发生第二相从 W 基体中剥离的主要原因。位错在变形晶粒中的滑移主要是沿拉长晶粒的主轴方

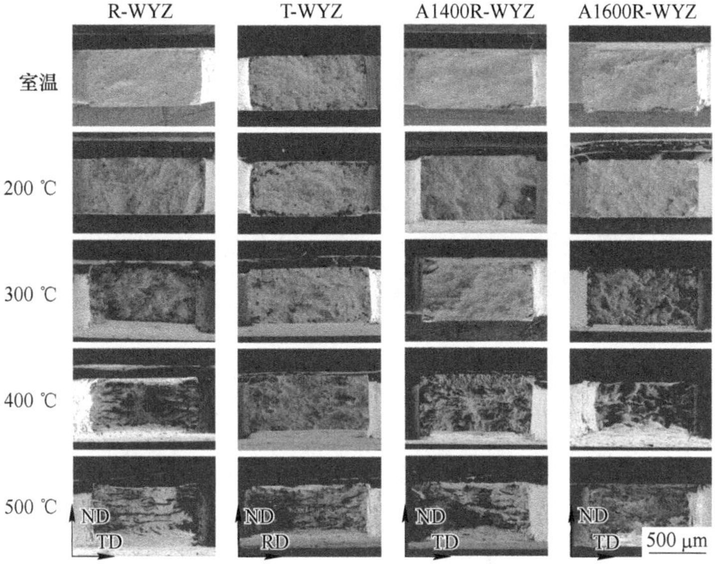

图 5-25 不同取向和退火态 WYZ 复合材料试样的低倍断口 SEM 显微形貌
(在每一列图像的左下角说明了要应用于每一列图像的断裂面取向,
适用于所有显微形貌图像的长度比例尺显示在整个图像的右下角)

向进行的。T-WYZ 试样断口 (RD-ND 面) 的晶粒长度小于 R-WYZ 试样断口 (TD-ND 面)。低位错滑移能力抑制了晶粒间塑性变形, 促进了裂纹的快速形核和扩展, 导致 R-WYZ 试样和 T-WYZ 试样的抗拉强度和伸长率具有严重的各向异性。

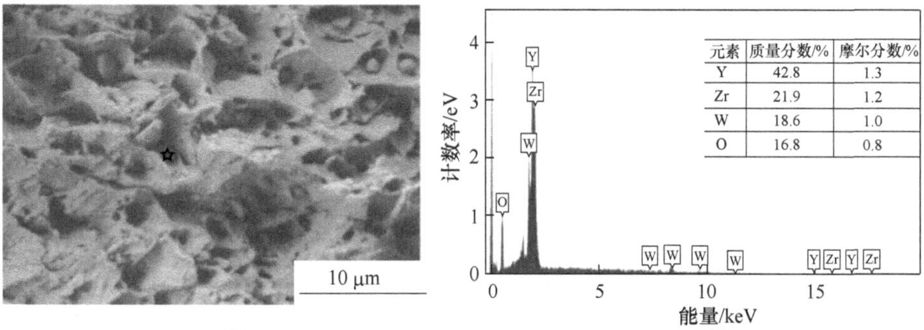

(a) (b)

图 5-26 500 ℃下测试的 R-WYZ 试样的断口 SEM 显微形貌
(a) 和韧窝中球状颗粒的能谱图 (b)
((b) 对应图 (a) 中的五星标记)

5.4.3 WYZ 复合材料拉伸断裂行为分析

为了进一步研究 Y-Zr-O 颗粒在 W 基体拉伸断裂过程中的作用机制, 继续选取 R-WYZ 试样在室温至 500 ℃下拉伸断裂后的样品断口侧面进行 SEM 表征分析得到的 SEM 显微形貌如图 5-27 所示。从图中可以观察到，在室温至 200 ℃拉伸断裂后样品断口侧面没有明显的塑性变形。

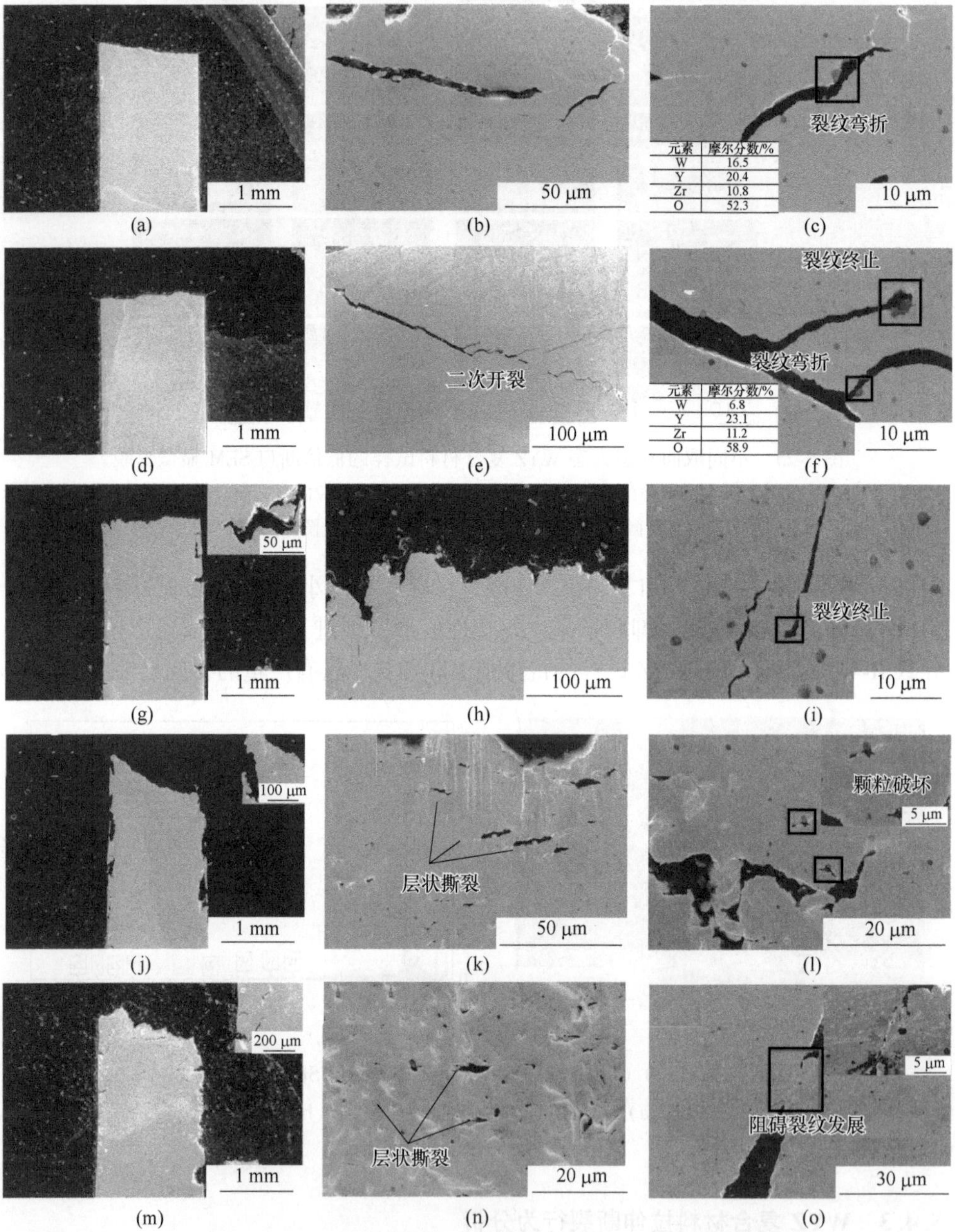

图 5-27　R-WYZ 试样在拉伸测试后的断口侧面 SEM 显微形貌

(a)~(c) 室温；(d)~(f) 200 ℃；(g)~(i) 300 ℃；(j)~(l) 400 ℃；(m)~(o) 500 ℃

由于在拉伸应力加载过程中，晶体取向发生转变，使有效位错滑移方向（单轴拉伸）平行于施加应力方向，拉伸过程中的塑性变形也会导致织构类型的转变。图 5-28 为不同拉伸温度下 R-WYZ 试样断裂侧的 ODF 截面图（$\varphi_2=45°$）。在室温拉伸断裂后，除了 γ 织构，在断裂侧开始出现较强的 α 织构，这是因为 α 织构是典型的拉伸织构。表 5-4 给出了图 5-28 中 α 织构、γ 织构和 θ 织构的体积分数随测试温度升高的变化。总的来说，随着试验温度的升高，α 织构和 γ 织构的体积分数显著增加，而 θ 织构的体积分数始终在 11%以下波动。因而，随着拉伸断裂变形量的增加，WYZ 试样中的晶体取向更倾向于转变为 α 织构和 γ 织构，相应的 α 织构和 γ 织构也可以理解为容易发生塑性变形的取向。

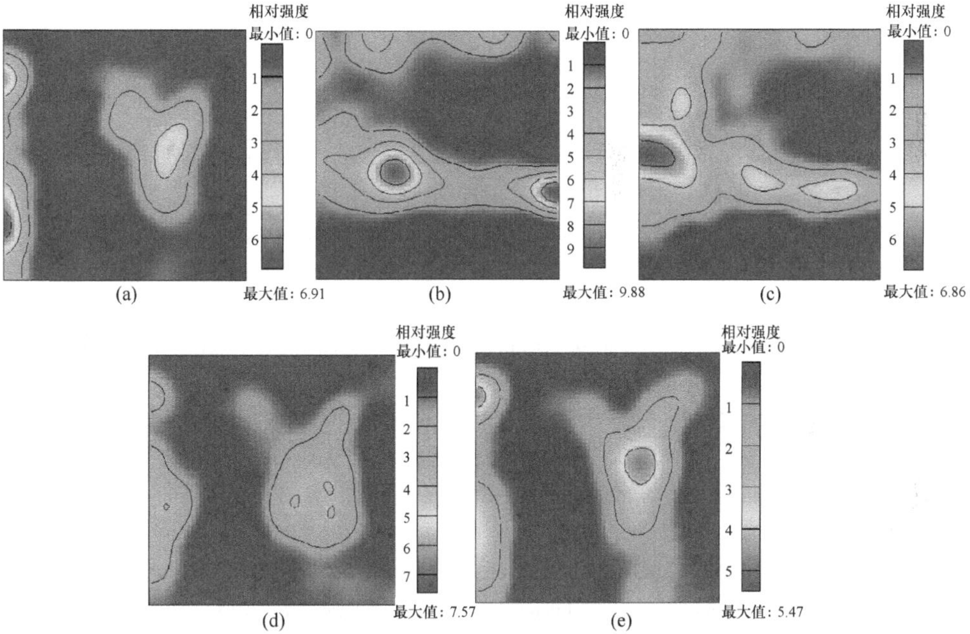

图 5-28　不同拉伸温度下 R-WYZ 试样断裂侧的 ODF 截面图（$\varphi_2=45°$）

（a）室温；（b）200 ℃；（c）300 ℃；（d）400 ℃；（e）500 ℃

表 5-4　室温至 500 ℃拉伸温度下 R-WYZ 试样原始状态的 RD-TD 面和断口侧面的定量织构参数

试样截面	体积分数/%			最大取向密度
	α 织构	γ 织构	θ 织构	
室温（RT）断裂截面	26.54	13.33	10.32	6.91
200 ℃断裂截面	29.15	14.44	8.14	9.88
300 ℃断裂截面	41.29	36.74	6.65	6.86
400 ℃断裂截面	39.52	35.16	5.84	7.57
500 ℃断裂截面	35.53	29.28	10.23	5.47

参考文献

[1] KLEYN A W, KOPPERS W, CARDOZO N L. Plasma-surface interaction in the context of ITER [J]. Vacuum, 2006, 80 (10): 1098-1106.

[2] ROTH J, TSITRONE E, LOARTE A, et al. Recent analysis of key plasma wall interactions issues for ITER [J]. Journal of Nuclear Materials, 2009, 390: 1-9.

[3] LINKE J, DU J, LOEWENHOFF T, et al. Challenges for plasma-facing components in nuclear fusion [J]. Matter and Radiation at Extremes, 2019, 4 (5): 75-92.

[4] ZHANG X X, YAN Q Z. The thermal crack characteristics of rolled tungsten in different orientations [J]. Journal of Nuclear Materials, 2014, 444 (1/2/3): 428-434.

[5] RIETH M, DUDAREV S L, GONZALEZ S M, et al. Recent progress in research on tungsten materials for nuclear fusion applications in Europe [J]. Journal of Nuclear Materials, 2013, 432 (1/2/3): 482-500.

[6] KAPPACHER J, LEITNER A, KIENER D, et al. Thermally activated deformation mechanisms and solid solution softening in W-Re alloys investigated via high temperature nanoindentation [J]. Materials and Design, 2020, 189: 108499.

[7] HUANG B, TANG J, CHEN L Q, et al. Design of highly thermal-shock resistant tungsten alloys with nanoscaled intra- and inter-type K bubbles [J]. Journal of Alloys and Compounds, 2019, 782: 149-159.

[8] HUANG B, CHEN L P, QIU W B, et al. Correlation between the microstructure, mechanical/thermal properties, and thermal shock resistance of K-doped tungsten alloys [J]. Journal of Nuclear Materials, 2019, 520: 6-18.

[9] SRIVASTAV A K, CHAWAKE N, YADAV D, et al. Localized pore evolution assisted densification during spark plasma sintering of nanocrystalline W-5wt. % Mo alloy [J]. Scripta Materialia, 2019, 159: 41-45.

[10] XU M Y, LUO L M, ZHOU Y F, et al. Helium irradiation behavior of tungsten-niobium alloys under different ion energies [J]. Fusion Engineering and Design, 2018, 132: 7-12.

[11] TAN X Y, LUO L M, CHEN H Y, et al. Mechanical properties and microstructural change of W-Y_2O_3 alloy under helium irradiation [J]. Scientific Reports, 2015, 5 (1): 1-18.

[12] HU W Q, DONG Z, WANG H, et al. Microstructure refinement and mechanical properties improvement in the W-Y_2O_3 alloys via optimized freeze-drying [J]. International Journal of Refractory Metals and Hard Materials, 2021, 95: 105453.

[13] YAO G, LUO L, WU Y C, et al. Effect of Y_2O_3 particles on the helium ion irradiation damage of W-2% Y_2O_3 composite prepared by wet chemical method [J]. Materialia, 2019, 6: 100268.

[14] CHEN Z, YANG J J, ZHANG L, et al. Effect of La_2O_3 content on the densification, microstructure and mechanical property of W-La_2O_3 alloy via pressureless sintering [J]. Materials Characterization, 2021, 175: 111092.

[15] LIU L, LI S Z, LIU D P, et al. Surface damages of polycrystalline W and La_2O_3-doped W

induced by high-flux He plasma irradiation [J]. Journal of Nuclear Materials, 2018, 501: 275-281.

[16] LANG E, SCHAMIS H, MADDEN N, et al. Recrystallization suppression through dispersion-strengthening of tungsten [J]. Journal of Nuclear Materials, 2021, 545: 152613.

[17] WANG M M, DENG H W, WANG H, et al. Fabrication and stability of ultrafine ZrC nanoparticles dispersion strengthened sub-micrometer grained W alloy [J]. Fusion Engineering and Design, 2021, 169: 112483.

[18] HU W Q, KONG X W, DU Z F, et al. Synthesis and characterization of nano TiC dispersed strengthening W alloys via freeze-drying [J]. Journal of Alloys and Compounds, 2021, 859: 157774.

[19] GIETL H, RIESCH J, COENEN J W, et al. Production of tungsten-fibre reinforced tungsten composites by a novel continuous chemical vapour deposition process [J]. Fusion Engineering and Design, 2019, 146: 1426-1430.

[20] MIYAZAWA T, GARRISON L M, GERINGER J W, et al. Neutron irradiation effects on the mechanical properties of powder metallurgical processed tungsten alloys [J]. Journal of Nuclear Materials, 2020, 529: 151910.

[21] ZHAO B L, XIE Z M, LIU R, et al. Fabrication of an ultrafine-grained W-ZrC-Re alloy with high thermal stability [J]. Fusion Engineering and Design, 2021, 164: 112208.

[22] DONG Z, MA Z Q, YU L M, et al. Enhanced mechanical properties in oxide-dispersion-strengthened alloys achieved via interface segregation of cation dopants [J]. Science China Materials, 2021, 64 (4): 987-998.

[23] LI X Y, ZHANG L, WANG G H, et al. Microstructure evolution of hot-rolled pure and doped tungsten under various rolling reductions [J]. Journal of Nuclear Materials, 2020: 152074.

[24] YAO G, TAN X Y, FU M Q, et al. Isotropic thermal conductivity in rolled large-sized W-Y_2O_3 bulk material prepared by powder metallurgy route and rolling deformation technology [J]. Fusion Engineering and Design, 2018, 137: 325-330.

[25] XIE Z M, LIU R, MIAO S, et al. High thermal shock resistance of the hot rolled and swaged bulk W-ZrC alloys [J]. Journal of Nuclear Materials, 2016, 469: 209-216.

[26] XUE K M, ZHOU Y F, TIAN W C, et al. Texture evolution and deformation-induced amorphization in high pressure torsion of W [J]. Materials Today Communications, 2020, 24: 101178.

[27] WANG Y M, AKTAA J. Microstructure and texture in W and W-1wt% La_2O_3 processed by high-pressure torsion [J]. Scripta Materialia, 2017, 139: 22-25.

[28] XIE Z M, MIAO S, LIU R, et al. Recrystallization and thermal shock fatigue resistance of nanoscale ZrC dispersion strengthened W alloys as plasma-facing components in fusion devices [J]. Journal of Nuclear Materials, 2017, 496: 41-53.

[29] WANG M M, XIE Z M, DENG H W, et al. Thermal shock fatigue behaviors of various W-0.5wt% ZrC materials under repetitive transient heat loads [J]. Journal of Nuclear Materials, 2020, 534: 152152.

[30] LIAN Y Y, LIU X, FENG F, et al. Manufacturing and high heat flux testing of brazed flat-type W/CuCrZr plasma facing components [J]. Plasma Science and Technology, 2016, 18 (2): 184-189.

[31] LI Y G, ZHENG Q R, WEI L M, et al. A review of surface damage/microstructures and their effects on hydrogen/helium retention in tungsten [J]. Tungsten, 2020, 2 (1): 34-71.

[32] KAJITA S, SAKAGUCHI W, OHNO N, et al. Formation process of tungsten nanostructure by the exposure to helium plasma under fusion relevant plasma conditions [J]. Nuclear Fusion, 2009, 49 (9): 095005.

[33] HAMMOND K D. Helium, hydrogen, and fuzz in plasma-facing materials [J]. Materials Research Express, 2017, 4 (10): 104002.

[34] EL-ATWANI O, TAYLOR C N, FRISHKOFF J, et al. Thermal desorption spectroscopy of high fluence irradiated ultrafine and nanocrystalline tungsten: Helium trapping and desorption correlated with morphology [J]. Nuclear Fusion, 2017, 58 (1): 016020.

[35] SHU W M, WAKAI E, YAMANISHI T. Blister bursting and deuterium bursting release from tungsten exposed to high fluences of high flux and low energy deuterium plasma [J]. Nuclear Fusion, 2007, 47 (3): 201-209.

[36] ZHANG X X, YAN Q Z. The thermal crack characteristics of rolled tungsten in different orientations [J]. Journal of Nuclear Materials, 2014, 444 (1/2/3): 428-434.

[37] YAO G, TAN X Y, LUO L M, et al. Surface damage evolution during transient thermal shock of W-2vol% Y_2O_3 composite material in different surfaces [J]. Fusion Engineering and Design, 2019, 139: 86-95.

[38] ZHANG X, YAN Q. Morphology evolution of La_2O_3 and crack characteristic in W-La_2O_3 alloy under transient heat loading [J]. Journal of Nuclear Materials, 2014, 451 (1/2/3): 283-291.

[39] XIAO F N, XU L J, ZHOU Y C, et al. A hybrid microstructure design strategy achieving W-ZrO_2 (Y) alloy with high compressive strength and critical failure strain [J]. Journal of Alloys and Compounds, 2017, 708: 202-212.

[40] SHEN T, DAI Y, LEE Y. Microstructure and tensile properties of tungsten at elevated temperatures [J]. Journal of Nuclear Materials, 2016, 468: 348-354.

[41] VELEVA L, SCHAEUBLIN R, BATTABYAL M, et al. Investigation of microstructure and mechanical properties of W-Y and W-Y_2O_3 materials fabricated by powder metallurgy method [J]. International Journal of Refractory Metals and Hard Materials, 2015, 50: 210-216.

6 钨基热电子发射阴极的性能与应用

磁控管、速调管和行波管等微波真空电子器件的发明，极大地推动了雷达、通信、广播、粒子加速器、微波遥感、微波加热、材料处理等领域的发展。发射电子束的电子源是真空电子器件的关键部件之一，而高电流密度热电子发射阴极仍是真空电子器件（包括太赫兹器件）的首选。本章介绍了钨基热电子发射阴极材料的发展历史，阐述了热电子发射特性曲线，并分析了影响热电子发射阴极性能的主要因素；随后，系统介绍了目前微波真空电子器件中常用的钡钨阴极、覆膜浸渍扩散型阴极、含钪阴极等钨基扩散型阴极的热电子发射性能与研究现状；最后，阐述了放电等离子钨基电极材料和焊接钨基电极材料的研究与应用。

6.1 热电子发射阴极概述

热电子发射阴极（简称热阴极）是指通过阴极材料的热电子发射（简称热发射）而获得电子流的一种阴极。根据加热方式的不同，热阴极可分为直热式阴极和间热式阴极。直热式阴极是对发射体或组成发射体的基体金属直接通电进行加热；间热式阴极则采用熔点高、蒸发率低、电阻小的难熔金属丝材制成热子，通过对热子通电加热，再由热子将热量辐射和传导给发射体阴极。金属内部的电子能量分布遵循麦克斯韦分布，电子的能量随温度的升高而增加。当物体的温度足够高时，其中一部分电子的能量足以克服阻碍它们逸出的能垒，从而从阴极表面进入真空，形成热电子发射。

6.1.1 热阴极材料体系的发展历史

热阴极的发展经历了纯金属阴极、原子膜阴极、氧化物阴极、扩散型阴极及其各种变种、含钪阴极的演变（见图 6-1），阴极的发射电流密度水平不断提高。难熔金属钨是历史最悠久的热电子发射阴极材料，尽管其功函数较高（约 4.5 eV），但是将其加热到高温时可获得较大的热电子发射电流密度（约 1 A/cm^2）。

20 世纪初期，钨丝主要应用于白炽灯泡，直到 20 世纪 30 年代电子显微镜的发明，钨丝锥开始作为热阴极材料用来发射电子。金属钨作为热电子发射材料有其独特的优势，如熔点高、工作时不需要极高的真空条件、原料易于获取等。然而，金属钨阴极发射电子的温度较高，严重影响了其使用寿命。研究发现，在金

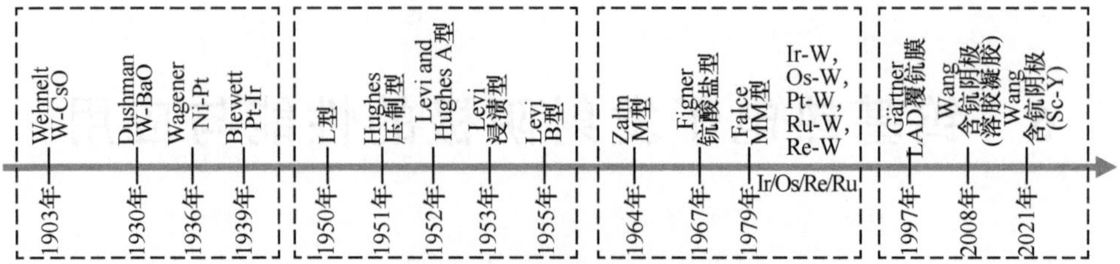

图 6-1 热阴极材料体系的发展历史

属钨中加入少量的 ThO_2 能显著提高钨的热电子发射能力。将掺杂 ThO_2 的钨丝在 2000 ℃有机物气氛下碳化，得到 W_2C 表面层，然后在 2000 ℃真空高温处理，ThO_2 迅速分解并在钨丝表面形成一层 Th 原子。由于 Th 原子的极化作用，W 的功函数从 4.5 eV 降低到 2.6 eV，在 2000 K 时发射电流密度可达 4 A/cm^2，早期被广泛应用到微波炉、广播通信、雷达探测等领域。然而，由于金属钍具有放射性危害，钍钨阴极逐渐被碱土金属氧化物涂覆钨阴极替代。此外，研究发现 Zn、Cd、Zr 等金属的氧化物也能降低纯金属阴极的功函数。然而，当氧化物涂层热蒸发损失或剥落后，阴极会迅速失效。1950 年，Philips 公司的 Lemmens[1] 将碱土金属碳酸盐置于一个存储腔中，再将多孔钨海绵体置于存储腔上方，通过加热分解存储腔中的碱土金属碳酸盐，使碱土金属氧化物能够源源不断地扩散至钨表面，有效延长了阴极的使用寿命。这种结构的阴极被称为 L 型阴极。Kapitsa、Coppola 等人[2-3] 简化了 L 型阴极的制备工艺，将碱土金属氧化物和钨粉混合均匀后压制、烧结成阴极，但氧化物的加入降低了钨粉的烧结性能和导电性能。1955 年，Philips 公司的 Levi[4] 将钨粉烧结成多孔钨海绵体，再将含钡的碱土金属氧化物高温熔化浸渍到钨海绵体中，制成的阴极被称为浸渍型阴极（钡钨阴极或 B 型阴极）。钡钨阴极电子发射性能良好，工作稳定，制备工艺成熟，至今仍在各种真空电子器件中广泛应用。1966 年，Philips 公司的 Zalm 等人[5] 通过激光脉冲沉积法在钡钨阴极表面沉积一层 Os 薄膜，将钡钨阴极的电子发射能力提高了 1 倍。这种高发射电流密度的阴极被当时的研究者称为“Magic”热阴极，即 M 型阴极。1967 年，Iigich 等人[6] 将 Sc_2O_3 添加到阴极中，制备了最早的含钪阴极（也称为钪酸盐阴极），使热阴极的电子发射能力提高了一个数量级。当前，含钪阴极之后不断改进阴极基体成分和结构，材料仍是热阴极领域中最受关注的热电子发射材料。

钡钨阴极、M 型阴极和含钪阴极是目前在真空电子器件中实际应用的三类主要的热阴极材料，如图 6-2 所示。钡钨阴极是在多孔钨海绵体内浸渍 BaO、CaO、Al_2O_3 且以一定的物质的量之比（4∶1∶1、5∶3∶2、6∶2∶1 等）组成的活性盐制成，因其关键的活性元素为钡而得名。钡钨阴极的制备工艺已经相当成熟，具有发射稳定、制备工艺简单、重复性好等优点。钡钨阴极的工作温度为 1100~

1150 ℃，在此温度下直流电流密度可达 10 A/cm^2，有效逸出功为 1.9~2.0 eV，并且具有一定的耐离子轰击能力，以及较强的抗中毒性能。相较于钡钨阴极，M 型阴极具有更高的热电子发射能力，在 1000 ℃即可获得超过 10 A/cm^2 的电子发射电流密度，而且抗中毒能力高，但是 M 型阴极的膜层容易脱落，且在长时间高温工作过程中会不断向基体内部扩散而损耗，导致阴极发射性能下降。含钪阴极具有最高的电子发射水平，在 1000 ℃能够获得超过 100 A/cm^2 的电子发射电流密度。然而，其缺点是制备工艺重复性和环境适应性相对较差。此外，含钪阴极在服役过程中遭受离子轰击后，电子发射性能会急剧下降且无法恢复，这成为其实际应用的主要瓶颈。

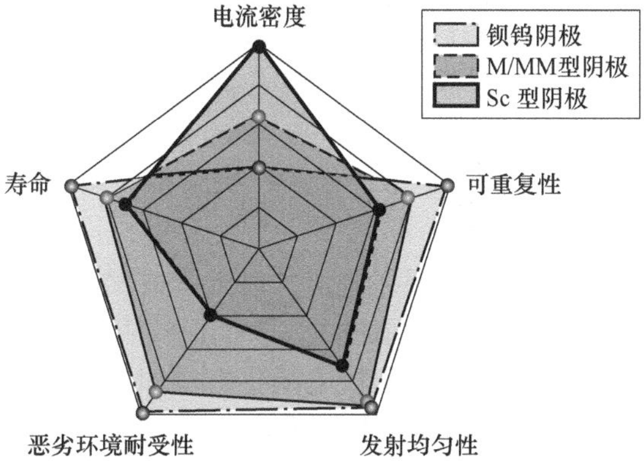

图 6-2　三类常用热阴极的综合使用性能比较

6.1.2　热阴极电子发射特性

热阴极电子发射性能通常是通过将热阴极组装成平板二极管并测试其伏安特性曲线而获得。理想的二极管具有两个特征：一是阴极表面上各处的功函数相同，且温度分布均匀；二是电极间各处的电场分布均匀。

理想二极管热发射伏安特性曲线如图 6-3 所示。可以将曲线分成两部分，第

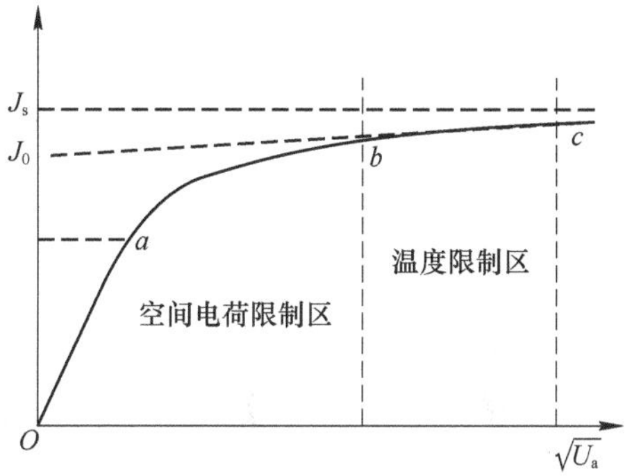

图 6-3　理想二极管的伏安特性曲线

一部分称为“空间电荷限制区”（Oab 段），第二部分称为“温度限制区”（bc 段）。当阴极温度一定时，阴极的电子发射电流密度一开始随着阳极电压的升高而迅速增大。当阳极电压 U_a 升高到一定值时，阴极发射电流增加变缓，最后阴极发射电流趋于稳定，这时的电流称为饱和电流，用 J_s 表示。

理查森（W. Richardson）从经典电子论出发，运用热力学关系推导得到热发射电流 J_ϵ 公式：

$$J_\epsilon = A_1 \cdot T^{\frac{1}{2}} \cdot \exp\left(-\frac{b_1}{T}\right) \tag{6-1}$$

该公式称为理查森公式。在理查森公式的基础上，德施曼（S. Dushman）运用量子力学统计理论推导出了更加符合实际的热电子发射公式：

$$J_0 = A_1 \cdot T^2 \cdot \exp[-\phi_0/(kT)] \tag{6-2}$$

式中，J_0 为零场发射电流密度，是在某一工作温度下，作用在阴极表面的外电场强度 $E=0$ 时阴极表面发射电子的电流密度，A/cm^2；A_1 为阴极发射常数，其值为 120 $A/(cm^2 \cdot K^2)$；T 为阴极温度，K；ϕ_0 为阴极的逸出功，eV；k 为玻耳兹曼常数。

理论上讲，当阳极电压上升到一定值，以致阴极发射的电子全部到达阳极，这时电流变得饱和。此后继续增加阳极电压，而保持阴极温度不变，其电流应该保持不变。然而，实验结果显示，阳极电流仍有增加，而且几乎是随 U_a 增大而缓慢地呈线性增大。这种随着外加电压的升高，阴极的发射电流持续增加未发生明显偏离的现象称为异常肖特基效应。加速电场区作用下阴极电子发射电流密度：

$$\lg J_\varepsilon = \lg J_0 + 0.191(\alpha U_a)^{\frac{1}{2}}/T \tag{6-3}$$

式中，α 为形状系数。

当阴极温度一定时，$\lg J_\varepsilon$ 与 $U_a^{\frac{1}{2}}$ 呈线性关系。延长直线部分直到 $U_a=0$，与纵坐标相交的截距为 $\lg J_0$，这也是用实验确定零场电流密度的方法之一，称为肖特基直线外延法。

在空间电荷限制的条件下，阳极电流 J_a 随阳极电压 U_a 和阴极温度 T 的变化关系是复杂的。因为在空间电荷限制区，极间存在电位最低点的虚阴极，其位置和该处电位的大小随 U_a、T 和 J_a 的变化而变化。此时，阳极电流密度为

$$J_a = \frac{4_{\varepsilon_0}}{9} \cdot \sqrt{\frac{m}{2e}} \cdot \frac{U_a^{\frac{3}{2}}}{d^2} \approx 2.335 \times 10^{-6} \times U_a^{\frac{3}{2}}/d^2 \tag{6-4}$$

式中，d 为阴、阳极间距，cm。

6.1.3　热阴极电子发射性能的影响因素

影响热阴极电子发射性能的因素有很多，包括阴极基体材料、表面功函数、

阴极工作温度、基体孔隙率、面孔率及孔的分布等。阴极材料的功函数越低，阴极的电子发射能力越强，而阴极功函数又与阴极的基体材料、表面暴露面、工作温度、面孔率及孔的分布密切相关。基体材料不同，对阴极表面活性物质的吸附能力也不同，这会影响阴极表面活性物质的组成，进而影响阴极的功函数。一般来说，温度越高，热阴极的电子发射能力越强。然而，热阴极电子发射能力与温度之间存在一个临界温度，即当温度高到热阴极表面活性物质 Ba 的蒸发速率超过从基体扩散出来的速率时，热阴极的电子发射能力反而随温度的升高而降低。通常，热阴极的工作温度都低于这一临界温度。基体孔隙率主要影响活性物质的存储和活性物质与基体的接触面积。其中，活性物质的存储影响阴极的使用寿命，而活性物质与基体的接触面积主要影响激活过程中基体与活性物质的化学反应能力。根据实践经验，基体孔隙率控制在 22%～26%较为合适。过高的基体孔隙率会影响阴极的导电性能，反而不利于热阴极的电子发射。此外，孔隙率的大小也会对阴极表面活性物质的蒸发产生直接影响。图 6-4(a) 是覆膜阴极在不同温度和工作时长下的蒸发速率关系曲线，其中，ML 和 MC 分别表示低孔隙率和高孔隙率的覆膜阴极。由图 6-4(a) 可看出，孔隙率越高，活性物质蒸发速率越快。此外，基体的孔隙率还影响活性盐的浸渍量，并进一步影响阴极的电子发射能力。图 6-4(b) 是阴极基体孔隙率与活性盐浸渍量之间的关系曲线，可以看出活性盐浸渍量随基体孔隙率的升高而增大。阴极基体面孔率主要影响活性物质的扩散速率和蒸发速率，面孔率越高，活性物质的扩散速率和蒸发速率越快。阴极表面孔的分布会影响活性物质的扩散和分布，从而影响阴极的电子发射均匀性。因此，性能优异的阴极都具有均匀的孔分布。除此之外，影响热阴极电子发射性能的因素还包括阴极制备和存储的环境（如湿度、温度）、阴极浸渍所用的活性盐种类、阴极激活温度与时间等。

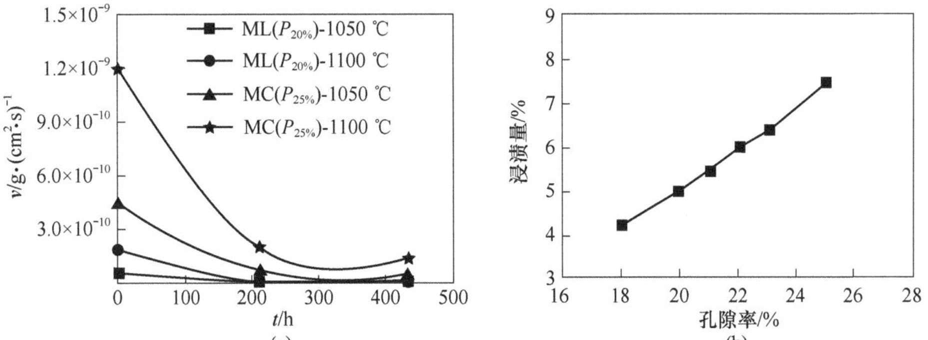

图 6-4 阴极基体孔隙率对 M 型热阴极性能的影响

（a）覆膜阴极在不同温度和工作时长下的蒸发速率关系曲线；

（b）阴极基体孔隙率与活性盐浸渍量之间的关系曲线

6.2　钨基扩散型阴极材料

钨基扩散型阴极（tungsten matrix dispenser cathods）通常是以多孔钨或钨基合金为基体，活性物质均匀分布在基体孔隙内（见图 6-5）。活性物质为钡钙铝酸盐、钪酸盐等。连通的孔隙为活性物质传输至阴极表面提供了通道。活性物质在高温激活过程中与基体金属发生复杂的化学反应，并在表面形成 Ba-O 活性层，这能显著降低阴极基体金属的逸出功，从而提升阴极的电子发射能力。由于其具耐高温、电子发射能力好的优点，钨基扩散型阴极能够满足多种真空电子器件对阴极电子源性能的要求。

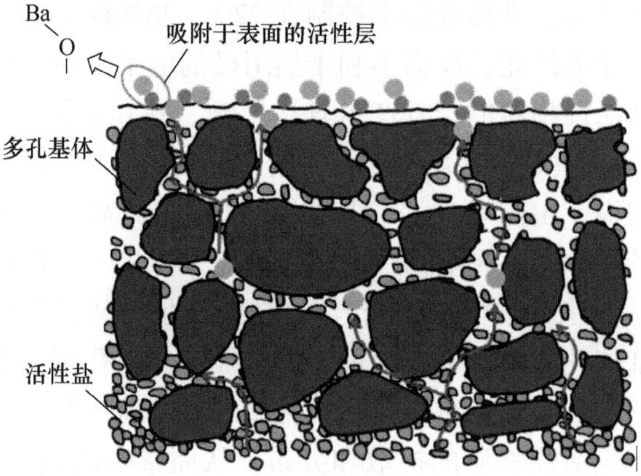

图 6-5　浸渍型热阴极的结构模型示意图

扩散型阴极按历史发展经历了储备式阴极（L 型）、钡钨阴极（B 型，包括浸渍型和压制型两种）、覆膜浸渍扩散型阴极（M 型）、混合基浸渍扩散型阴极（MM 型）和含钪浸渍扩散型阴极几类。此外，除了添加 Sc_2O_3，添加少量其他稀土氧化物（如 Y_2O_3、Lu_2O_3 等）的钨基阴极经过高温激活后，阴极发射能力也有所提升，这种也属于钨基扩散型阴极。

6.2.1　储备式阴极

最早的储备式阴极（L 型）于 1950 年由 Philips 公司的 Lemmens 研发。他将细钨粉压制、烧结成多孔的钨海绵体，并加工成圆饼状，再将钨海绵体通过熔焊或钎焊在钼的支撑物上，两者之间形成一个小空腔，内部装有碱土金属碳酸盐和少量激活剂。当阴极在高温下加热时，碳酸盐逐渐分解为氧化物，钨和激活剂与 BaO 发生反应生成自由钡，并扩散至阴极表面形成一层自由钡的单原子层或 Ba-O 原子层。L 型阴极具有发射能力好和寿命长的优点，通常在 1400 K 时可支取发射电流密度大于 5 A/cm^2，寿命超过 1000 h。在较低的工作温度下，支取约 1 A/cm^2 电流密度时，则有上万小时的寿命。

由于 L 型阴极的表面覆盖层能够不断得到从小存储腔内获得扩散出来的钡供给，能够很好地补偿因蒸发、气体毒害和离子轰击等造成的表面活性钡的损耗。L 型阴极的寿命主要取决于钡的损耗速率及其储备量，有时也会因钨海绵体的通孔堵塞而导致阴极寿命终结。然而，钨海绵体与钼支撑物之间的密封焊接比较困难，储存活性物质的存储腔的存在使得传热效率较低，导致阴极表面温度不够均匀。目前，L 型阴极已很少使用。

6.2.2 钡钨阴极

钡钨阴极（B 型）是通过将钡铝酸盐浸渍于钨基海绵体中制备而成。之后在浸渍钡铝酸盐中添加了氧化钙以降低自由钡的蒸发损失，并使热发射性能提升，工作寿命延长[7]。钡钨阴极的剖面结构示意图如图 6-6 所示。钨海绵体是将适当颗粒度的高纯钨粉压制成型，然后在氢气炉或真空炉中于 2000 ℃左右高温烧结制成。有时为了改善钨海绵体坯料的机械加工性能，可先将钨海绵体坯料浸入熔融铜液，冷却后再加工成符合形状尺寸要求的钨海绵体，最后在真空炉中加热使孔隙中的铜熔化并去除。

钡钨阴极继承了 L 型阴极的优点，钨基海绵体内有足够的活性物质储备，但取消了单独的储存小室，改用钡的耐熔盐（如铝酸盐、钨酸盐、钪酸盐等）代替碳酸盐作为活性物质，从而解决了 L 型阴极排气时间过长的问题。在发射电流相同的情况下，钡钨阴极的工作温度比 L 型的低 70 ℃，阴极功函数低至 2.1 eV。浸渍活性物质的组成对钡钨阴极的发射性能有直接影响，较理想的组成为氧化钡、氧化钙、氧化铝的物质的量之比为 5∶3∶2、4∶1∶1 或 6∶1∶2。钡钨阴极较好的发射性能通常归因于活性钡的“偶极子模型”和“过量钡吸附模型”。活性钡在高温下通过通孔从钨基体内部扩散至表面，形成 Ba-O 偶极子，导致表面功函数显著降低，从而使发射能力提升。持续的钡扩散供应至表面，消除了表面

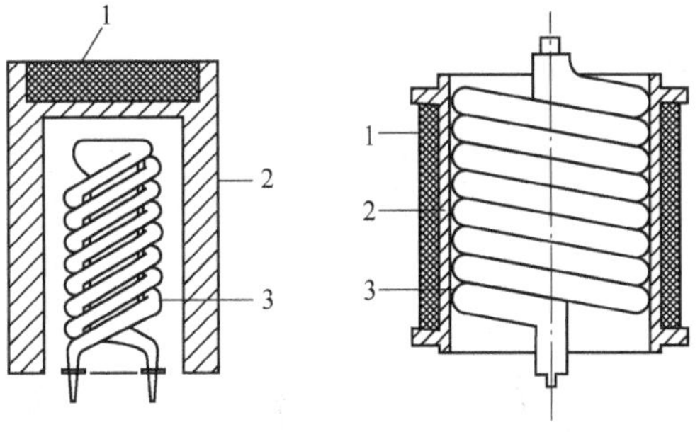

图 6-6 钡钨阴极的剖面结构示意图

1—孔隙中存储有活性物质的钨海绵体；2—钼支撑体；3—热子件

活性钡的蒸发损失，保障了阴极的发射能力。Lu 指出，氧在热激活过程中也起到重要作用。当氧浓度为 $5\times10^{14}\ cm^{-2}$ 或更低时，氧倾向于扩散至最外层，形成最稳定的、具有最低功函数的复杂 Ba-(W,O) 结构；而更高的氧浓度会导致形成非最稳定的 Ba-O-(W,O) 结构，功函数升高，发射性能降低[8]。阴生毅等人采用同步辐射光电子谱对热激活前后的浸渍型钡钨阴极表面进行分析，认为激活后阴极表面分布的吸附氧使钨基体和表面的钡均产生吸附氧化，钡在阴极表面主要以吸附化合物 $Ba_m\cdot O_n(m\leqslant n)$ 的形式存在[9]。

近些年来，基于密度泛函理论的第一性原理计算被用于研究阴极的表面功函数和稳定性。图 6-7 展示了 W-Ba-O 体系中不同 Ba、O 在 8 个低指数钨晶面的吸附稳定性[10]。根据计算结果，表面钨与氧成键再吸附附近的钡，在所有 Ba 与 O 的原子比小于 1 的化合物中，$Ba_{0.125}O$ 或 $Ba_{0.25}O$ 是热力学上最有利的。此外，阴极的表面功函数显著降低至 2.0 eV 以下，这与实验测试的结果一致。因此，钨基体表面形成的 $Ba_{0.125}O$ 或 $Ba_{0.25}O$ 是 B 型阴极性能显著提升的重要原因。

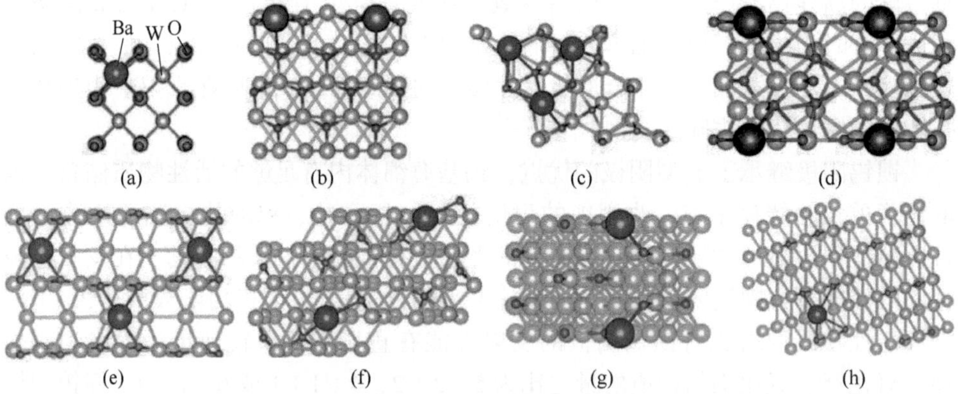

图 6-7　可视化模块分析的不同钨晶面表面吸附 Ba/O 原子的最稳定结构模型
(a) (001) 面；(b) (011) 面；(c) (111) 面；(d) (210) 面；
(e) (211) 面；(f) (221) 面；(g) (310) 面；(h) (311) 面

6.2.3　覆膜钨基浸渍扩散型阴极

覆膜钨基浸渍扩散型阴极简称为 M 型阴极，最早于 20 世纪 60 年代末期由 Zalm 等人发明，他们采用溅射的方法在浸渍型钡钨阴极（B 型）表面沉积一层 Os/Ir/Re/Ru 贵金属膜。覆贵金属膜使 B 型阴极的发射电流密度提升 2~3 倍，工作温度降低 70~100 ℃，且具有较好的抗离子轰击能力。例如，覆 Os 膜和 W-Re-Os 三元合金膜可使阴极在 950 ℃分别获得 4.3 A/cm^2 和 7.2 A/cm^2 的发射电流密度，而覆 W-Ru-Os 三元合金膜的 M 型阴极在 1050 ℃获得 30 A/cm^2 电流密度时工作寿命可达 1.0×10^5 h[11]。

通过研究 Hf、Ta、Re、Os、Ir、Pt、Au 等贵金属组成的 M 型阴极，发现添加 Re、Os、Ir 等金属元素能够显著提高热阴极电子发射能力（见图 6-8），而其他金属覆膜对阴极电子发射能力并没有明显提升。

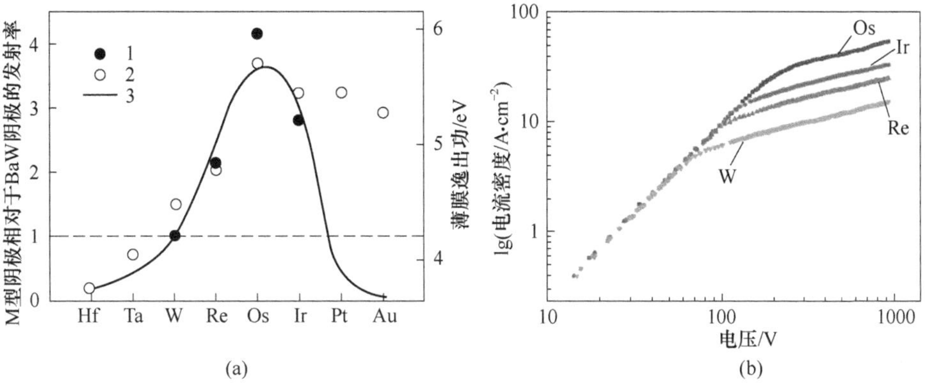

图 6-8　覆膜阴极的电子发射能力比较

（a）贵金属元素膜对阴极电子发射能力的比较；

（b）覆纯金属 Os、Ir、Re 膜阴极电子发射能力与未覆膜 W 阴极发射能力对比

（图（a）中点 1 为不同覆膜 M 型阴极相对传统钨钡阴极的发射率比值，点 2 为不同难熔金属薄膜的逸出功，线 3 为基于点 1 的理论模拟曲线）

6.2.3.1　覆铼膜 M 型阴极

在钡钨阴极表面覆一层铼（或钨铼合金）薄膜被称为覆铼膜 M 型阴极。覆铼膜阴极最早于 1966 年由 Philips 公司的 P. Zalm 发明，他在扩散型钡钨阴极表面镀一层 0.1~1 μm 的纯铼薄膜后，热电子发射能力提高 2~3 倍，在 1000 ℃下能够获得约 10 A/cm^2 的零场电流密度（见图 6-9(a)）。覆铼膜 M 型阴极在激活初始阶段，阴极表面被铼覆盖，检测不到钨或钨的 XPS 信号极弱。当激活温度达到 750 ℃时，阴极表面检测到钨的 XPS 信号峰略有增强。随着阴极激活温度的继续升高，基体中的钨向表面扩散加速。当阴极激活温度达到 1000 ℃时，阴极表面钨的信号峰已经非常明显，如图 6-9(b) 所示。另外，激活过程中阴极表面并未探测到钨和铼的高价态信号峰，这说明阴极表面的铼和钨并未参与激活过程中生成活性元素的化学反应。

6.2.3.2　覆锇膜 M 型阴极

最早的覆锇膜 M 型阴极是由 P. Zalm 于 1966 年通过磁控溅射法在 BaW 阴极表面覆锇膜，使 BaW 阴极在 1000 ℃的发射电流密度从 2.5 A/cm^2 提高到 10 A/cm^2。表面覆锇膜显微形貌因覆膜方法和工艺参数不同而有所差异，如图 6-10 所示。而覆锇膜的质量（如锇膜与 W 基体的结合力、锇膜层晶粒大小、阴极工作过程中表面膜层成分、结构变化等）对阴极电子发射性能有直接影响。因此，控制表面覆膜层的质量对提升阴极电子发射稳定性和使用寿命至关重要。

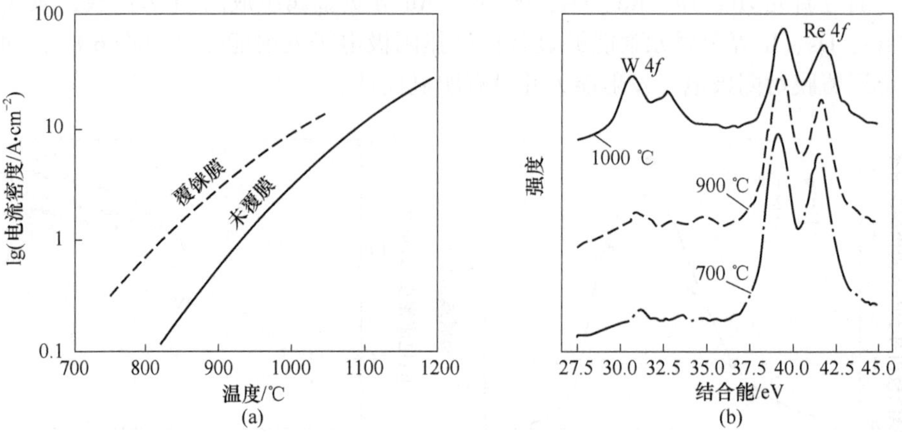

图 6-9　覆铼膜阴极的电子发射性能比较（a）和激活过程中不同温度下表面成分 XPS 分析（b）

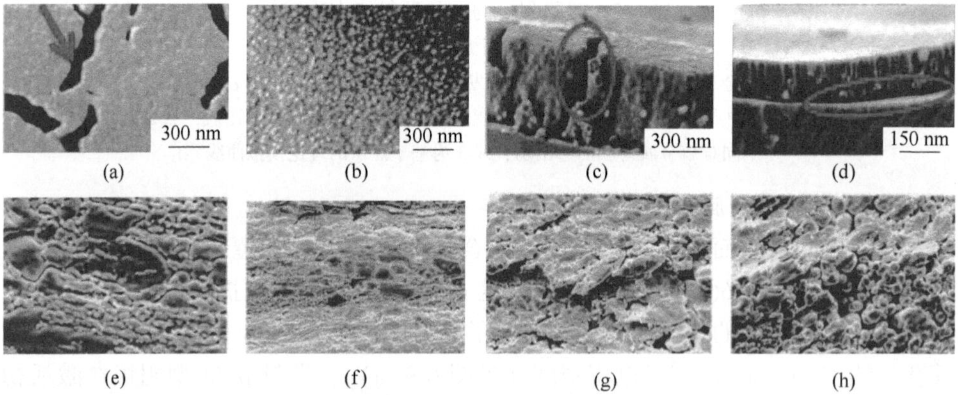

图 6-10　覆锇膜 M 型阴极表面膜层 SEM 显微形貌

(a)~(d) 膜层结合缺陷；(e)~(h) 膜表面显微形貌

为了获得与基体结合牢固的覆膜，必须在覆膜工艺之前对阴极基体清洁处理，以去除阴极表面的污染物与吸附气体。清洁方法包括化学清洗法、超声波清洗法、真空烘烤法、离子轰击法。离子轰击阴极表面会溅射阴极表面的污染物和吸附气体，能够去掉阴极表面多个原子层厚度，从而露出新鲜、洁净的表面。控制合适的刻蚀深度有助于提高覆膜质量。

图 6-11 为 BaW 阴极基体刻蚀时间与刻蚀深度之间的关系曲线，可以看出，刻蚀深度随刻蚀时间的增加而增大，刻蚀 50 min 后刻蚀深度在 5~6 μm 之间。表 6-1 是刻蚀前后 BaW 阴极的表面成分与含量，可以发现，刻蚀后的阴极表面污染物 C、O、N 含量（质量分数）明显减少，而活性物质 Ba、Ca、Al 含量（质量分数）明显增多，说明阴极表面的沾污和吸附物质已经被刻蚀去除，产生了新鲜的发射表面。表面显微形貌观察发现，刻蚀后表面车加工机械划痕消失，颗粒粉

尘明显减少，孔隙分布更为均匀，出现暴露活性盐的新鲜表面。

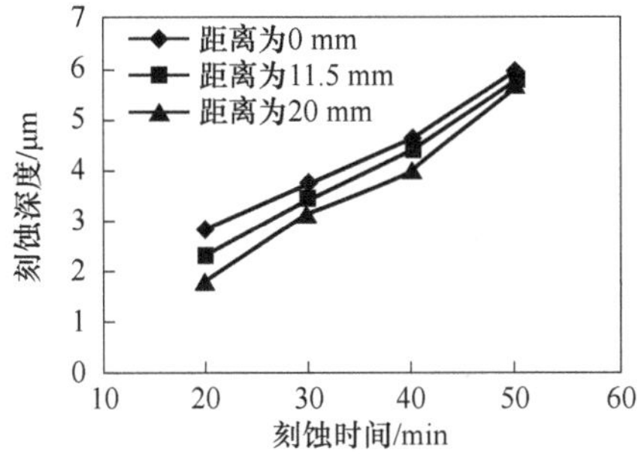

图 6-11　BaW 阴极基体刻蚀时间与刻蚀深度之间的关系曲线

表 6-1　BaW 阴极基体刻蚀前、后的表面成分及含量

状态	成分及含量（质量分数）/%							
	C	O	W	Ba	Ca	Al	N	S
未刻蚀	24.77	25.54	18.25	22.89	1.39	0.44	4.07	2.65
刻蚀 40 min	15.16	19.77	26.84	24.67	1.64	8.67	3.25	—
刻蚀 50 min	5.71	5.88	17.37	33.34	3.98	33.72	—	—

覆锇膜 M 型阴极同普通 BaW 阴极相比，在工作温度相同的条件下，发射性能有较大的提升，在获得同样电流密度时，工作温度明显降低，优点显而易见。此外，膜层厚度对阴极的发射性能也有一定影响，厚度分别为 0.25 μm（7 号样品）、0.48 μm（5 号样品）、0.60 μm（3 号样品）、0.95 μm（6 号样品）、0.47 μm（1 号样品，表面未刻蚀）时发射电流随电压的变化曲线如图 6-12 所示。可以看出，覆膜厚度为 0.48 μm、0.60 μm 的二极管发射性能良好，根据阴极的发射面积推

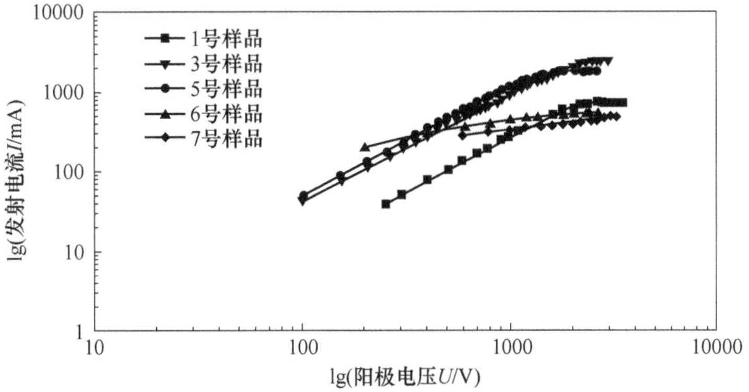

图 6-12　覆锇膜不同覆膜厚度的阴极电子发射曲线

算拐点电流密度分别为 26.3 A/cm^2 和 31.3 A/cm^2；0.95 μm 和 0.25 μm 的二极管发射性能较差，拐点电流密度小于 10 A/cm^2；表面覆膜但未刻蚀的阴极，发射性能并不理想。锇膜层厚度控制在 0.4~0.7 μm 之间的阴极电子发射性能最佳。

在覆锇阴极的工作过程中，基体 W 会向表面扩散，同时会改变表面元素的组成，从而影响阴极的发射性能。根据理论模型计算结果，在 1300 K 温度下，阴极表面锇膜层厚度与表面检测到 W 所需时间之间的关系近似如图 6-13(a) 中曲线所示[12]。当膜层厚度超过 80 μm 时，基体中的 W 扩散至阴极表面所需的时间随膜层厚度增加而迅速增长。图 6-13(b) 是覆 50%Os-50%W 膜阴极表面成分随工作时间的变化曲线。随着工作时间延长，表面 W 含量增加；当阴极工作时间超过 150 h 后，表面 W 含量约为 70%，Os 含量约为 30%。图 6-13(c) 是覆 50%Os-50%W 膜阴极的电子发射能力随工作时间的变化曲线。由于阴极表面膜层的成分变化，当工作时间超过 850 h 后，阴极的发射电流密度已经低于初始值的 90%，意味着阴极寿命的终结[13]，尤其当工作时间超过 1000 h 后，电子发射电流密度衰减更加严重。

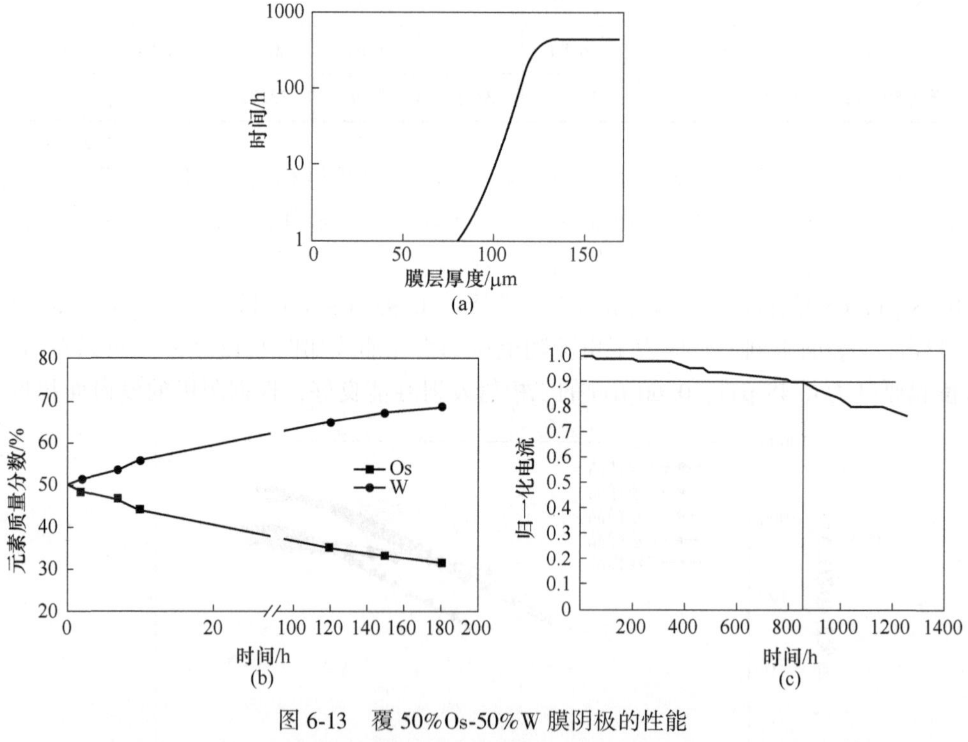

图 6-13　覆 50%Os-50%W 膜阴极的性能

(a) 基体 W 向表面扩散所需时间与膜层厚度的关系；(b) 表面成分随工作时间的变化曲线；(c) 电子发射能力随工作时间变化的曲线

为了解决阴极表面元素扩散导致表面成分变化的问题，研究人员尝试在表面膜层和基体之间再镀一层薄膜。例如，在覆 W-Os 膜与 W 基体之间覆一层 200 nm 的 Re 膜（即 W 基体表面覆 W-Os/Re 双层膜），不仅能够缓解阴极热激活过程中覆膜与基体之间的热膨胀差异导致的膜层开裂和剥落，而且能够有效稳定阴极表面基体元素的组成成分。W 基体表面覆 W-Os 膜阴极在激活后，出现膜层开裂（见图 6-14(a)）和部分膜层剥落。而 W 基体表面覆 W-Os/Re 双层膜，表面的 W-Os 膜质量明显提升，膜层剥落现象明显改善（见图 6-14(b)）。图 6-14(c) 是 W 基体表面覆 W-Os/Re 双层合金膜阴极在激活过程中表面膜层元素随时间变化曲线。增加了 Re 过渡层后阴极表面 W、Os、Re 等元素的比例能够在短时间内达到平衡，尤其是 Os 的占比，在阴极工作的 7~250 h 之间几乎保持不变，而 W 和 Re 的组成比例也变化很小，有利于热阴极电子发射的稳定性。

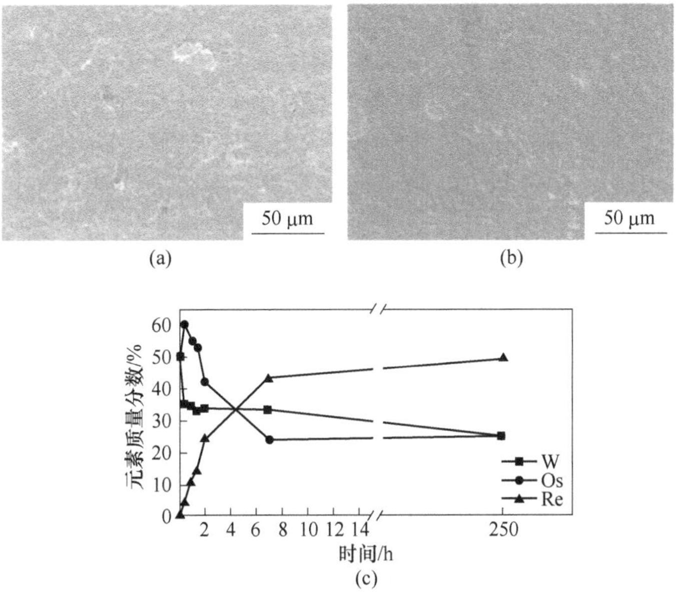

图 6-14　覆 W-Os 膜（a）、覆 W-Os/Re 双层合金膜阴极表面显微形貌（b）及其在激活过程中表面元素变化曲线（c）

由于中间过渡层 Re 向阴极表面扩散，阴极表面形成 W-Os-Re 三元膜，直径为 2.5 mm 的阴极在 900 ℃、950 ℃、1000 ℃下根据阴极的发射面积推算的拐点电子发射电流密度分别从 1.51 A/cm^2、3.40 A/cm^2、7.35 A/cm^2 提高到 2.24 A/cm^2、4.50 A/cm^2、8.41 A/cm^2，如图 6-15 所示。由此可见，中间层 Re 的加入不仅能够维持阴极表面成分的稳定，还能有效提高阴极的电子发射性能[14]。

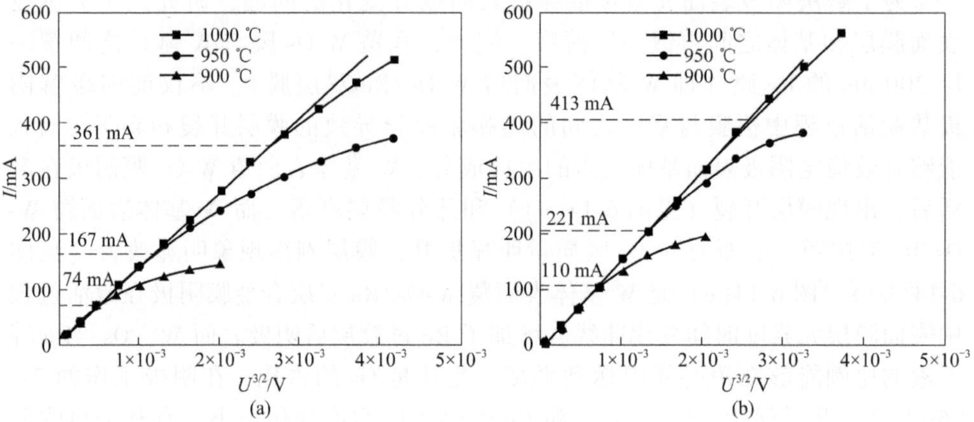

图 6-15　覆 W-Os 膜（a）和 W-Os/Re 双层膜（b）阴极的电子发射曲线

6.2.3.3　覆铱膜 M 型阴极

在各种覆贵金属膜阴极中，覆铱膜 M 型阴极的电子发射能力仅次于覆锇膜阴极。从 W-Ir 相图中可以看出，W 与 Ir 存在 IrW、Ir_3W 中间相合金，而各物相之间的转变可以根据各成分对应的吉布斯自由能进行预测。从各物相之间的吉布斯自由能可以看出，随着基体中 W 向表面扩散，将在铱膜和 W 基体之间形成各种中间相合金，如图 6-16 所示。

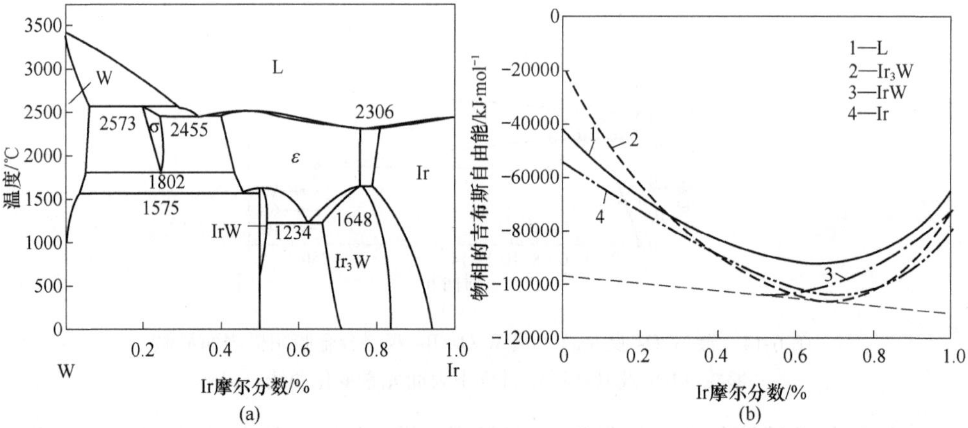

图 6-16　W-Ir 体系的理论计算相图（a）和吉布斯自由能图（b）
（σ、ε 指不同成分、结构的 W-Ir 合金相）

因此，在激活和工作过程中阴极表面会发生物相变化，如图 6-17 所示。覆铱阴极在 1150 ℃下，基体中的 W 不断向表面扩散，首先在铱膜与基体接触处生成 Ir_3W 过渡层，随着 W 向阴极表面的进一步扩散，Ir_3W 转变为 IrW 相，而阴极表面的铱膜逐渐转变为 Ir_3W。当激活时间超过 4 h 后，覆铱膜阴极表面的物相完全转变为 IrW 相。

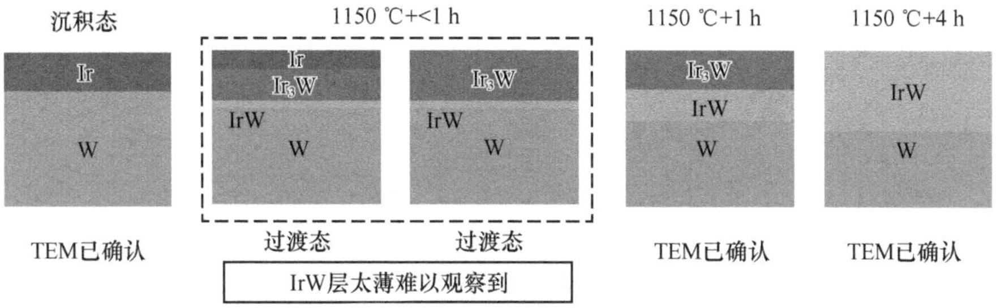

图 6-17　覆铱膜阴极在活化过程中的结构演变示意图

对于覆铱膜的 M 型阴极来说，表面物相的变化将引起电子发射能力的改变，如图 6-18 所示。随着激活时间的延长，阴极的“拐点”电子发射水平越来越高，当激活时间达到 4 h 时，电子发射能力趋于稳定。由于基体 W 在激活过程中不断向表面扩散，阴极表面的铱膜逐渐转化为 IrW 中间相。根据覆铱膜阴极激活过程中阴极表面物相变化及其电子发射能力的关系可以看出，覆铱阴极表面的物相对电子发射有重要影响，且各物相的电子发射能力强弱顺序为：$IrW>Ir_3W>Ir$。

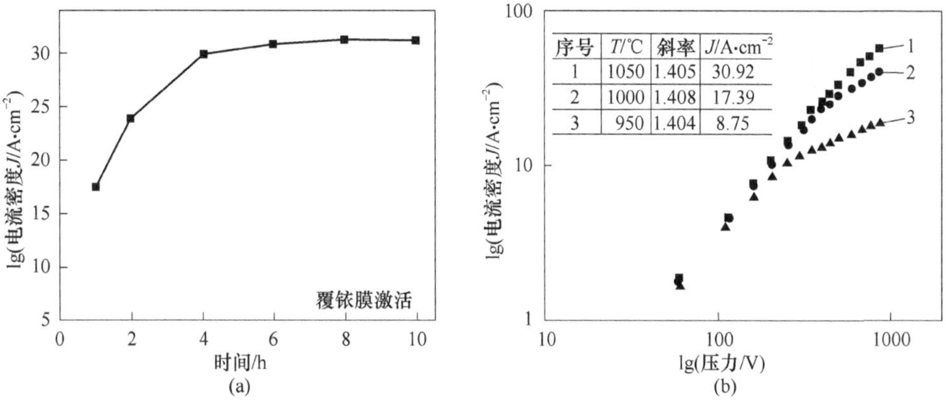

图 6-18　覆铱膜阴极的电子发射特性曲线

（a）发射电流密度与时间的关系；（b）激活 10 h 后的电子发射曲线

图 6-19 是面孔率为 4×10^4 孔/mm^2 和 1.3×10^4 孔/mm^2 的覆铱膜阴极的电子发射性能，当脉冲电压占空比约为 5%时，面孔率高的阴极比面孔率低的阴极的脉冲发射电流密度要高出 20%~50%。而在相同温度下，面孔率高的阴极的发射电流密度同样高于面孔率低的阴极[15]。

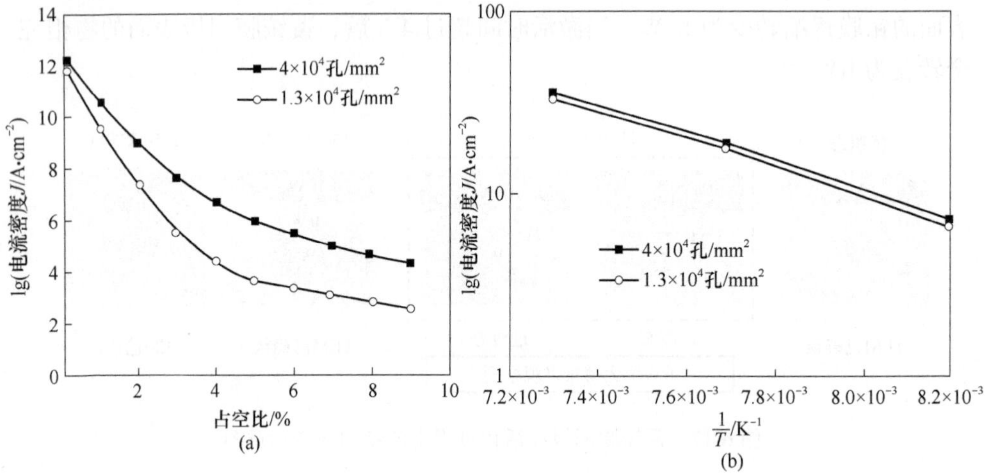

图 6-19　不同面孔率覆铼膜阴极的电子发射性能

（a）电流密度与占空比的关系；（b）电流密度与温度的关系

覆铼膜阴极在工作状态下，用氩离子轰击表面 20 s，研究阴极的电子发射能力恢复情况和表面 Ba 的浓度变化，以此来研究阴极的抗离子轰击性能。如图 6-20 所示，阴极受氩离子轰击后，1200 K 激活时，高面孔率阴极和低面孔率阴极的激活时间都需要 20 min 以上才能完全恢复，激活时间较长。在此温度下阴极的恢复过程被认为是受表面活性物质的生成控制。当温度升高到约 1270 K 时，面孔率高的阴极激活时间在 5 min 内就能完全恢复电子发射能力，而面孔率低的阴极需要 10 min 以上的激活时间电子发射能力才能完全恢复。此温度下阴极电子发射能力恢复过程被认为是受表面活性物质的扩散控制。当温度升高到 1310 K 以上时，低面孔率阴极的电子发射能力恢复时间缩短到 3～5 min，而高面孔率阴极的激活时间则在 3 min 以内。由此可见，当阴极激活温度较高时，低面孔率和高面孔率阴极都能在短时间内被充分激活，表明当阴极受离子轰击而电子发射能力下降时，可以通过高温激活使阴极的电子发射能力迅速恢复。

图 6-21(a) 是不同温度和面孔率覆铼膜阴极表面活性 Ba 的恢复时间与温度的关系。当温度低于 1300 K 时，高面孔率（4×10^4 孔/mm^2）阴极表面的 Ba 含量随激活温度的升高迅速增加；当温度高于 1300 K 时，阴极表面 Ba 含量基本保持不变，此时电子发射能力达到最佳状态。理论计算研究表明，面孔率不仅影响阴极的电子发射性能和恢复能力，还对阴极表面 Ba 的覆盖度有影响（见图 6-21(b)）。面孔率高的阴极能够降低表面活性物质的扩散路程，活性元素 Ba 从基体孔道中溢出来时能够很快沿孔隙向阴极表面扩散，且靠近孔隙的位置 Ba 的含量高（覆盖度高），而离孔隙远的地方，Ba 的含量低。在离孔的距离超过 15 μm 的区域，Ba 的覆盖度已经不足 20%，而离孔的距离超过 20 μm 的区域，Ba 的覆盖度低于 10%。

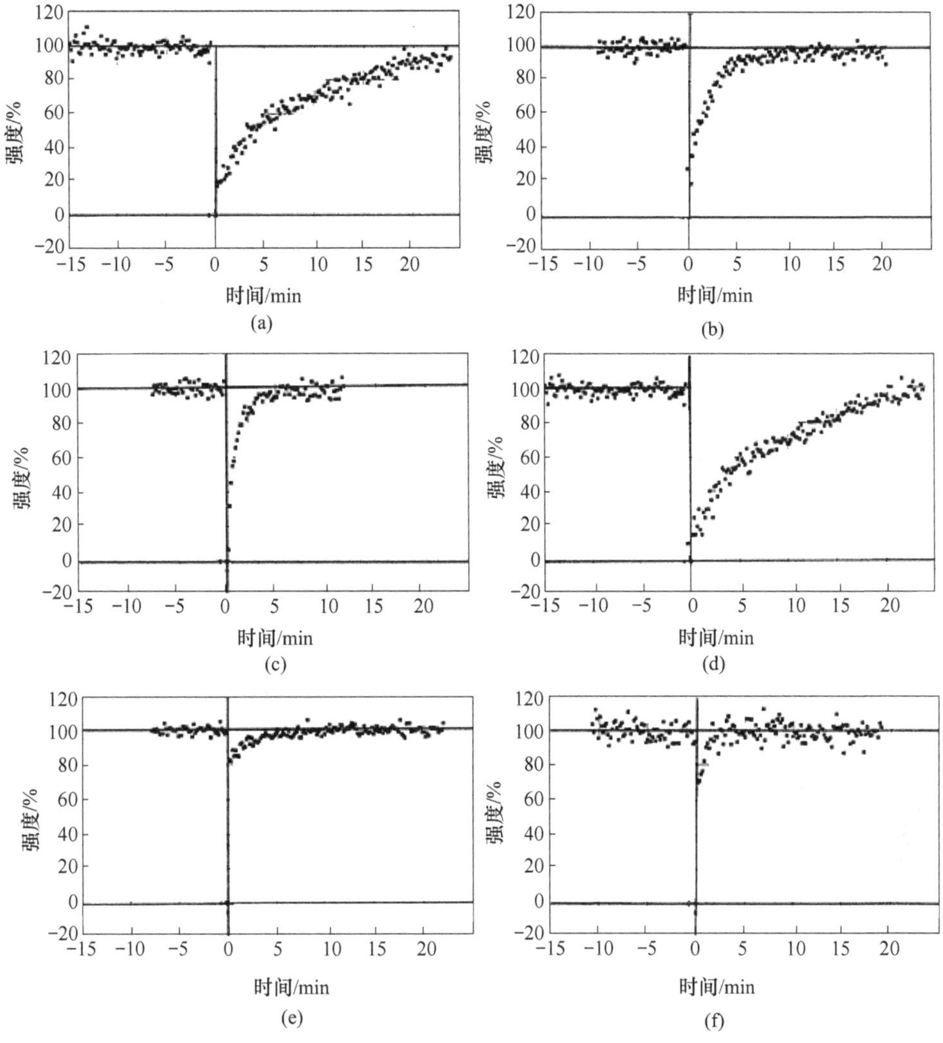

图 6-20 不同温度下不同面孔率阴极电子发射能力随激活时间的变化

(a) 1.3×10^4 孔/mm^2 阴极，1211 K；(b) 1.3×10^4 孔/mm^2 阴极，1271 K；

(c) 1.3×10^4 孔/mm^2 阴极，1303 K；(d) 4×10^4 孔/mm^2 阴极，1189 K；

(e) 4×10^4 孔/mm^2 阴极，1267 K；(f) 4×10^4 孔/mm^2 阴极，1325 K

6.2.3.4 覆多元合金膜 M 型阴极

除了上述几种覆单组分贵金属膜阴极和单元素混合基阴极外，还可以通过覆 W-Ir-Os、W-Ir-Re、W-Re-Os、Os-Ir、Os-Ru 等多元金属或多层膜制备成 M 型阴极。

图 6-22 是覆 W-Ir-Os(20%W-40%Ir-40%Os) 膜阴极和 W-Ir-Os/W-Os 膜（先

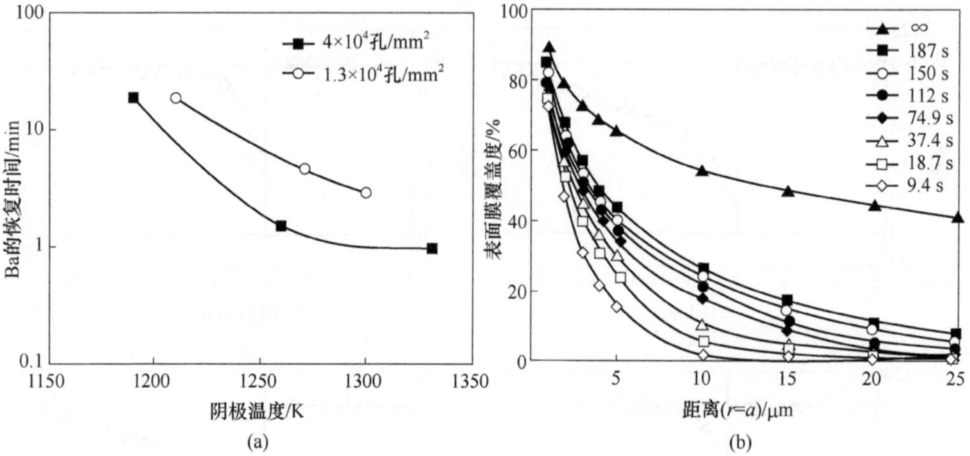

图 6-21　不同温度下不同面孔率阴极表面活性元素的变化曲线

（a）Ba 的恢复时间与温度的关系；（b）表面覆盖度与扩散源距离之间的关系

覆 20%W-80%Os 膜，再覆 20%W-40%Ir-40%Os 膜）阴极的表面贵金属元素分布结果。当阴极服役 50 h 后，在 W-Ir-Os 膜与基体之间有一层 W-Os 膜的阴极，表面贵金属元素的含量随时间变化较小，膜的成分能够维持比较稳定。原子发射光谱（AES）结果显示，将 Ir 添加到 W-Os 膜中，对阴极表面 Ba-O 覆盖度无影响，但是能够提高 Ba-O 活性层中的 Ba 含量，从而提高阴极的电子发射能力。然而，对于覆 W-Ir-Re/W-Re 膜体系，Ir 的加入并不能提高 Ba-O 覆盖度，也不能提高 Ba-O 活性层中的 Ba 含量，因此，对阴极的发射能力提升不明显。

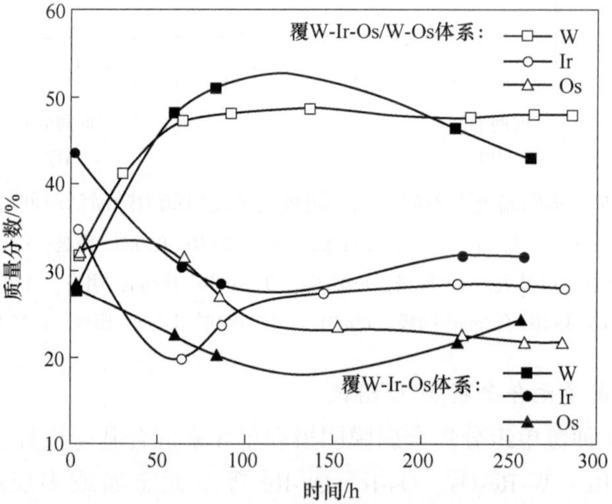

图 6-22　覆 W-Ir-Os 膜阴极和覆 W-Ir-Os/W-Os 膜

阴极表面成分随工作时间的变化曲线

利用直流三极磁控溅射系统，对普通 BaW 阴极溅射厚度为 500 nm 的三元合金（W-Re-Os）膜和金属锇膜。图 6-23 是覆 20%W-40%Re-40%Os 膜和覆金属锇膜的阴极电子发射性能对比图，可以看出，相同条件下覆 W-Re-Os 膜阴极电子发射能力比覆锇膜阴极的高出 50%[16]。图 6-24 是两种覆膜阴极的电子发射均匀性结果，可以看出，覆锇膜阴极表面电子发射电流存在大量的波峰和波谷，波峰的位置代表电子发射能力强的区域，波谷的位置代表电子发射能力弱，这说明覆锇膜阴极表面电子发射均匀性不佳。相对而言，覆 20%W-40%Re-40%Os 膜阴极表面电子发射电流密度波峰和波谷的差异较小，表明覆 20%W-40%Re-40%Os 膜阴极电子发射均匀性比覆锇膜阴极的好。图 6-25 为覆 20%W-40%Re-40%Os 膜阴极和覆锇膜阴极的表面功函数分布，功函数的半高宽分别是 0.024 eV 和 0.055 eV。功函数分布结果也表明覆 20%W-40%Re-40%Os 膜阴极具有更均匀的电子发射性能。

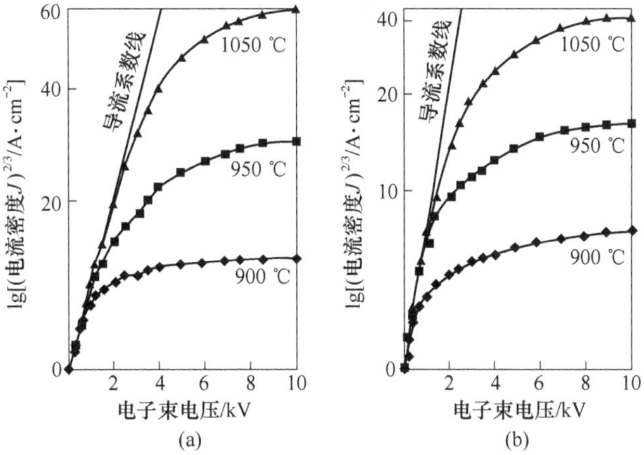

图 6-23 覆膜阴极电子发射性能对比

（a）覆 20%W-40%Re-40%Os 膜；（b）覆锇膜

6.2.4 混合基浸渍扩散型阴极

20 世纪 70 年代开始，研究人员将覆膜型（M 型）阴极的膜层金属元素引入多孔钨基体内部，通常形成钨基合金多孔海绵体，再浸渍活性盐得到的阴极被称为 MM 型阴极。MM 型阴极相比 M 型阴极具有更好的耐离子轰击能力和更长的使用寿命。相较于 B 型钡钨阴极，MM 型阴极的工作温度可降低约 50 ℃。广义上，人们将上述覆膜型和混合基两类统称为 M 型阴极。

6.2.4.1 钨铼混合基 M 型阴极

钨铼混合基 M 型阴极是以钨铼合金作为基体的阴极，主要是通过固-固、液-

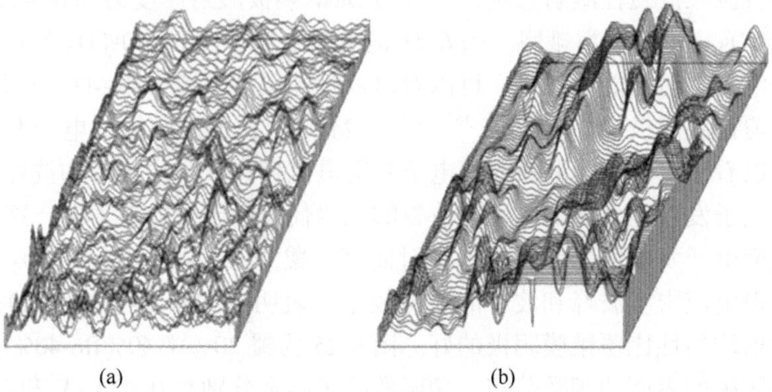

图 6-24　覆膜阴极电子发射均匀性比较
（a）覆 20%W-40%Re-40%Os 膜；（b）覆锇膜

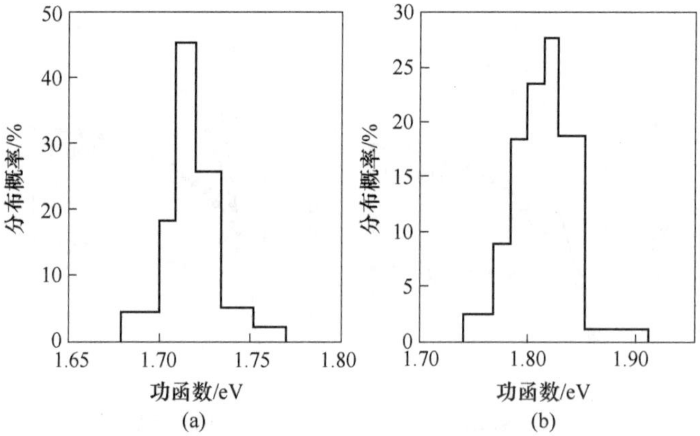

图 6-25　覆膜阴极的表面功函数分布
（a）覆 20%W-40%Re-40%Os 膜；（b）覆锇膜

固和液-液混合方法使钨和铼混合均匀，然后高温烧结成多孔海绵体，再浸渍活性盐制备而成。相较于覆铼膜 M 型阴极，混合基阴极的基体成分相对稳定，不容易随着服役时间增加而变化，因此其电子发射性能也更稳定。

以钨粉和铼粉为原料，采用粉末冶金法制备钨铼合金，不同成分钨铼合金在不同温度下的功函数如图 6-26 所示。可见，钨铼合金的平均有效功函数随着温度的升高而增大，而随着铼含量的提高，合金的平均有效功函数先降低后升高，当铼含量（质量分数）为 10%时钨铼合金的平均有效功函数最低。由此可见，钨铼混合基阴极的电子发射能力与钨铼合金基体本身的功函数没有直接联系。但是，钨铼合金混合基阴极的抗中毒能力随着铼含量的增加而增强。

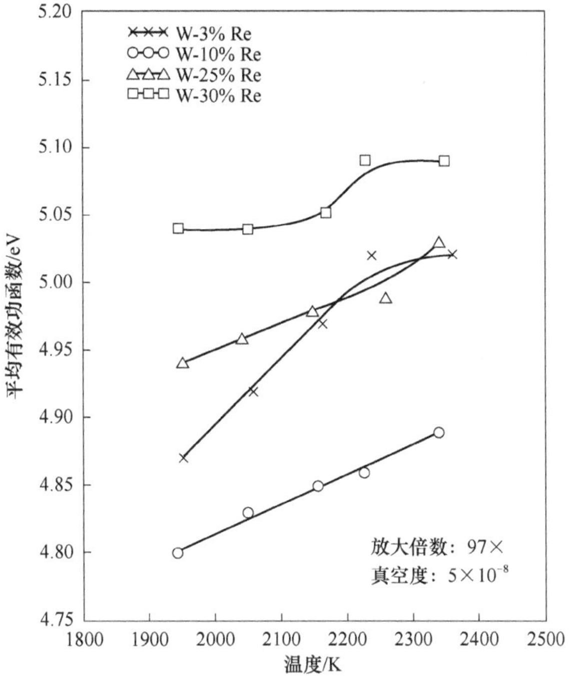

(a)

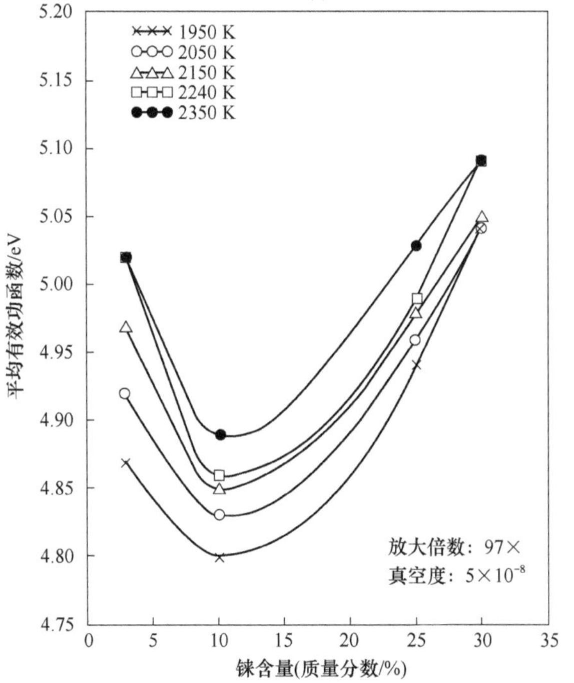

(b)

图 6-26 不同成分钨铼合金在不同温度下的功函数

（a）功函数随温度的变化关系；（b）功函数随铼含量的变化关系

采用喷雾干燥法结合氢气还原制备出钨铼合金粉末，再以此粉末为原料制备钨铼混合基阴极基体。电子探针能谱中分析表明，该方法制备的钨铼合金基体成分分布均匀。25%Re、38%Re、50%Re、75%Re、83%Re（质量分数）的钨铼合金基体物相分别是 α-W、α-W+ReW、ReW、Re_3W、Re_3W+Re，如图 6-27 所示。钨铼混合基体浸渍 411 活性盐制备成直径约 3 mm 的钨铼混合基阴极，测试其电子发射性能。75%Re-25%W 阴极（下称 W-75%Re 阴极）的电子发射 *I-U* 曲线如图 6-28 所示。W-75%Re 阴极在 950 ℃、1000 ℃、1050 ℃下的零场发射电流密度 J_0 分别是 7.00 A/cm^2、14.03 A/cm^2、26.48 A/cm^2。表 6-2 是不同成分的钨铼混合基阴极电子发射性能的对比[17]。从表 6-2 中可以看出 Re 的添加能够提高阴极的电子发射能力。喷雾干燥法制备的纯钨基阴极在 1050 ℃下的零场发射电流密度为 8.13 A/cm^2，而 W-75% Re 阴极在 1050 ℃下的零场发射电流密度为 26.48 A/cm^2，是纯钨基阴极的 3.26 倍，且高于粉末冶金法制备的钨铼混合基阴极的零场发射电流密度（6 A/cm^2）。此外，对于同一类型阴极，工作温度每升

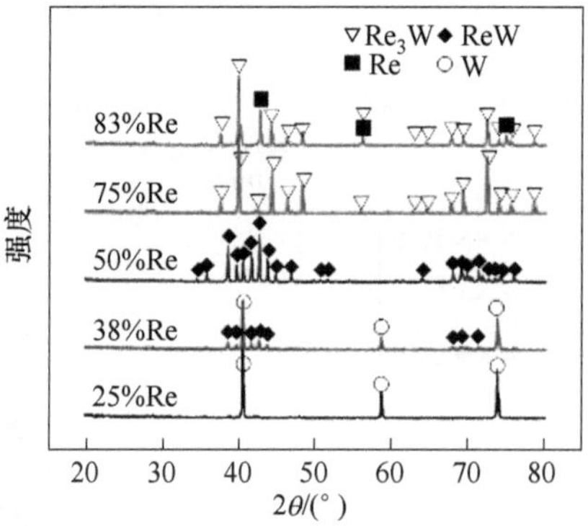

图 6-27 喷雾干燥法制备的钨铼混合基阴极基体的 XRD 图谱

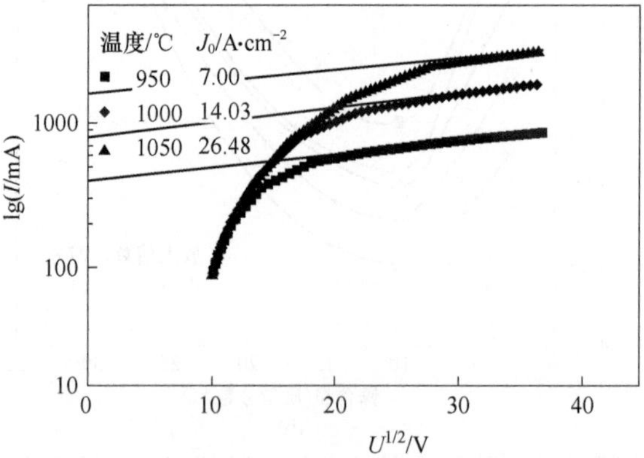

图 6-28 W-75%Re 阴极的电子发射 *I-U* 曲线

高 50 ℃，阴极的发射电流密度就提高到原来的 2 倍左右，但是随着温度的升高，阴极发射电流密度的提高变得越来越小，这可能是由在更高的温度下表面活性物质的蒸发加剧造成。

表 6-2 不同成分的钨铼混合基阴极电子发射性能的对比

阴极成分（质量分数）	不同温度下脉冲电子发射电流密度/A · cm^{-2}					功函数/eV
	900 ℃	950 ℃	1000 ℃	1050 ℃	1100 ℃	
纯钨	—	2.74	4.8	8.13	13.65	2.121
W-83%Re	2.79	4.41	8.41	12.75	19.81	2.051
W-75%Re	—	7.00	14.03	26.48	—	2.051
W-50%Re	2.37	5.03	8.52	13.46	21.01	2.110
W-38%Re	1.74	3.86	7.15	11.82	20.66	2.084
W-25%Re	1.44	3.16	5.20	9.22	15.66	2.110

W-75%Re 阴极的基体在激活后物相发生了变化，基体从单一 Re_3W 物相变成了 Re_3W 和 ReW 的混合物相，即部分 Re_3W 向 ReW 转变，如图 6-29(a) 所示。对 W-75%Re 阴极在 1000 ℃下进行了 900 h 寿命试验，其电子发射性能在寿命测试过程中展示出极好的稳定性，无明显衰减，如图 6-29(b) 所示[18]。这可能是因为 W-75%Re 阴极在激活或工作过程中虽然基体物相发生变化，但阴极在热电子发射过程中基体表面与活性盐反应形成的活性层结构并没有明显变化。以上结果表明，阴极基体的物相并不是影响阴极发射性能的决定性因素；喷雾干燥法制备的钨铼混合基阴极基体成分分布均匀，其中 W-75%Re 阴极具有较好的电子发射能力和稳定性。

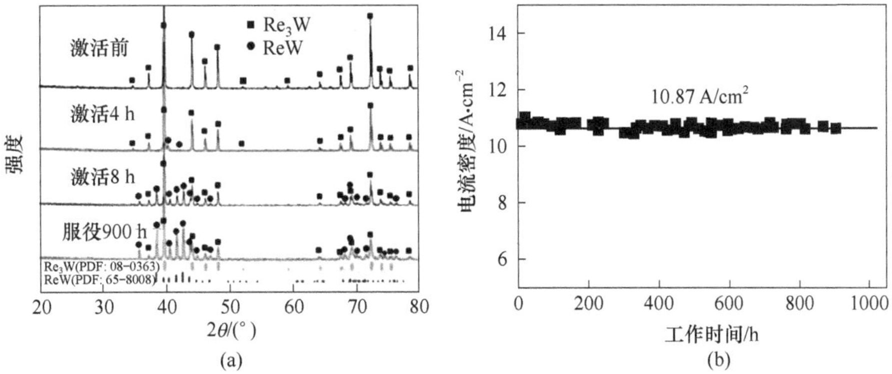

图 6-29 W-75%Re 阴极在激活过程中和 1000 ℃下 900 h 后阴极基体物相转变过程（a）和在 1000 ℃下持续电子发射 900 h 的电流变化（b）

图 6-30 为 BaW 阴极和 W-75%Re 阴极表面活性元素含量（摩尔分数）随激活温度和激活时间的变化曲线。由图 6-30(a)(b) 可以看出，在低温阶段，BaW 阴极和 W-75%Re 阴极表面 Ba 和 O 的浓度都较高，这是阴极表面仍有部分残盐存在的结果。随着阴极工作温度的升高，BaW 阴极和 W-75%Re 阴极表面 Ba 和 O 的浓度都呈现先下降后稳定的趋势，这是由于阴极表面残盐逐渐蒸发，之后表面活性物质的蒸发速率和活性物质从阴极内部扩散至表面的速率达到动态平衡，阴极表面的主要活性元素 Ba、O 浓度就维持稳定。此外还发现，当在 1200 ℃下激活 1 h 后，BaW 阴极表面 Ba 和 O 的浓度即达到平衡浓度，而 W-75%Re 阴极在激活 4 h 后才逐渐达到平衡浓度（见图 6-30(c)(d)）。这是因为金属 W 与活性盐在高温下能更快地发生化学反应，在更短的时间内生成足够的自由 Ba，并扩散至表面形成活性层；而 W-75%Re 阴极中基体的物相是 Re_3W 和 ReW，需要更长的激活时间和较高的激活温度以生成足够的自由 Ba。结合 W-75%Re 阴极的电子发射性能与激活时间之间的关系，推断 W-75%Re 阴极需要在 1200 ℃下激活 6 h 才能

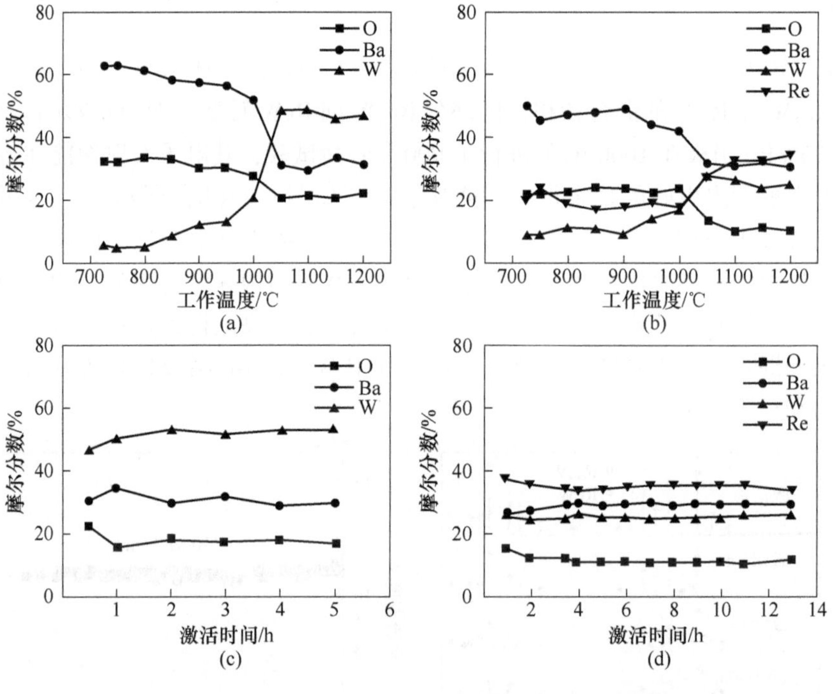

图 6-30　BaW 阴极和 W-75%Re 阴极表面活性元素含量随激活温度和激活时间的变化曲线
(a) 不同激活温度下 BaW 阴极表面；
(b) 不同激活温度下 W-75%Re 阴极表面；
(c) 1200 ℃激活不同激活时间下 BaW 阴极表面；
(d) 1200 ℃激活不同激活时间下 W-75%Re 阴极表面

达到最佳发射状态[18]。

图 6-31 为 BaW 阴极和 W-75%Re 阴极表面活性元素的 XPS 谱图[18]。从图 6-31(a) 中可以看出两种阴极表面的 W $4f$ 电子结合能都存在三组双峰，分别代表 W^0、$W^{\delta+}$和 W^{6+}三种价态的 W。其中，W^{6+}是阴极的活性盐与 W 基体反应生成自由 Ba 时形成钨酸盐中的高价态 W，$W^{\delta+}$被认为是表面 W 与活性物质结合成 Ba-O 活性层时所出现的吸附价态，W^0 是阴极基体的组分 W 呈现的金属价态。W-75%Re 阴极中 $W^{\delta+}$价态高于 BaW 阴极中 $W^{\delta+}$的价态，说明在 W-75%Re 阴极中 W 为活性层的吸附提供了更多的价电子，可以推断它与 Ba-O 活性层的结合更为牢固。从图 6-31(b) 中可以看出，W-75%Re 阴极表面 Re 主要是吸附态（$Re^{\delta+}$）、金属态（Re^0）和比金属略低的金属负离子态（$Re^{\xi-}$）。其中，金属负离子态（$Re^{\xi-}$）被认为是 Ba-O 活性层中的 Ba 或 O 向基体 Re 转移了部分电子。吸附态（$Re^{\delta+}$）是由 Ba-O 活性层中 O 与 Re 原子结合吸附所致。Re 上的部分电子向 O 转移而形成弱的化学结合键。从图 6-31(c) 中可以看出，阴极表面的氧存在 O^{2-}和 $O^{\xi-}$两种价态。W-75%Re 阴极中的 $O^{\xi-}$结合能略高于 BaW 阴极，这极有可能是 W-75%Re 阴极表面的 Ba-O 活性层中的 O 从基体中得到了更多的电荷，使 O 与基体结合

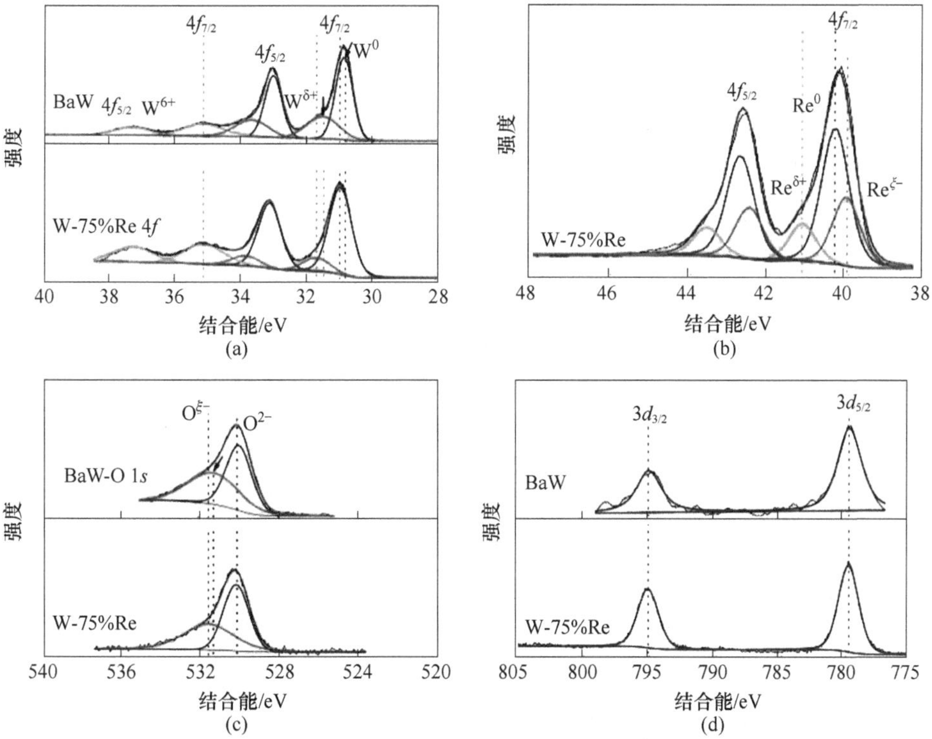

图 6-31 BaW 阴极和 W-75%Re 阴极表面活性元素的 XPS 谱图

(a) W $4f$；(b) Re $4f$；(c) O $1s$；(d) Ba $3d$

力更强，从而增强了 Ba-O 活性层的吸附能力。如图 6-31(d) 所示，BaW 阴极和 W-75%Re 阴极表面 Ba 的化学态没有明显差异。

图 6-32 为钨铼混合基阴极表面元素的含量随刻蚀深度的变化曲线。当刻蚀深度为 1 nm 时，表面 Ba、O 含量显著下降，随着后续刻蚀深度增加，Ba、O 含量变化不明显，说明活性 Ba-O 层主要分布在表面 1 nm 范围内。在 2 nm 处的铼含量明显升高，可能是基体中的铼在阴极加热过程中向阴极表面扩散并聚集所致。

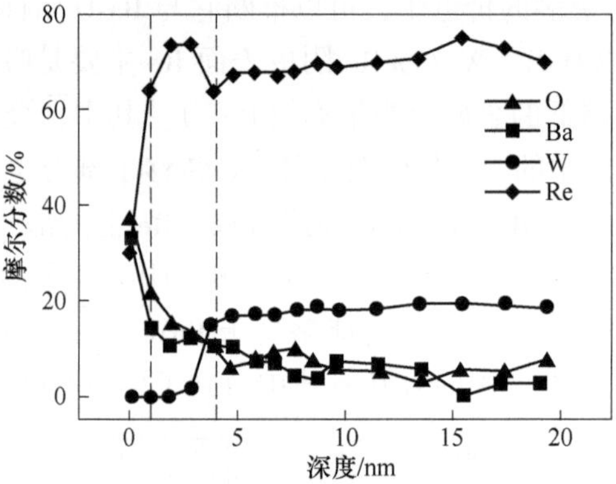

图 6-32　钨铼混合基阴极表面元素的含量随刻蚀深度的变化曲线

图 6-33 为 Ba-O 在 W(011) 表面和在 $Re_3W(330)$ 表面的吸附构型和电子结构，相应的 Bader 电荷转移见表 6-3[18]。结果显示，与 Ba-O 单元邻近的 W(011) 上的 M1(W) 原子失去的电荷比 $Re_3W(330)$ 上的 M1(W) 原子失去的电荷多，说明吸附态的 W 在 W(011) 上比在 $Re_3W(330)$ 上的化学价态更高，这一结果与 XPS 能谱结果一致。另外，与 Ba 原子较邻近的 M4 出现了富余的电荷，这说明表面吸附 Ba 的部分电荷转移到了基体原子上。因此，BaW 阴极的 XPS 能谱上金属态 W 的化学价态比 W-75%Re 阴极的表面上相应 W 的化学价态低，同时也解释了在 W-75%Re 阴极表面观察到比金属态还低的 Re 化学价态。M2 和 M3 的 Bader 电荷结果表明，在 W(011) 和 $Re_3W(330)$ 表面存在化学态较低、正离子价态的 W 和 Re 吸附态，这归因于表面活性物质的吸附。对比 W(011) 和在 $Re_3W(330)$ 表面 Ba-O 差分电荷密度分布，发现在 W(011) 表面上，Ba-O 结构中的 Ba 与基体中与之相邻近的 3 个 W 原子有电荷转移，而在 $Re_3W(330)$ 表面上 Ba 与基体中与之相邻近的 3 个 W 和 1 个 Re 原子存在电荷的相互转移；另外，$Re_3W(330)$ 表面上 Ba 的 Bader 电荷大于在 W(011) 表面上 Ba 的 Bader 电荷，说明在 $Re_3W(330)$ 表面上 Ba 与 O 及基体原子间存在更多的电荷转移。这些结果表明 Ba 与 $Re_3W(330)$ 表面的原子间有更强的相互作用。

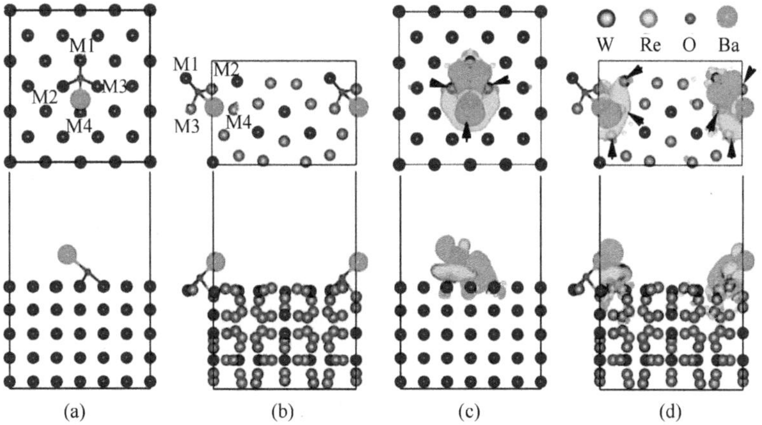

图 6-33 Ba-O 在 W(011) 表面和在 $Re_3W(330)$ 表面的吸附构型和电子结构

(a) Ba-O 在 W(011) 表面的吸附构型；(b) Ba-O 在 $Re_3W(330)$ 表面的吸附构型；
(c) Ba-O 在 W(011) 表面的电子结构；(d) Ba-O 在 $Re_3W(330)$ 表面的电子结构

表 6-3 吸附在 W(011) 和 $Re_3W(330)$ 表面的 Ba、O 的 Bader 电荷分布

原子	Ba	O	M1	M2	M3	M4
W(011)	+1.278*e*	−1.157*e*	+0.246*e*	+0.084*e*	+0.058*e*	−0.314*e*
$Re_3W(330)$	+1.337*e*	−1.096*e*	+0.617*e*	+0.012*e*	+0.014*e*	−0.479*e*

注：电荷转移为正的数值表示失去电子。

6.2.4.2 钨锇混合基 M 型阴极

将钨粉和锇粉机械球磨混合均匀，经 11 MPa 压制成钨锇坯体，再在 2050 K 氢气气氛烧结 10 min 得到多孔海绵体，浸渍 612 活性盐（$6BaO : CaO : 2Al_2O_3$）得到钨锇混合基阴极。测试发现，钨锇混合基阴极的零场发射电流密度相较传统 BaW 阴极高出约 2 倍，如图 6-34(a) 所示。钨锇混合基阴极在 1360 K 长时间工作时的

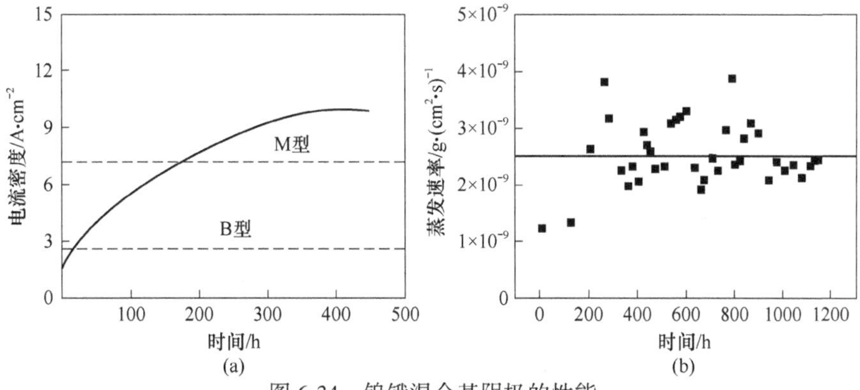

图 6-34 钨锇混合基阴极的性能

(a) 电子发射性能；(b) 蒸发速率随工作时间的变化

(图 (a) 中实线曲线为钨锇 M 型阴极发射数据随工作时间的拟合曲线，虚线代表其平均水平)

平均蒸发速率约为 2.5×10^{-9} g/(cm^2 · s)，如图 6-34(b) 所示，低于文献中报道的钨铼混合基阴极（1.15×10^{-8} g/(cm^2 · s)）和普通钡钨阴极（3.81×10^{-8} g/(cm^2 · s)）的蒸发速率。

采用液-固混合法结合微波烧结制备得到 W-25%Os 混合基阴极，在 1100 ℃激活 8 h 后，测试其脉冲电子发射性能。W-25%Os 阴极的脉冲发射电流密度为 42.86 A/cm^2（见图 6-35(a)），同样温度条件下，BaW 阴极的脉冲发射电流密度为 24.67 A/cm^2。W-25%Os 阴极的发射水平相比钡钨阴极提高 70%左右，达到了覆膜 M 型阴极中发射性能最好的覆 W-Re-Os 膜 M 型阴极的发射水平。W-25%Os 阴极在 1000 ℃下零场发射电流密度是 15.65 A/cm^2，高于液-液掺杂法制备的钨锇混合基热阴极的零场发射电流密度（14.03 A/cm^2）。根据理查森直线法计算得到 W-25%Os 混合基阴极与 BaW 阴极的电子逸出功曲线，如图 6-35(b) 所示。由 W-25%Os 混合基阴极在 950 ℃、1000 ℃和 1050 ℃温度下脉冲发射电流密度计算的电子逸出功曲线有很好的线性关系。不同 Os 含量的 W-25%Os 混合基阴极功函

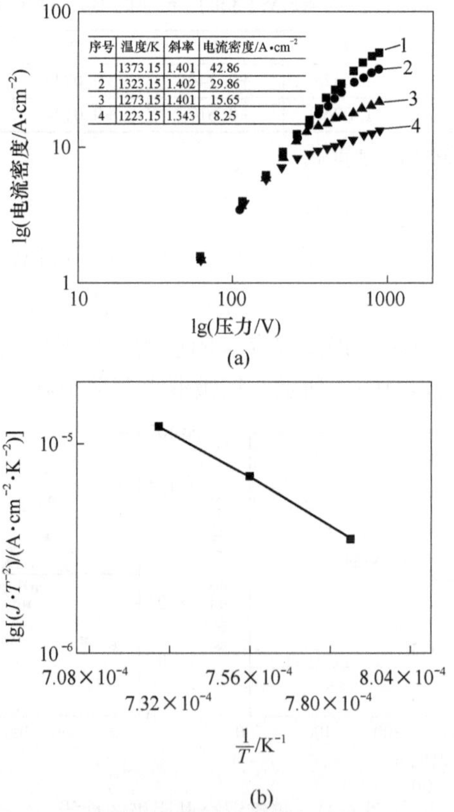

图 6-35　W-25%Os 混合基阴极的脉冲电子发射曲线（a）和逸出功曲线（b）

数都在 1.9~2.0 eV 之间，略低于 BaW 阴极的功函数。W-25%Os 阴极的有效功函数最低为 1.93 eV，说明 Os 的加入降低了钨基浸渍型阴极的逸出功。

6.2.4.3 钨铱混合基阴极

图 6-36 为钨铱混合基阴极和覆铱膜阴极在工作过程中，通过人为渗入少量空气考察不同阴极的抗空气中毒能力[19]。当渗入少量空气时，混合基阴极在工作温度范围内（900~1050 ℃）的电子发射能力显著降低，而在高温下的电子发射能力变化不明显，其原因是：阴极中毒后在高温下能够被重新激活，使阴极电子发射能力得到恢复。对于覆铱膜阴极，少量的空气渗入对其电子发射能力影响并不明显。可见，钨铱混合基阴极的抗空气中毒能力不如覆铱膜阴极的强。

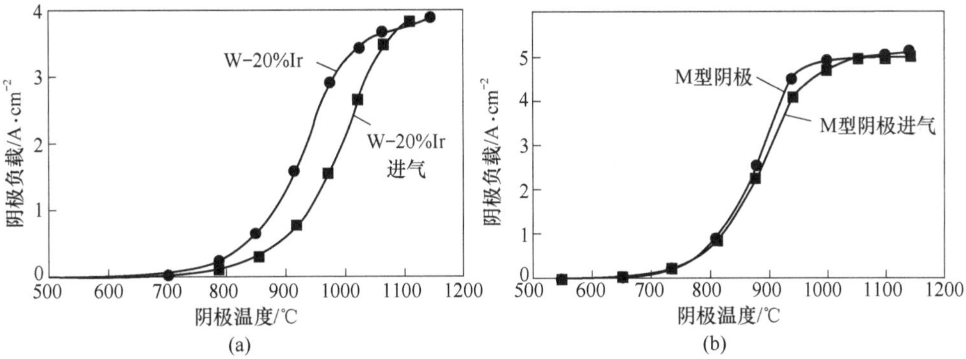

图 6-36 不同阴极的抗空气中毒能力比较

（a）W-20%Ir 混合基阴极；（b）覆铱膜 M 型阴极

6.2.5 稀土-钨扩散型阴极

早期，为了改善钨丝的发射效率低、高温下易下垂及高温时发生再结晶而变脆的问题，人们在钨丝中添加 0.5%~2.0%（质量分数）的氧化钍。这种钍钨阴极经过高温热处理（激活），例如在 2000~2300 K 下维持 10~60 min，阴极中部分的氧化钍会被还原为金属钍，并由内部向表面扩散，形成一层钍原子膜。激活过程中发生的化学反应为：

$$ThO_2 + W \longrightarrow WO_2 + Th \qquad (6\text{-}5)$$

在正常工作温度下，其发射效率比纯钨阴极增大了几个数量级。研究发现，表面形成的钍原子膜可以吸附正电性原子而产生一个与势垒极性相反的偶极子层，从而降低金属的逸出功。

上述 ThO_2 被钨还原的反应温度很高，且钍原子与钨原子间的结合力弱，导致钍原子大量蒸发。在阴极工作温度下，金属内部的钍原子向表面扩散困难，造成表面钍原子供应不足，因此阴极发射不稳定且寿命较短。为了提高阴极的工作稳定性和延长寿命，不能过分增加钨中 ThO_2 的含量，因为当 ThO_2 含量（质量分数）超过2%时，钨丝会发脆，加工困难。之后，研究人员对钍钨阴极进行碳化工艺处理，处理后阴极表面形成碳化钨，有利于表层钍原子向阴极表面扩散，阴极发射稳定性提升；钍原子与碳化钨的结合力更强，使得扩散至表面的钍原子不易蒸发，钍钨阴极的寿命得到有效延长。研究表明，形成的碳化钨有两种结构，即层状 W_2C 和块状 WC，W_2C 结构疏松，阴极高温工作时钍原子容易沿晶界、缝隙扩散至表面，表面钍原子补充良好；WC 结构密实，缝隙少，钍原子扩散困难，阴极发射性能不佳。通常仅将阴极表面一层碳化成 W_2C，碳化层截面积占钨丝总截面积的 16%～30%。碳化钍钨阴极在 2000 K 时可快速还原出钍原子，即发生以下化学反应：

$$ThO_2 + 2W_2C \longrightarrow Th + 4W + 2CO \tag{6-6}$$

碳化钍钨阴极发射效率高、寿命长，其工作温度为 1950～2000 K，发射电流密度为 2～3 A/cm^2，发射效率约为 50 mA/W，在良好的真空条件下工作寿命近 10000 h，可应用于高压大电流整流管、大功率光电源灯、气体激光管，以及电视广播、雷达、粒子加速器的发射管。但是，由于钍具有放射性，钍钨阴极在制备、使用过程和失效废弃后会发生低级别的放射性污染和危害，钍钨阴极的推广应用受到一定限制。经过不断研究开发，人们发现稀土元素镧（La）或钇（Y）吸附在难熔金属（钨/钼/钽）表面形成的原子薄膜具有良好的发射性能，并公开报道了 La_2O_3-W（镧钨）、LaC_x-W（镧钨）、La_2O_3-Mo（镧钼）、Y_2O_3-Ta（钇钽）等系列阴极。

氧化镧-钨阴极的制备工艺大致如下：将 0.2%～2.0%（质量分数）的 La_2O_3 粉与粒径为 0.5 μm 的钨粉混合均匀，之后将混合粉末放入石墨模具中，在真空中 25 MPa 压力下 1600 ℃烧结 35 min，得到致密度约为 93%的烧结体。再用电火花切割成单个阴极基体，发射面经过抛光后在氢气和苯的混合气体中碳化处理，最后经高温热激活之后就成为良好的发射体。阴极的粉体制备过程也可以采用溶胶-凝胶、喷雾干燥等液-液混合方法替代传统的固-固混合方法。碳化气氛也可以采用氢气和甲烷的混合气体，或将阴极基体包埋在活性炭粉中进行碳化。在碳化和激活过程中，要特别注意防止晶粒的长大，可以在阴极原料中加入一些抑制晶粒长大的成分（如钾、铝、硅等），如加入 0.1%的 $Al(NO_3)_3$、KNO_3 或 SiO_2。

与钍钨阴极类似，镧钨阴极在高温激活过程中，基体近表面的 La_2O_3 被碳化钨还原出单质镧，吸附在表面形成功函数较低的单原子层。镧的蒸发损失依靠内部 La_2O_3 沿晶界向表面扩散补充，并在表面区又发生还原作用而生成单质镧。北京工业大学的王金淑教授团队成功制备了碳化镧掺杂（3.5%～10.0%，质量分数）的钨基阴极，碳化镧（物相为 LaC_2 和 La_2C_3）在相对较低的温度下（如 1400 ℃）具有很好的反应活性，与钨反应生成单质镧，从而形成小功函数的表面原子层。此碳化镧-钨阴极省去了钍钨阴极、氧化镧-钨阴极所需的碳化工艺，在 1400 ℃工作时发射电流密度为 1.09~3.12 A/cm^2[20]。

当前，替代钍钨阴极的材料研究较广泛且具有应用潜力的是氧化镧掺杂钼基（La_2O_3-Mo）阴极。虽然 La_2O_3-Mo 阴极具有工作温度更低、价格更低廉、较钍钨合金更易加工的优点，但仍需解决阴极高温下 La 蒸发严重，导致阴极发射性能骤减甚至寿命终结，以及 La_2O_3 添加量增加而 Mo 合金塑性骤降的问题[21]。替代钍钨阴极的新型稀土-钨/钼基阴极仍在坚持研究开发。

6.2.6 含钪浸渍扩散型阴极

6.2.6.1 含钪浸渍扩散型阴极的分类与发展

研究者发现钨基金属中加入含钪物质能够极大提升阴极的发射性能。与传统钡钨阴极相比，含钪阴极的逸出功低至 1.5 eV，在较低温度下有很高的发射电流，在高频率、高功率要求的真空电子器件领域有广阔的应用前景。从 20 世纪 70 年代初期研制出钪酸盐阴极以来，含钪浸渍扩散型阴极的研究已取得极大发展。按发展历史和制备方法划分，含钪浸渍扩散型阴极可主要分为钪酸盐阴极、顶层型和覆膜型阴极、混合基含钪扩散型阴极三类。钪酸盐型按照工艺不同可以分为钨与钪酸盐混合压制型和在铝酸盐内添加 Sc_2O_3 制备的浸渍型。

A 钪酸盐型

1964 年 A. I. Figner 首次在铝酸盐里添加含钪成分，制备出压制型钪酸盐阴极，具体过程是：将 BaO 和 Sc_2O_3 混合（物质的量之比为 3 : 2），在高温下合成 $3BaO \cdot 2Sc_2O_3$，然后再与 W 粉混合、压制、烧结，制成阴极。据报道该阴极在 1000 ℃时可获得 1.5~4 A/cm^2 的零场电流密度。1977 年，Stratum 等人[22]将 Sc_2O_3 加入 411 铝酸盐中，在高温下浸入钨海绵体制成浸渍型钪酸盐阴极。该阴极在 1000 ℃时的零场发射电流密度 J_0 = 20 A/cm^2，在 1000 ℃时支取 4 A/cm^2 发射电流密度时，工作寿命达到 3000 h。然而，$3BaO \cdot 2Sc_2O_3$ 的熔点较高，阴极浸渍过程较困难。随后，美国、荷兰相继对各种复合稀土钡盐进行研究，成功制备了复合钪酸盐阴极，降低了活性盐的熔点。该阴极的发射水平与前述压制型钪酸盐阴极相当。

王亦曼等人[23]研究发现，发射性能较好的浸渍型钪酸盐阴极经过离子轰击后，表面的钪含量明显下降，且不可恢复，造成发射水平下降。钪酸盐阴极虽然具有比较好的电子发射性能，但是它的抗离子轰击能力和工艺重复较差、发射不均匀，这些都降低了钪酸盐阴极的实用性。

B 顶层型和覆膜型

研究者认为，阴极的发射水平及均匀性与表面钪（Sc）的存在关系密切，因此增加和维持表面的 Sc 含量、改善 Sc 的分布均匀性成为研究工作的重点，出现了顶层型含钪扩散阴极。

1985 年，Philips 公司的 J. Hasker 在阴极钨海绵体表面压制烧结一层厚度约为

0.1 mm 的 W-5%Sc_2O_3(5%为质量分数）混合“顶层”，再浸渍 411 铝酸盐，制备成顶层压制型阴极。这种阴极在 950 ℃时脉冲发射电流密度可达 100 A/cm^2，有效逸出功为 1.5 eV。然而，此顶层压制型含钪扩散阴极不仅工艺复杂，而且没有解决钪酸盐阴极的不耐离子轰击和发射不均匀的问题。

为改善含钪阴极的发射不均匀性和耐离子轰击性能，J. Hasker 等人将金属钪在真空中熔融并包覆于钨粉颗粒上，然后在氢气气氛下使 Sc 转变成 ScH_2，包覆氢化钪的钨粉经破碎后压制成型制备出阴极，该阴极在 1030 ℃时的 J_0=100 A/cm^2，抗离子轰击性能也得到明显改善。然而，此工艺复杂，影响了阴极的重复性和实用性。

1986 年，日本日立公司的 S. Yamamoto 采用射频磁控溅射技术在钨基体表面沉积薄膜，沉积 W-Sc_2O_3 薄膜时，阴极在 1000 ℃时的 J_0=35 A/cm^2，理查森逸出功降至 1.2 eV；改进薄膜成分为 W-$Sc_2W_3O_{12}$ 时，阴极在 1030 ℃时的 J_0=80 A/cm^2，同时激活时间缩短；当沉积薄膜成分为 78%W+17%WO_3+5%Sc_2O_3（数值为质量分数）时，阴极的发射均匀性得到极大改善，在 900 ℃时 J_0=10 A/cm^2，该阴极被用于阴极射线管中。J. Hasker 和 S. Yamamoto 研究发现，只有当添加的 Sc 以氧化态存在时才会对发射起有利作用。

1993 年，北京真空电子技术研究所的王亦曼利用脉冲激光沉积技术（PLD），在钨基体表面沉积 Sc_2O_3-W 薄膜，采用 PLD 制备出保持 Sc 的氧化态表面薄膜，克服了溅射沉积改变材靶中氧化钪化学状态的缺点，且 Sc 和 W 的含量之比有很好的可控性和重复性。该方法研制的薄膜型含钪扩散型阴极展示出优异的发射特性，在相同的电流密度下，工作温度比普通 BaW 浸渍阴极低约 200 ℃，比敷 Os-Ru 膜的 M 型阴极低约 100 ℃，该法具有稳定、易控、工艺重复性好的优点。研究认为，膜厚的控制对发射性能和寿命有重要影响。

1995 年，德国 Philips 研究实验室的 Gartner 等人采用 PLD 沉积 Sc_2O_3/W+Re 薄膜的顶层钪阴极，按照“偏离空间电荷范围 10%法”确定 965 ℃的电流密度 $J_{10\%}$ 高于 400 A/cm^2，远远高于其他类型热阴极的发射水平，其认为薄膜型“顶层”含钪扩散型阴极具有很好的应用前景[24]。

北京真空电子技术研究所在钪系阴极研究方面也取得了很大进展，研制的纳米薄膜钪钨阴极的发射电流密度明显高于其他 M 型阴极和浸渍钪酸盐阴极，阴极实际工作温度下可提供 150 A/cm^2 的拐点电流密度。中国科学院电子所的阴生毅等人则将 Sc_2O_3 和 SrO 按一定比例混合掺入 411 钡铝酸盐中，浸渍该盐制得的阴极相较于 M 型阴极和 B 型阴极发射性能有了大幅提升，1100 ℃获得了 86.2 A/cm^2 的脉冲电流密度[25]；此后，他们又利用 PLD 制备了一种覆 W+BaO-Sc_2O_3-SrO 薄膜的浸渍扩散型阴极，在 1100 ℃脉冲发射电流密度高达 305.5 A/cm^2[26]。

顶层型和覆膜型含钪扩散型阴极具有很好的发射性能，然而制备工艺复杂，对薄膜的厚度和薄膜中钪含量的控制十分苛刻，实用性上受到一定限制。

C 混合基含钪扩散型

为了改善钪酸盐阴极被离子轰击后表面的钪不易补充的缺点，1984 年 S. Yamamoto 等人在 W 中加入一定量 Sc_2O_3(1%~16%，质量分数)，制成氧化钪和钨的混合多孔体，然后在高温下浸渍含钪的铝酸盐，制备出钨和氧化钪的混合基阴极。该阴极可以在 1030 ℃工作时脉冲发射电流密度达到 35 A/cm^2，但是并没有改变钪酸盐阴极发射不均匀的特性和耐离子轰击性能。分析发现，阴极在 1600~1700 ℃浸渍过程中生成了 $Ba_3Sc_4O_9$，在激活和发射过程中无法在表面形成自由钪。

通过大量实验发现，恰当的 Sc_2O_3 引入量（2.5%~6.5%，质量分数）可以获得最高的阴极发射水平。阴极激活过程中的部分氧化和化学反应对发射起促进作用，并提供了自由钪的来源。

北京工业大学王金淑教授团队利用液-固掺杂、液-液掺杂等技术，并添加铼，获得氧化钪和铼均匀分布的混合钨粉，优化烧结工艺，制备出亚微米结构的混合基体，高温下浸渍 411 活性盐得到新型含钪阴极。液-液掺杂方法制备的含钪阴极表现出更优的发射性能，经 1150 ℃高温激活后在较低的 850 ℃时脉冲发射电流密度接近 40 A/cm^2，如图 6-37 所示[27]。该项研究采用液相掺杂技术代替机械混合，并将亚微米技术引入阴极的制备过程，为含钪扩散型阴极的发展提供了一条重要的技术路径。研究还发现，阴极表面出现的纳米小颗粒导致附近局部场强增强，进而有利于阴极发射性能的提高。Zhao 等人采用液-固法制备了颗粒粒径为 300~500 nm 的掺 Sc_2O_3 钨粉，用此钨粉烧结制备的阴极在 1050 ℃条件下获得了 170 A/cm^2 电流密度，支取 50 A/cm^2 脉冲电流密度时的寿命超过 10000 h[28]。

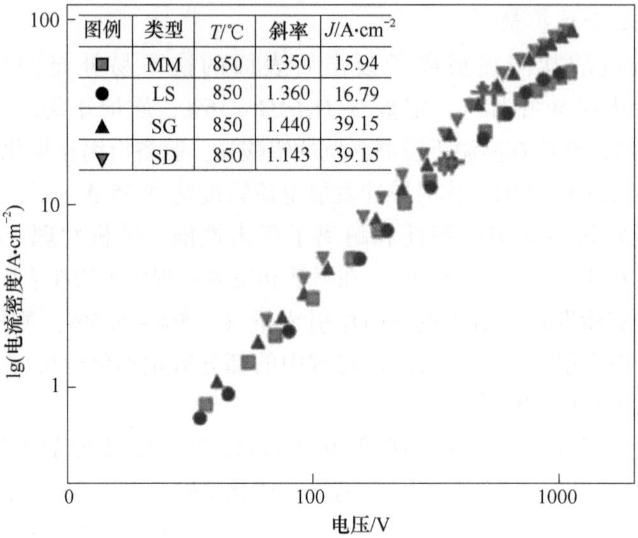

(e)

图 6-37　不同方法制备的含钪阴极基体 SEM 显微形貌及其发射性能比较

（a）机械混合（MM）；（b）液-固混合（SL）；（c）溶胶-凝胶法（SG）；

（d）喷雾干燥（SD）；（e）发射性能比较

北京工业大学和北京真空电子技术研究所合作，进一步用液-液掺杂代替液-固掺杂，制备出纳米氧化钪均匀分布的亚微米结构氧化钪掺杂扩散（scandia doped dispenser，SDD）阴极。这种阴极具备良好的工艺重复性和稳定的电子发射能力，而且亚微米结构的氧化钪掺杂扩散阴极与传统的钪酸盐阴极相比，电子发射均匀性得到了很大提高。该阴极在 850 ℃时脉冲/直流 J_{div} 接近 40 A/cm^2，在 950 ℃时的直流 J_{div} 可高达 70 A/cm^2 以上，展示出优异的发射性能，如图 6-38 所示[27]。

6.2.6.2　含钪浸渍扩散型阴极的发射机理

含钪浸渍扩散型阴极的发射机理是在传统钡钨阴极的热发射机制基础上通过大量实验研究总结得来，然而，至今没有明确统一的理论解释。研究者比较认可的理论模型有单原子层模型、BaO-Sc_2O_3 结构模型、半导体模型和半导体-单原子层叠加模型[29]。

单原子层模型主要用来解释钡钨扩散型阴极的发射机理，一些研究者认为该模型对于含钪阴极仍然适用。含钪阴极达到工作温度时，浸渍活性盐与钨海绵体发生化学反应，生成自由钡并向阴极表面扩散，形成功函数较小的 W-O-Ba 单原子层。

含钪阴极的功函数很小，与氧化物阴极的功函数相差不大。因此，氧化物阴极的半导体模型理论可用于解释含钪阴极的发射机理。Sc_2O_3 的介入使钡在阴极表面形成了与氧化物阴极相似的具有半导体性质的活性层。当有外加电场时，由

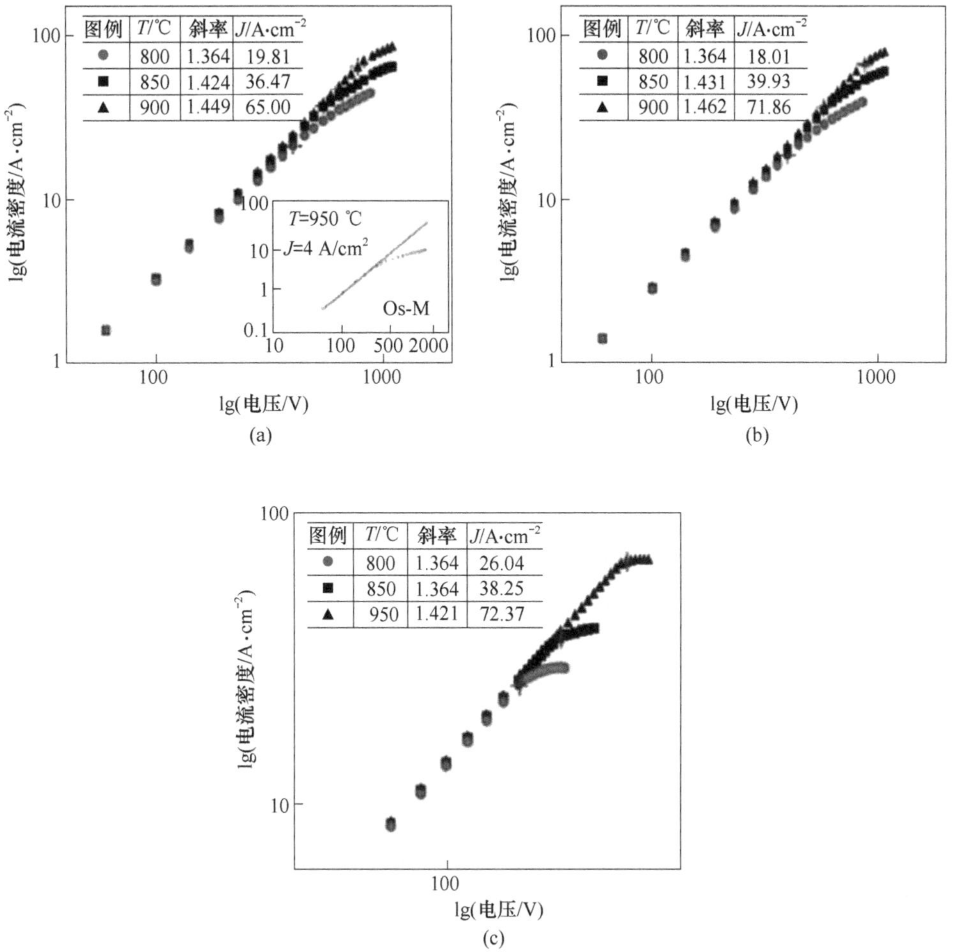

图 6-38 不同方法制备的含钪阴极的脉冲/直流发射曲线

(a) 溶胶-凝胶法制备阴极的典型脉冲发射曲线，插图为覆锇膜 M 型阴极的脉冲发射曲线；(b) 喷雾干燥法制备阴极的典型脉冲发射曲线；(c) 喷雾干燥法制备阴极的典型直流发射曲线

于空间电荷效应，活性层内外部的功函数减小，再借助肖特基效应、斑点效应，引入介电常数和掺杂浓度，可以理论计算阴极表面的功函数大小。

北京真空电子技术研究所的李季等人[30]就含钪阴极的非肖特基效应提出了半导体-单原子层叠加模型，认为含钪阴极的发射机理是介于半导体模型和单原子层模型之间，外场渗透导致功函数不断下降，阴极的发射特性曲线不断上扬，存在很宽的过渡区，无明显的饱和点。

1997 年，Muller 基于钪系阴极不同发射机制理论建立了 3 种模型，分别是 W(001) 晶面吸附 Ba-Sc-O 的单原子层模型、Sc_2O_3+W 表面吸附 Ba 或 BaO 模型、Sc_2O_3+WO_3 表面吸附 BaO 模型，并计算了几种模型的功函数，结果如图 6-39(a)

所示。结果表明，W(001) 晶面吸附 Ba-Sc-O 的单原子层模型计算的功函数最小 (1.5~1.7 eV)。在该模型中，Sc 原子和 O 原子占据 W(001) 晶面 4 个 W 原子形成的空穴位，且交错分布，Ba 则吸附于 O 原子上方，如图 6-39(b) 所示[31]。威斯康星大学的 Vlahos 等人利用局域密度泛函 (LDA) 和广义梯度泛函 (GGA) 计算了不同吸附物质及不同覆盖度条件下的 B 型阴极和钪系阴极的原子构型，结果如图 6-40 所示。分析结果表明，钡钨阴极吸附物质 Ba_x-O_y 的稳定相是 $Ba_{0.25}O$，

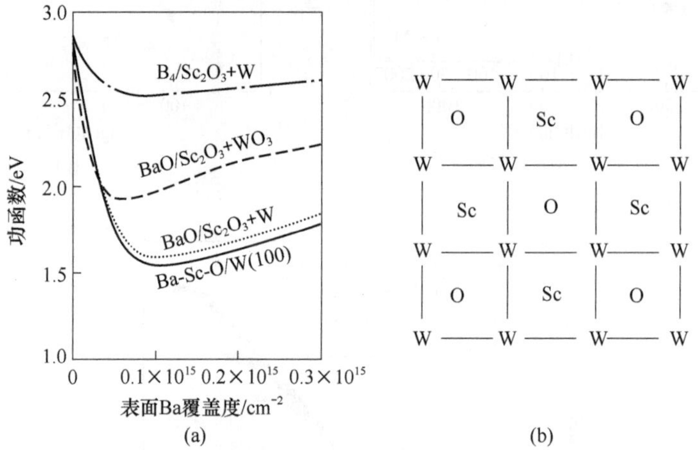

图 6-39　功函数与表面 Ba 覆盖度的关系 (a) 和 W(001) 晶面吸附 Ba-Sc-O 单原子层模型 (b)

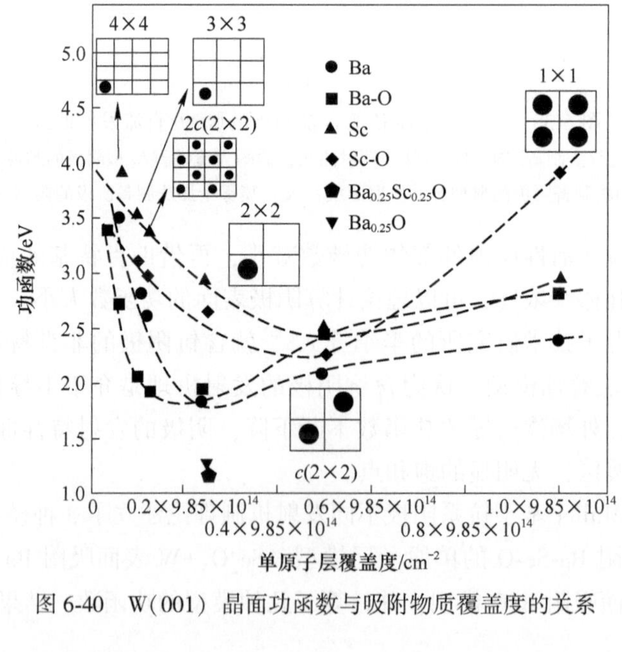

图 6-40　W(001) 晶面功函数与吸附物质覆盖度的关系

该结构最具有热力学稳定性；含钪阴极吸附物质 Ba_x-Sc_y-O_z 的稳定相是 $Ba_{0.25}Sc_{0.25}O$，其功函数最小[32]。

6.3 钨电极材料

6.3.1 电推进系统中的钨电极

作为目前推进领域发展最迅速的推进技术，空间电推进具有发动机体积小、服役寿命长、推力精确等一系列优势，已广泛应用于欧美各国的航天器中。我国也于 2012 年成功将电推进器系统应用于航天器。电推进器中的电热式推进器具有结构简单、运转电压低、体积小等优点，展示出广阔的应用前景。电弧加热发动机的主要结构包括阴极、阳极与电源，其推进力来源于由阳极喷出的受阴极电弧加热后的工质气体。在服役期间，发动机阴极的引弧次数将超过 1000 次，同时中心温度将达到 20000 K，对阴极材料热电子发射性能与耐烧蚀性能提出了严苛的要求。

由于具有熔点高、蒸气压低的特点，纯钨作为热电子发射材料广泛应用于惰性气体保护切割、等离子体焊接等领域[33-34]。然而，纯钨的电子逸出功较高，在服役时会产生严重的烧蚀。因此，在 100 多年的发展过程中，国内外企业与研究机构致力于降低纯钨的电子逸出功：

（1）1913 年，钍钨电极成功开发，其电子逸出功为 2.63 eV，使得钍钨在 2000 K 下仍能保持稳定的电子发射性能，成功替代了纯钨电极。然而，钍钨电极中含有放射性钍，长期使用会对人体产生不可逆的伤害。

（2）为消除放射性元素的影响并进一步提高钨的电子发射性能，人们开发出了铈钨电极。铈钨电极具有耐烧蚀、工作寿命长且不含放射性元素等特点，得到了广泛应用。尤其是在小规模焊接领域，铈钨电极成功取代钍钨电极，并受到市场认可。但在一些领域（如交流氩弧焊电极中），铈钨电极仍存在电流不稳、引弧性差等缺点，因此难以完全取代钍钨电极。

（3）稀土氧化物与氧化钍同样具有较低的逸出功，稀土取代钍后的钨电极仍表现出良好的电子发射能力。我国科学家在 20 世纪 80 年代开发出了钇钨电极，随后又开发出镧钨电极。相较于其他钨电极，镧钨电极具有极低的蒸发速率、优异的高温抗蠕变性能及较长的使用寿命。单元稀土钨电极的性能因掺杂元素不同而异，镧钨电极具有良好的起弧性能，钇钨电极在大功率使用环境中表现出较好的稳定性，而铈钨电极则具有良好的加工性能。

（4）由于单元稀土钨电极的抗烧蚀能力难以满足使用需求，研究者继续开发出多元复合稀土钨电极。日本学者以物质的量之比为 1∶1∶3 的比例掺杂 La_2O_3、CeO_2、Y_2O_3 制备了三元稀土钨电极。在复合稀土钨电极中，该三元稀土钨电极工作温度最低、发射效率最高、综合性能优异。最近，北美研究者开发出 W-La_2O_3-Y_2O_3-ZrO_2 三元稀土复合钨电极。与传统多元稀土钨电极相比，该电极在 200 A 电流下产生的烧蚀量最小，且再结晶程度较弱。

在电弧加热发动机的工作环境中，阴极材料除了需要具备优异的热电子发射性能，还需要具备优异抗烧蚀性能。韦银河等人通过燃弧试验模拟了电弧加热发动机的工况，并分析了铼（Re）掺杂对 W-La-Ce-Y 及 W-La-Y-Zr 三元稀土复合钨电极的烧蚀性能提升[35]。如图 6-41 所示，添加铼后的钨电极烧损质量减少，且烧损量与燃弧时间呈线性关系。图 6-42 汇总了不同成分电极燃弧后的尖端宏观形貌，添加铼后的钨电极尖端形貌变化较小。铼的添加抑制了钨电极尖端表面的枝晶生长，弱化了再结晶程度，显著改善了燃弧后尖端的烧蚀形貌。

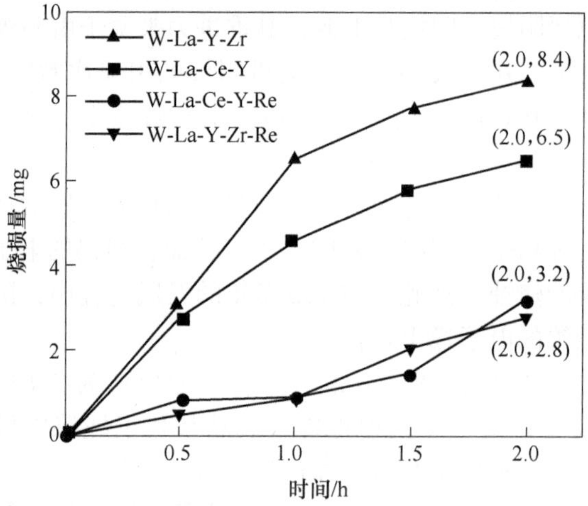

图 6-41　不同电极烧损量与燃弧时间的关系曲线[35]

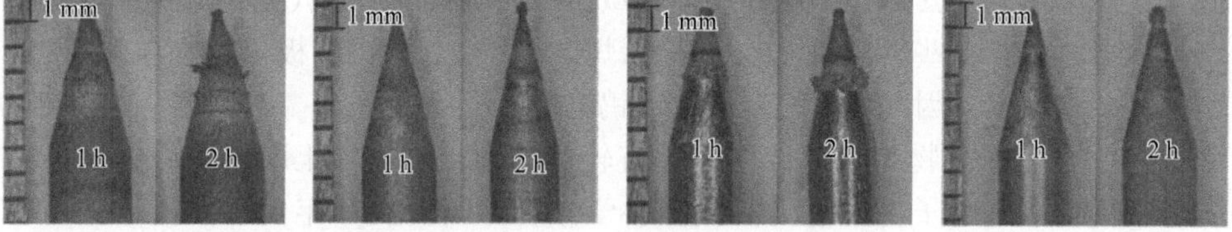

(a)　(b)　(c)　(d)

图 6-42　不同成分电极尖端在燃弧后的尖端形貌[35]

（a）W-La-Ce-Y；（b）W-La-Ce-Y-Re；（c）W-La-Y-Zr；（d）W-La-Y-Zr-Re

除了添加铼，通过调整稀土氧化物之间的配比也能够改善钨电极的抗烧蚀能力。图 6-43 汇总了不同配比 Zr、Y、La 的多元稀土复合钨电极在循环 100 万次使用后的尖端烧蚀情况。可以看出，裂纹与孔洞是该系列钨电极烧蚀的主要形貌，而且不同 Zr、Y、La 配比对缺陷的抑制效果也不同[33]。通过对比钍钨电极与W-La-Ce-Y复合电极的抗烧蚀能力，发现W-La-Ce-Y电极的烧蚀量为5~19 mg，均低于钍钨电极（40 mg），其中Ce、La、Y的配比为2∶1∶2时抗烧蚀能力最佳[36]。此外，通过调控原料粉末粒径，也能够改善钨电极的抗烧蚀能力。崔云涛等人以仲钨酸铵与稀土硝酸盐作为原料，通过喷雾干燥结合氢还原法制备多元复合稀土掺杂钨粉，并研究了该混合粉末制备的钨电极的烧蚀性能。研究发现该方法制备的粉末粒径细小，促进了服役时稀土元素的迁移与补充，有效提高了电极的抗烧蚀能力，将使用寿命提升了1.5倍[37]。

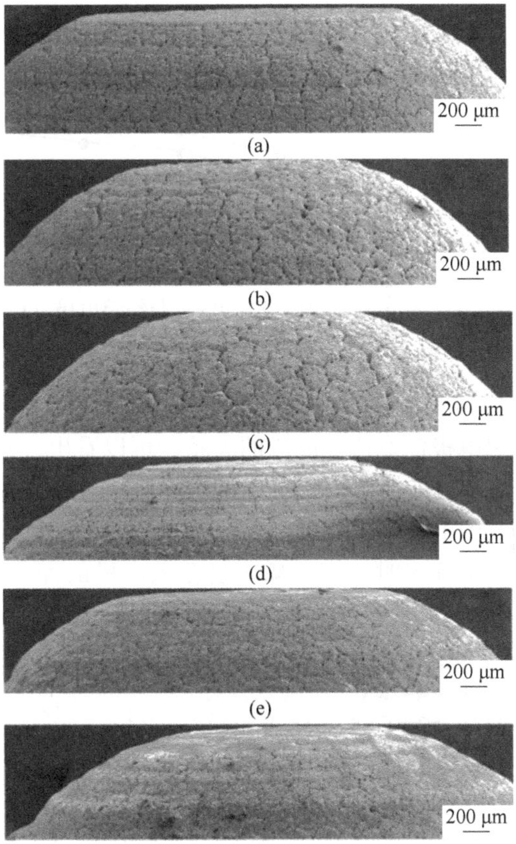

(a) (b) (c) (d) (e) (f)

图6-43　不同成分配比（a）~（f）的W-Zr-Y-La电极连续循环100万次后的尖端形貌[33]

6.3.2　焊接材料中的钨电极

在焊接领域中，钨电极通常被用作电子/离子源应用于等离子体焊接、惰性气体保护焊等领域。钨电极惰性气体（TIG）保护焊是铝合金最主要的焊接手段之一。图6-44为多元稀土复合钨电极与铈钨电极、钍钨电极的烧损量随时间的变化曲线[38]。可以看出，钍钨电极烧损最为严重，多元稀土复合钨电极与铈钨电极抗烧损性能优于钍钨电极，多元稀土复合钨电极的抗烧损性能略优于铈钨电极。

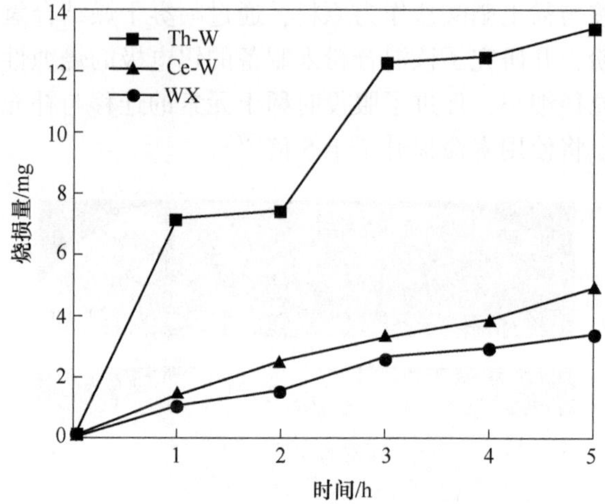

图 6-44　多元稀土复合钨电极（WX）与铈钨电极（Ce-W）、钍钨电极（Th-W）的烧损量随时间的变化曲线[38]

深宽比是评判焊接性能的重要标准之一，是确定焊接电流的重要参数。图 6-45 为上述 3 种钨电极深宽比与电流的关系。可以看出，3 种电极的深宽比均随电流增大而增大。在 100～140 A 的焊接电流内，3 种电极的深宽比几乎一致。当焊接电流增大到 140～170 A 时，铈钨电极的深宽比显著高于其他两种电极。当焊接电流超过 170 A 时，多元稀土复合钨电极的深宽比略高于其他两种电极。

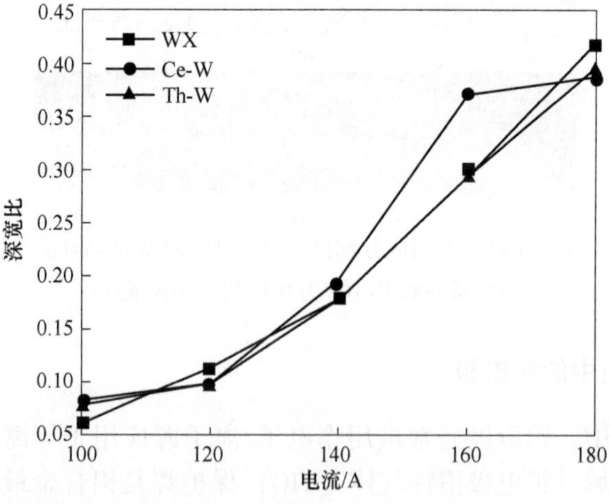

图 6-45　多元稀土复合钨电极、铈钨电极、钍钨电极的深宽比与电流的关系

焊接过程中，钨电极与周围环境或保护气氛中的氧发生反应是造成钨电极烧蚀的主要原因之一。图 6-46 为钍钨电极在含氧环境中服役时的形貌[39]，可以看出，电弧上方形成了由规则钨枝晶构成的钨环，而产生电弧的工作区内电极形貌完好。由于在纯氩气氛下进行的相同实验中，并未形成钨环，可以推测，该钨环的形成与气氛中的氧之间有密切联系，主要原因在于电极表面的钨与氧形成三氧化钨的反应可逆，1100 ℃以下形成三氧化钨，1100 ℃以上分解为钨与氧。钨电极工作时，由于工作区上、下温度不一致，高温工作区以上的钨电极温度较低，钨与氧反应形成氧化钨，部分氧化钨扩展至电弧区外沿，发生分解形成钨枝晶；高温工作区内的钨电极温度较高，难以与氧反应，从而维持了原有形貌。

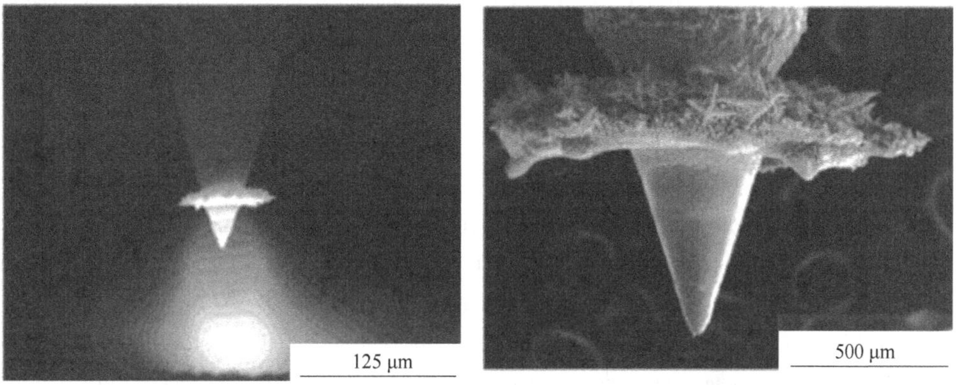

(a) (b)

图 6-46 钍钨电极在 200 A 电流 1%氧条件下服役 5 min 后的电弧形貌（a）和电极微观形貌（b）[39]

参 考 文 献

[1] LEMMENS H，JANSEN M，LOOSJES R. A new thermionic cathode for heavy loads [J]. Philips Technical Review，1950，11：341-350.

[2] HAAS G A. Thermionic Electron Sources [M]. Washington，DC：US Naval Research Laboratory，1961.

[3] COPPOLA P P，HUGHES R C. A new pressed dispenser cathode [J]. Proceedings of the Institute of Radio Engineers，1956，44 (3)：351-359.

[4] LEVI R. Improved "Impregnated Cathode" [J]. Journal of Applied Physics，1955，26 (5)：639-640.

[5] ZALM P，VAN STRATUM A J A. Osmium dispenser cathodes [J]. Philips Technical Review，1966，27 (3/4)：69-75.

[6] IIGICH F A，IOSIFOVNA S A，VASILJEVNA J I. Metal-porous body having pores filled with barium scandate：US，3358178A [P]. 1967-12-12.

[7] KIRKWOOD D M, GROSS S J, BALK T J, et al. Frontiers in thermionic cathode research [J]. IEEE Transactions on Electron Devices, 2018, 65 (6): 2061-2071.
[8] LU Q. New model for the role of oxygen in the emitting surface of the impregnated tungsten cathode [J]. International Journal of Electronics, 1989, 67 (4): 645-655.
[9] 阴生毅，张洪来，奎热西，等．浸渍钡钨阴极表面同步辐射光电子谱研究 [J]. 微波学报，2010，26 (S1): 701-705.
[10] JACOBS R, MORGAN D, BOOSKE J. Work function and surface stability of tungsten-based thermionic electron emission cathodes [J]. APL Materials, 2017, 11: 116105.
[11] MITA N. Degradation of coated impregnated cathode's surface coating [J]. IEEE Transactions on Electron Devices, 1991, 38 (11): 2554-2557.
[12] GREEN M C, SKINNER H B, TUCK R A. Osmium-tungsten alloys and their relevance to improved M-type cathodes [J]. Applications of Surface Science, 1981, 8 (1/2): 13-35.
[13] LI Y T, ZHANG H L, LIU P K, et al. A new dispenser cathode with dual-layer [J]. Applied Surface Science, 2005, 251 (1/2/3/4): 126-129.
[14] 李玉涛，张洪来，刘濮鲲，等．中间层 Re 的加入对覆膜钡钨阴极性能的改善 [J]. 物理学报，2006，55 (12): 6677-6683.
[15] HIGUCHI T, NAKAMURA O, MATSUMOTO S, et al. Pore geometry of dispenser cathode surface vs. emission characteristics, and Ba recovery characteristics after ion bombardment [J]. Applied Surface Science, 1999, 146 (1/2/3/4): 51-61.
[16] BARIK R K, BERA A, RAJU R S, et al. Development of alloy-film coated dispenser cathode for terahertz vacuum electron devices application [J]. Applied Surface Science, 2013, 276: 817-822.
[17] 赖陈．钨铼混合基阴极材料的制备性能测试和机理研究 [D]. 北京：北京工业大学，2018.
[18] LAI C, WANG J, ZHOU F, et al. Emission and evaporation properties of 75 at. % Re-25 at. % mixed matrix impregnated cathode [J]. Applied Surface Science, 2018, 427: 874-882.
[19] VANCIL B K, MUELLER R A, STEELE E R, et al. The metallurgical properties of tungsten-iridium cathodes [J]. Applied Surface Science, 1999, 146 (1/2/3/4): 39-46.
[20] DONG L, WANG J, LIU W, et al. Fabrication and thermionic emission properties of lanthanum carbide doped tungsten cathodes [J]. Materials Letters, 2015, 146: 47-50.
[21] 董丽然．磁控管用稀土钼阴极材料制备工艺及性能研究 [D]. 北京：北京工业大学，2020.
[22] STRATUM A J A V, Os J G V, BLATTER J R, et al. Barium-aluminum-scandate Dispenser Cathode [P]. 1977, USO4007393A.
[23] 王亦曼，潘同武．激光蒸发薄膜钪系阴极的研究 [J]. 真空科学与技术，1996，16 (1): 10-17.
[24] GÄRTNER G, GEITTNER P, RAASCH D. Low temperature and cold emission of scandate cathodes [J]. Applied Surface Science, 2002, 201: 61-68.
[25] YIN S, PENG Z, ZHENG Q, et al. A new impregnated dispenser cathode [C]. France,

Paris, 2013.

[26] 彭真，阴生毅，郑强，等．脉冲激光沉积技术制备的钪型阴极的发射性能［J］．电子与信息学报，2014，36（3）：754-757.

[27] WANG J，YANG Y，WANG Y，et al. A review on scandia doped tungsten matrix scandate cathode［J］．Tungsten，2019，1（1）：91-100.

[28] ZHAO J，LI N，LI J，et al. Scandate dispenser cathode for 220 GHz 50 W sheet beam travelling wave tube amplifier［C］．India，Bangalore，2011.

[29] 柯森林，邵文生，于志强．扩散阴极及其发射机制的研究进展［J］．中国稀土学报，2018，36（3）：257-265.

[30] 李季，王辉，于志强，等．大电流密度阴极发射机理研究［C］//中国电子学分会第十六届学术年会军用微波管研讨会论文集，2007：332-337.

[31] MUELLER W. Work functions for models of scandate surfaces［J］．Applied Surface Science，1997，111：30-34.

[32] VLAHOS V，LEE Y，BOOSKE J H，et al. Ab initio investigation of the surface properties of dispenser B-type and scandate thermionic emission cathodes［J］．Applied Physics Letters，2009，94：184102.

[33] 王芦燕，于月光，彭鹰，等．不同工况下钨电极抗烧损性能研究［J］．有色金属工程，2019，9（10）：21-28.

[34] 郭艳群，聂祚仁，席晓丽，等．钨热电子发射材料的研究进展［J］．稀有金属，2005，29（2）：200-205.

[35] 韦银河，杨建参，陈然，等．稀土钨电极在电推进系统中的耐烧蚀性能研究［J］．稀有金属材料与工程，2022，51（10）：3892-3899.

[36] 袁德林，郭春平，普建，等．添加 La-Ce-Y 对钨电极焊接性能的影响研究［J］．世界有色金属，2018，14：5-6.

[37] 崔云涛，张曙光，王敏，等．高性能等离子喷枪用多元复合稀土钨电极研制［J］．热喷涂技术，2014，6（2）：24-27.

[38] 杨建参，曹杰，张晓，等．几种稀土钨电极焊接 5A62 铝合金的工艺性能［J］．北京工业大学学报，2014，40（10）：1561-1564.

[39] 杨志懋，王伟，小川洋司，等．有氧条件下氩弧焊钨电极表面的烧蚀［J］．稀有金属材料与工程，2005，34（11）：130-133.

7 钨基金属氧化物的光电催化性能与应用

能源问题、气候变暖和环境污染是制约人类社会发展的关键因素，节能减排及新型清洁能源的开发利用是解决能源与环境问题的重要途径。目前已经开发利用的新能源主要有风能、潮汐能、生物能、核能、地热能、太阳能等。利用光（电）催化材料吸收太阳能分解水产氢，操作简单，被认为是未来制备氢能的最佳途径。将太阳能转化为其他易使用、易储存的能源（如氢能）也是解决能源危机与环境问题最有效、最直接的途径。钨基金属氧化物三氧化钨（WO_3）因其化学稳定性高、空穴扩散距离长及禁带宽度适中等优点，被广泛应用于光（电）催化分解水制氢及环境治理中。在 WO_3 应用于光（电）催化反应的过程中，提升 WO_3 材料的光（电）催化效率是关键。本章将从 WO_3 的特点、WO_3 材料的常规制备方法与工艺、WO_3 光催化剂改性性能与应用等方面进行介绍。

7.1 WO_3 半导体光催化材料

7.1.1 WO_3 的晶体结构

WO_3 的晶体结构以 WO_6 八面体为基本单元，采用共顶点的方式有序排列而成。通常情况下，WO_3 中的氧不符合严格的化学计量比，即在晶体中出现不同程度的氧空位，理想状态下的 WO_3 晶体属于 ABO_3 型钙钛矿的变体，如图 7-1(a) 所示，其中位于 A 位置的原子缺失，B 位置的原子由 W 原子取代[1]。WO_3 的晶体结构存在不同的变种，主要有 5 种结构：四方相（α-WO_3）、斜方相（β-WO_3）、单斜相Ⅰ（γ-WO_3）、三斜相（δ-WO_3）和单斜相Ⅱ（ε-WO_3），这些不同的变种都是基于立方结构的 WO_3 转变而成。不同晶相 WO_3 的晶胞结构如图 7-1(b) 所示。在不同的温度条件下，WO_3 具有不同的相转变过程为：四方相（α-WO_3，>740 ℃）→斜方相（β-WO_3，330～740 ℃）→单斜相Ⅰ（γ-WO_3，17～330 ℃）→三斜相（δ-WO_3，−43～17 ℃）→单斜相Ⅱ（ε-WO_3，<−43 ℃）[2]。在室温条件下，宏观尺寸的单斜相Ⅰ（γ-WO_3）氧化钨为最稳定相。由于纳米尺寸氧化物的特殊性质，纳米结构 WO_3 的相转变温度通常低于宏观尺寸的 WO_3，因此一些纳米结构的 WO_3 在室温状态下表现出斜方晶稳定相[3]。

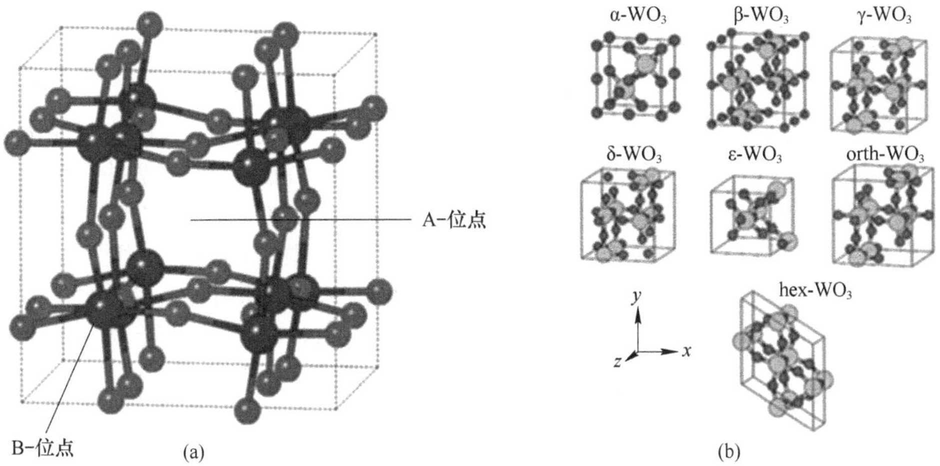

图 7-1 WO_3 的物相结构[1]

（a）单斜晶系 WO_3 晶胞结构；（b）不同晶相 WO_3 的晶胞示意图

由于 WO_3 的晶体结构中 O 原子的缺失，WO_3 的晶体结构中存在氧空位而成为非化学计量比的 $WO_x(0<x<3)$。在 WO_3 失去氧被还原的过程中往往伴随着结构的转变，同时产生低价态的钨（如 W^{4+}、W^{5+}），这将对 WO_3 的电子能带和光吸收性能产生极大影响。不同化学计量比的 WO_3 通常表现出不同的颜色，使 WO_3 在光致变色和电致变色领域得到广泛研究和应用。常见的非化学计量比的 WO_x 有 $W_{20}O_{58}(WO_{2.9})$、$W_5O_{14}(WO_{2.8})$、$W_{18}O_{49}(WO_{2.72})$、W_3O_8、WO_2。部分氧原子的缺失，导致共顶点相连的 WO_6 八面体结构发生了一定改变。

7.1.2 WO_3 材料的制备方法

7.1.2.1 线状形貌 WO_3 粉体材料的制备

称量一定量钨酸钠（$NaWO_3 \cdot 6H_2O$）溶于去离子水，制成 0.1 mol/L 的 $NaWO_3$ 水溶液。加入 30 mmol 硫酸钠（Na_2SO_4）和 0.5 mmol 柠檬酸，搅拌一段时间后用 3 mol/L 的 HCl 调节溶液使 pH 值至 1.5，再充分搅拌一段时间后将得到的混合溶液转移至聚四氟乙烯内衬的水热釜中，在 180 ℃烘箱中保温 24 h。待反应完全并降至室温后，将获得的物质离心并用去离子水和乙醇洗涤数次，在 60 ℃烘箱中烘干即得到纳米线状形貌的 WO_3 粉体材料。

7.1.2.2 纺锤状形貌 WO_3 粉体材料的制备

称量一定量的 $NaWO_3 \cdot 6H_2O$ 溶于去离子水中，制成 0.075 mol/L 的 $NaWO_3$ 水溶液，加入 3 mmol 草酸，搅拌一段时间后用 3 mol/L 的 HCl 调节溶液使 pH 值至 2.0，充分搅拌均匀后转入具有聚四氟乙烯内衬的水热釜中，在 180 ℃烘箱中保温 12 h。待水热反应结束并冷却至室温后，将获得的产物离心并用去离子水和乙醇洗涤数次后，在烘箱中干燥后得到纺锤状形貌的 WO_3 粉体材料产物。

7.1.2.3　花状形貌 WO_3 粉体材料的制备

称量一定量的 $NaWO_3 \cdot 6H_2O$ 溶于去离子水中，制成 0.16 mol/L 的 $NaWO_3$ 水溶液。逐滴加入浓 HCl(36%，质量分数）至析出黄绿色沉淀。将此沉淀离心后取出置于烧杯中，并向其中加入 5 mL H_2O_2(30%)，沉淀逐渐溶解并形成透明溶液。将此溶液用去离子水稀释至 0.1 mol/L 后，加入 10 mmol 酒石酸并充分搅拌均匀。将分散液转移至聚四氟乙烯内衬的水热釜中，在 180 ℃烘箱中保温 16 h。反应完成后，待其冷却至室温，将获得的产物离心并用去离子水和乙醇清洗数次，在 60 ℃的烘箱中烘干数小时即得到花状形貌的 WO_3 粉体材料的最终产物。

7.1.2.4　片状形貌 WO_3 粉体材料的制备

与上述花状形貌 WO_3 粉体的制备过程相似，不同的是将添加的 10 mmol 酒石酸变更为添加 0.01 mol 的柠檬酸。

7.1.2.5　水热法原位制备 WO_3 薄膜

制备 WO_3 晶种：将 5 mmol 钨粉置于烧杯中，加入适量 H_2O_2（30%）溶液并在 90 ℃下超声。几分钟后，钨粉渐渐溶解并产生大量气泡，随后形成透明溶液。将得到的透明溶液稀释至 0.16 mol/L，加入 0.1 mmol 聚乙烯醇（相对分子质量为 6000)，充分搅拌后待用。使用预先清洗干净的氟掺氧化锡（FTO）导电玻璃为基体，用旋涂仪将上述制备的澄清溶液旋涂于 FTO 导电层上，干燥后将其置于管式炉中，在 500 ℃下热处理 2 h，制备得到 WO_3 晶种。

制备 WO_3 薄膜：称取 5 mmol 钨粉置于烧杯中，加入适量 H_2O_2(30%）溶液并超声使其溶解，用去离子水稀释至 0.01 mol/L，加入 30 mmol 酒石酸，充分搅拌均匀。取出适量混合溶液转移至聚四氟乙烯内衬中，其中，聚四氟乙烯内衬中放置有预制晶种的 FTO 导电玻璃，FTO 导电层朝下并斜置于内壁侧。随后，将聚四氟乙烯内衬置于水热釜中，在 180 ℃烘箱中保温 16 h，待反应完成并冷却至室温后取出，用去离子水和乙醇小心冲洗表面，烘干后在管式炉中 500 ℃进行热处理 2 h，制备得到 WO_3 薄膜。

7.1.3　WO_3 半导体材料光催化原理

光催化的本质是 WO_3 在能量大于或等于禁带宽度的光照射下，WO_3 半导体的价带电子发生跃迁，即从价带跃迁到导带，从而产生光生电子-空穴对，利用产生的电子和空穴发生氧化-还原反应。半导体的光吸收边 λ_g 与带隙 E_g 具有如下关系：

$$\lambda_g = h\nu = hc/E_g = 1240/E_g \tag{7-1}$$

WO_3 半导体光照所产生的光生空穴有很强的得电子能力，因此氧化性很强，

可以夺取吸附在 WO_3 颗粒表面的物质或溶剂中的电子，使其氧化；而光生电子具有很好的还原性，吸附在 WO_3 颗粒表面的物质或溶剂中的电子受体得到光生电子而被还原。WO_3 光催化机理示意图如图 7-2 所示。首先，在可见光或紫外光的照射下，WO_3 吸收能量为 $h\nu$ 的光子，在内部形成光生电子（e）和光生空穴（h^+）对。这些分离的电子和空穴会发生以下几种反应：(1) 表面复合，即光生电子（e）与光生空穴（h^+）在 WO_3 颗粒表面相遇并复合，且以光子或热能的形式释放能量；(2) 体内复合，即光生电子（e）与光生空穴（h^+）在 WO_3 颗粒内部相遇并复合，以光子或热能的形式释放能量；(3) 光生电子（e）迁移至 WO_3 表面，并发生电荷转移，还原吸附在 WO_3 颗粒表面的物质或溶剂中的电子受体；(4) 在电场作用下，光生空穴（h^+）迁移至半导体表面，与吸附在 WO_3 颗粒表面的物质或溶剂中的电子发生氧化作用。在上述 4 个途径中，只有途径 (3)(4) 会导致光催化氧化-还原反应的发生，而途径 (1)(2) 是电子-空穴对的复合过程，它与途径 (3)(4) 间存在竞争。由于光生电子与空穴的复合速度远远大于电荷的转移速度，这大大降低了量子效率，从而降低其光催化效率。因此，如何使光生电子与空穴得到有效分离并转移，降低光生电子与空穴的复合率，提高其量子效率，是 WO_3 催化剂改性技术中一个主要的关注点。

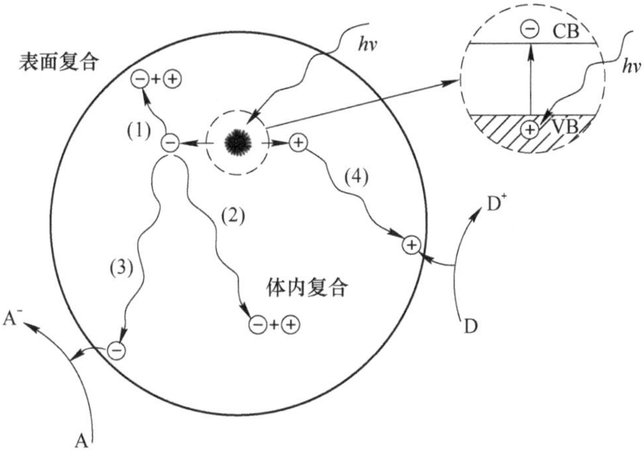

图 7-2 WO_3 光催化机理示意图

（CB 和 VB 分别为导带和价带，$h\nu$ 为光子能量）

为了提高 WO_3 光催化材料在光催化过程的能量利用率及量子效率，往往对其结构和组成进行改性。目前常用的手段有：(1) 减小晶粒粒径、过渡金属离子/非金属离子掺杂、表面染料敏化、半导体复合、贵金属颗粒表面负载等；(2) 在光催化过程中加入外场进行耦合，主要包括电场、热场、微波、超声波等耦合。粒径是影响 WO_3 光催化剂的催化活性重要因素之一。WO_3 粒子的粒径越小，一方面光生电子与空穴迁移到颗粒表面的时间越短，则在体内复合的概率减小；另一方面，其比表面积也就越大，反应的活性点也越多，从而增大光催化反应概率。当粒子粒径为 1~10 nm 时，半导体纳米粒子存在不连续最高被占据的分子轨道和最低未被占据的分子轨道能级，从而使得能隙变宽，这就是量子效应，导致禁带明显变宽，从而使光生电子-空穴对具有更强的氧化-还原能力，提高其光催化效率。但同时量子尺寸效应使得 WO_3 光催化剂光敏化程度变弱，对光能的利用率也降低。因此，在实际应用过程中应该选择一个合适的粒径范围。在 WO_3 光催化剂表面沉积高活性的 Pt、Ru、Au 等贵金属可以有效提高其光催化性能。一般 WO_3 的费米能级高于贵金属的费米能级，所以当两者接触时，电子就从费米能级较高的 WO_3 流向费米能级较低的贵金属，在 WO_3 与贵金属之间界面形成能俘获电子的 Schottky 能垒，这为光生电子、空穴的分离提供有效的俘获阱，有效抑制光生电子与空穴的复合，提高光生电子与空穴的分离效率，从而提高其光催化性能。

7.1.4 典型 WO_3 材料在光催化中的应用

7.1.4.1 介孔空心 WO_3 球光催化剂

喷雾干燥是采用专用设备通过高压气体将溶液分散为雾滴，通过热空气干燥雾滴而获得粉末产品的一种制备方法。喷雾干燥制备法可在非常短的时间内实现热量和质量的快速转移，制备效率高，设备简单，制备温度低，便于大批量生产，且可精确控制粉体材料组分，因此广泛应用于粉体材料的制备。以偏钨酸铵（AMT）为原料，喷雾干燥法可制备介孔空心 WO_3 光催化材料。偏钨酸铵是无机 W-O 簇化合物，偏钨酸根 $(H_2W_{12}O_{40})^{6-}$ 具有 Keggin 型结构，12 个 WO_6 八面体围绕着中心 $(H_2)O_4$ 四面体、3 个共边相连的八面体组成 W_3O_{13} 金属簇，共有 4 组 3 金属簇。在 417~439 ℃间具有四面体配位的 Keggin 型结构的偏钨酸铵金属簇被破坏而放出热量，同时失去与金属簇成键的结构水。为了全部得到 WO_3，热处理温度需在 600 ℃以上。

图 7-3 为典型介孔中空 WO_3 球 SEM 显微形貌及粒径分布，是在 700 ℃经过保温 2 h 获得的。采用喷雾干燥法制备的偏钨酸铵中空前驱体，球体表面光滑。经过 700 ℃煅烧后，保温时间为 2 h，空心球体表面出现了粒径为 20~150 nm 的纳米颗粒，纳米颗粒堆积形成了 20~80 nm 的孔洞，如图 7-3(a)(b) 所示。图 7-3(c) 为破损的单个球体，可以看出，球体为空心球，壁厚约为 190 nm。图 7-3(d) 为所形成纳米颗粒粒径统计分布，得到的纳米颗粒平均粒径为 119.8 nm，80.0%的颗粒粒径在 80.0~142.0 nm 之间。

在热处理过程中由于晶粒之间的生长取向不一致，首先出现晶界。随着温度的升高，晶粒中的亚晶粒由于原子的位向不一致，同时各亚晶粒的生长取向不一致，WO_3 沿着某个晶向的生长速率较其他晶向的生长速率快，从而导致亚晶界

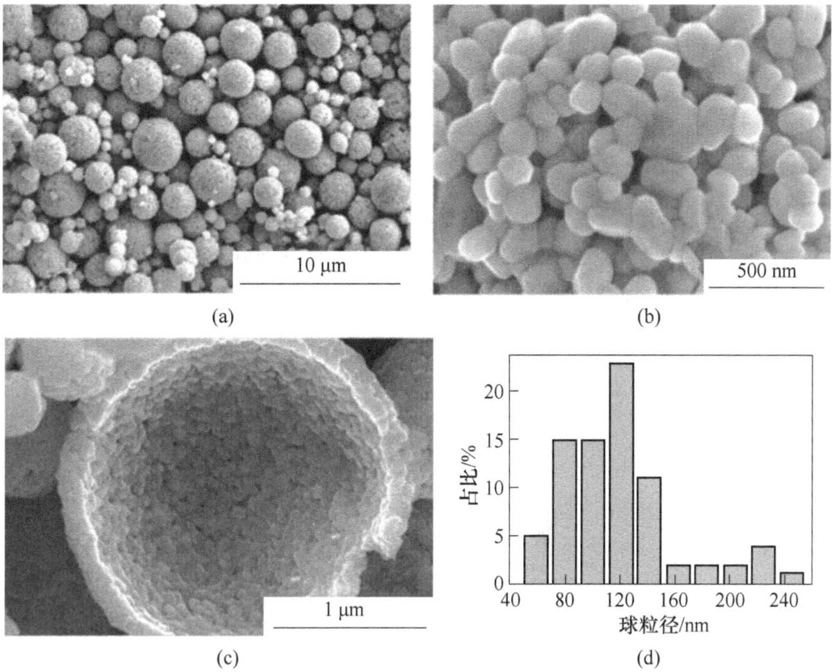

图 7-3 典型介孔中空 WO_3 球 SEM 显微形貌（a）~（c）及粒径分布（d）

的出现。温度进一步升高，亚晶粒进一步朝着某个晶向生长，从而生成狭长的晶粒，且晶粒与晶粒之间留下纳米孔洞。当温度进一步升高时，晶粒与晶粒之间通过合并而长大，孔洞也随之消失。

在 650~700 ℃区间，随着温度的升高，晶化更为完全，催化性能提高。温度升高至 800 ℃，晶粒异常长大，导致比表面积迅速减小，催化活性降低。一方面，随着煅烧温度的升高，WO_3 结晶度提高，这有利于减少材料内部和表面的晶格缺陷，减小光生载流子的复合中心的数目，从而提高材料的光催化性能。另一方面，随着煅烧温度的升高，晶粒的粒径变大，比表面积减小，从而减少表面活性点数目，降低其吸附能力。WO_3 作为光催化材料，其比表面积的大小影响了其表面羟基数目的多少，从而影响其光催化活性。所以随着煅烧温度的升高，产生这两方面相互矛盾的因素，其示意图如图 7-4 所示。同时，光催化性能的好坏与晶粒平均粒径有很大关系。小晶粒可能会导致量子尺寸效应，能造成吸收蓝移，禁带宽度增大，氧化还原能力增强；晶粒增大明显增加光电载流子的复合概率，因为随机产生的载流子从 WO_3 颗粒内部扩散到 WO_3 表面的平均时间 $\tau = r^2/(\pi D)$，这里 r 为晶粒半径，D 为载流子在 WO_3 中的扩散系数。当 WO_3 的粒径增大时，平均扩散时间也迅速增加，而且光电电子-空穴对的复合概率增大，从而降低了在 WO_3 表面发生反应的可能，光催化能力降低。

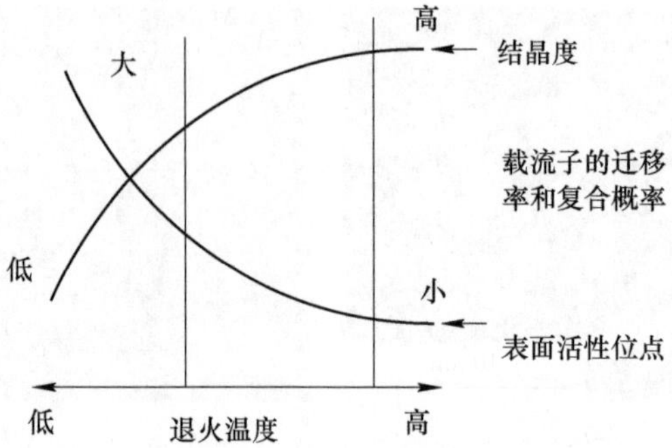

图 7-4　煅烧温度对 WO_3 光催化性能的影响

7.1.4.2　N、S 共掺杂 WO_3 光催化剂

WO_3 具有较低的价带，其主要由 O 2*p* 轨道组成。氧化钨的禁带宽度较窄，其导带较低，这种低导带增加了光生电子-空穴对的复合概率，影响光催化剂与电子受体发生反应。所以研究者设法提升光生电子-空穴对的分离效率来提高其光催化活性，当光生电子-空穴对数量越多时，复合概率越小，则 WO_3 的光催化性能越高。目前，提高其光催化性能的途径有过渡金属离子掺杂、非金属离子掺杂、贵金属表面沉积及半导体复合等。例如，制备了 N、S 共掺杂 WO_3、$Na_2W_4O_{13}/WO_3$ 异质结光催化剂及中空介孔 WO_3 球表面负载银，通过改变其能带结构，提高光催化性能，研究 N、S 共掺杂 WO_3 提高其光催化活性机理，调整 $Na_2W_4O_{13}/WO_3$ 异质结的能带结构，分析 WO_3 负载银后光生电子-空穴的分离机制。

研究人员常常采用非金属掺杂改变其能带结构，达到提高光使用效率的目的。Asahi 等人[4]认为通过非金属掺杂，在半导体内产生能吸收可见光的费米能级；同时非金属原子替代半导体中部分氧原子，提高价带位置，进而窄化带隙，提高其光催化活性。采用喷雾干燥法制备 N、S 共掺杂 WO_3 光催化材料，选用偏钨酸铵（AMT）、硫脲（$CS(NH_2)_2$）为原料，其中 AMT 中含 WO_3 85.0%～89.0%(质量分数)。将 AMT 用去离子水溶解，分别在偏钨酸铵溶液中加入硫脲，采用喷雾干燥机喷雾干燥，最后在 600 ℃煅烧制备 N、S 共掺杂 WO_3 光催化材料。在煅烧过程中，发生以下反应：

$$(NH_4)_6 \cdot (H_2W_{12}O_{40}) \cdot 4H_2O \longrightarrow 6NH_3\uparrow + 12WO_3 + 8H_2O\uparrow \tag{7-2}$$

$$2CS(NH_2)_2 + 9O_2 \longrightarrow 4NH_3\uparrow + 2CO_2\uparrow + 2S + 4H_2O \tag{7-3}$$

样品在 600 ℃煅烧过程中，分解过程中产生的 NH_3 部分分解为 N_2 与 H_2（见式（7-4））。体系中 WO_3、NH_3、N_2、H_2 及 H_2O 共热，而 N_2 十分稳定，不会与 WO_3 发生反应。但 WO_3 高温下与 NH_3、H_2 发生反应（见式（7-5）），部分氮原子进入 WO_3 晶格，影响了 WO_3 的生长习性。当硫脲的含量增加时，

氮原子进入 WO_3 晶格的含量增加，更大程度地影响了 WO_3 的生长习性。

$$2NH_3 \longrightarrow N_2\uparrow + 3H_2\uparrow \tag{7-4}$$

$$WO_3 + NH_3 + \frac{1}{2}H_2 \longrightarrow H_2O + H_2N + WO_2 \tag{7-5}$$

图 7-5 为 N、S 共掺杂 WO_3 的 XPS 谱图，图 7-5(a) 表明样品中含有 W、O、N、S 四种元素。W $4f$ 采用高斯分布函数对其进行分峰，拟合结果如图 7-5(b) 所示。主双峰位置在 37.7 eV 与 35.7 eV，分别为 WO_3 中 W^{6+} 的 W $4f_{5/2}$ 与 W $4f_{7/2}$ 电子的结合能；次双峰位置在 37.1 eV 与 35.4 eV，分别为 WO_3 中 W^{5+} 的 W $4f_{5/2}$ 与 W $4f_{7/2}$ 电子的结合能。N、S 共掺杂 WO_3 中存在氧的空位，从而使 W 出现两种不同的价态。WO_3 中 W 原子的外层电子为 $4f^{14}5d^4 6s^2$，当 $5d$ 和 $6s$ 原子轨道上所有电子全部失去就变成 W^{6+}。当存在氧空位时，与氧空位相邻的 W 原子上的 $5d$ 轨道由于部分被电子占据而出现部分 W^{5+}。在 600 ℃煅烧过程中，如前所述，会发生式（7-2）反应，其产物 H_2 使部分 W^{6+} 还原为 W^{5+}（见式（7-6）），因此 XPS 分析结果通过分峰拟合可以分别得到 W^{6+} 与 W^{5+}。

$$WO_3 + xH_2 \longrightarrow WO_{3-x} + xH_2O \tag{7-6}$$

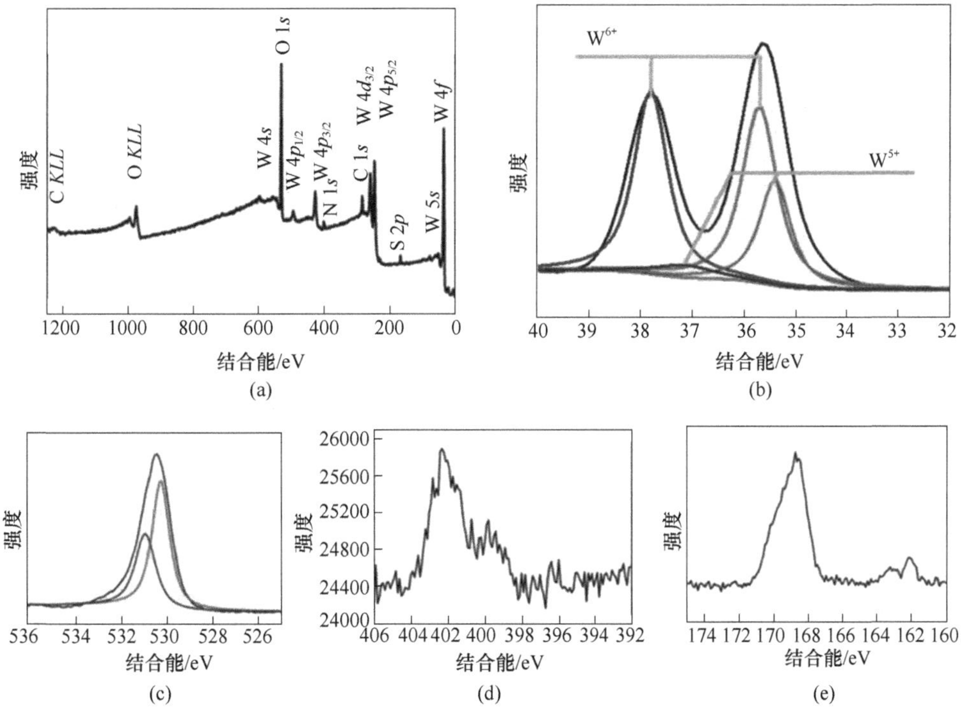

图 7-5 N、S 共掺杂 WO_3 的 XPS 谱图

(a) N、S 共掺杂 WO_3 全谱图；(b) W $4f$ 分峰谱图；(c) O 1s 分峰谱图；(d) N 1s 窄谱图；(e) S 2p 窄谱图

在光催化过程中，氧空位能够成为光生电子的捕获中心，5*d* 轨道可以用于电子传递，从而减小光生电子与光生空穴的复合概率。N、S 共掺杂 WO_3 时，部分 W^{6+}转化成 W^{5+}，增加了光生电子与空穴有效分离的概率，进而提高其光催化性能。O 1*s* 的 XPS 图谱不对称，因此样品中 O 至少存在两种形态，对其进行分峰，结果如图 7-5(c) 所示。电子结合能 530.2 eV 为晶格氧离子 O^{2-}(W—O) 的峰位，电子结合能 530.8 eV 为 WO_3 表面物理或化学吸附氧（O—H）的峰位。图 7-5(d) 为 WO_3 表面 N 1*s* 的电子结合能峰，从图中可以看出存在两个主要峰，一个位置在 401.8 eV，这代表 N 溶解于 WO_3 表面；另外一个位置在 399.5 eV，这是由于生成了氮化物及氮氧化物。图 7-5(e) 显示掺杂样品有两个 S 2*p* 峰位，分别位于 168.8 eV 和 162.2 eV。Li 等人[5]认为 168.8 eV 附近的电子峰应归属于 S^{6+}替代 W^{6+}的结果，而将 162.2 eV 附近的峰归属于 S^{2-}替代 WO_3 表面的 O^{2-}而形成了 W—S 键。而 S^{2-}的离子半径（0.17 nm）明显大于 O^{2-}的离子半径（0.122 nm），因此形成 W—S 的生成能明显高于形成 W—O 的生成能，所以 S 代替 WO_3 表面的 O^{2-}而形成 W—S 键较为困难，峰强度很低。上述分析结果表明，材料中存在 S^{2-}替代 O^{2-}和 S^{6+}取代 W^{6+}两种情况。综上所述，N 和 S 原子掺杂进入 WO_3 晶格，形成了 N、S 共掺杂的 WO_3 材料。

N、S 共掺杂 WO_3 光催化活性提高，一方面，与 O 2*p* 轨道相比，N、S 具有相对较高的能级轨道，它们取代 WO_3 中部分的 O 原子，使其价带位置提高，进而使其禁带宽度变窄，降低了光生电子-空穴所需的激发能量，增大了其对可见光的吸收率，进而提高了光的利用效率，提高了其光催化活性；另一方面，在掺杂过程中，WO_3 表面部分 W^{6+}转化成 W^{5+}，氧空位能够成为光生电子的捕获中心，5*d* 轨道可以用于电子传递，从而增加了光生电子与空穴有效分离的概率，进而提高其光催化性能。Wang 等人[6]通过第一性原理计算发现，通过 S 掺杂后的 WO_3 能带结构中，W 的 5*d* 轨道、O 的 2*p* 轨道和 S 的 3*p* 轨道发生杂化，使 WO_3 费米能级进入导带，在原来的价带和导带之间形成新的定域能级，从而使 WO_3 价带电子激发所需的能量减小。而 N 掺杂 WO_3 后，W 的 5*d* 轨道、O 的 2*p* 轨道和 N 的 3*p* 轨道发生杂化，使 WO_3 费米能级进入价带，同时价带底部向低能级方向移动，从而窄化带隙。但当 N、S 掺杂量过大时，WO_3 体相缺陷过多，N、S 掺杂点将成为光生载流子的复合中心，这将降低其光催化效率。

7.1.4.3　$Na_2W_4O_{13}/WO_3$ 异质结光催化剂

提高 WO_3 的光催化活性，一方面可以采用非金属掺杂降低其禁带宽度，提高光的利用率；另一方面可以采用半导体复合方式，利用两种半导体之间的能级差，达到光生载流子有效分离的目的，进而促进光生电子-空穴对的分离、转移和传递的作用，抑制光生电子-空穴的复合，提高其光催化剂活性和稳定性。喷雾干燥法制备 $Na_2W_4O_{13}/WO_3$ 异质结光催化材料的实验选用偏钨酸铵（AMT）、氯化钠（NaCl）为原料，其中 AMT 中含 WO_3 85.0%～89.0%（质量分数）。将 AMT 与 NaCl 用去离子水溶解，制备混合溶液，并采用喷雾干燥机喷雾干燥，最后在 600 ℃煅烧制备 $Na_2W_4O_{13}/WO_3$ 复合光催化材料。在煅烧过程中发生如下化学反应：

$$(NH_4)_6H_2W_{12}O_{40} + 6NaCl \longrightarrow 3Na_2W_4O_{13} + 6NH_3\uparrow + 6HCl\uparrow + H_2O\uparrow \tag{7-7}$$

理论上，当 NaCl 含量（质量分数）大于 8.94%，煅烧后偏钨酸铵全部生成 $Na_2W_4O_{13}$。为了更好地解释 $Na_2W_4O_{13}/WO_3$ 异质结具有良好的光催化活性，首先探讨其能带结构。WO_3 与 $Na_2W_4O_{13}$ 的价带边位置可以用电负性来估算，这两种半导体的导带和价带在零电荷点的电势 E_{VB} 可以用式（7-8）计算。

$$E_{VB} = X - E_e + 0.5E_g \tag{7-8}$$

式中，X 为半导体的绝对电负性，是构成半导体各原子绝对电负性的几何平均值；E_e 为常数（约为 4.5 eV），其物理意义为自由电子在氢能级标度上的能量；E_g 为半导体的禁带宽度。

W、O、Na 的绝对电负性分别为 4.4 eV、7.54 eV、2.85 eV，$X_{WO_3} = \sqrt[4]{4.4\times7.54^3} = 6.59$ eV，$X_{Na_2W_4O_{13}} = \sqrt[19]{2.85^2\times4.4^4\times7.54^{13}} = 6.08$ eV，而 $E_g(WO_3) = 2.8$ eV，$E_g(Na_2W_4O_{13}) = 3.1$ eV，$E_{VB}(WO_3) = X-E_e+0.5E_g = 3.49$ eV，$E_{VB}(Na_2W_4O_{13}) = X-E_e+0.5E_g = 3.13$ eV，所以，导带边位置 $E_{CB}(WO_3) = E_{VB} - E_g = 0.69$ eV，$E_{CB}(Na_2W_4O_{13}) = E_{VB} - E_g = 0.03$ eV。因此，WO_3 与 $Na_2W_4O_{13}/WO_3$ 的能带结构图如图 7-6 所示。

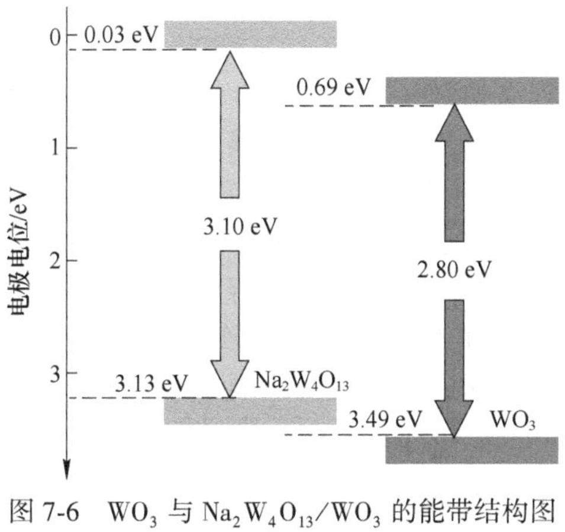

图 7-6　WO_3 与 $Na_2W_4O_{13}/WO_3$ 的能带结构图

$Na_2W_4O_{13}/WO_3$ 异质结在紫外光照射下具有良好的光催化性能，是由 WO_3 与 $Na_2W_4O_{13}/WO_3$ 独特的能带结构决定的。$Na_2W_4O_{13}$ 的导带（0.03 eV）和价带（3.13 eV）都较 WO_3 的导带（0.69 eV）和价带（3.49 eV）小。因此，光照时

$Na_2W_4O_{13}$ 上的光生电子很容易转移到 WO_3 表面上，光生空穴留在其表面；与此同时，WO_3 上的光生空穴也很容易转移到 $Na_2W_4O_{13}$ 表面上，而电子留在 WO_3 表面（见图 7-7）。这样光生电子与空穴会得到有效分离，降低了光生电子与空穴的复合概率，从而提高其光催化活性。在 WO_3 表面上丰富的光生电子与溶解在溶液中的氧气分子反应生成 O_2^-，这样有效防止了 WO_3 光还原，从而增加其光催化稳定性；而在 $Na_2W_4O_{13}$ 表面上丰富的光生空穴能与水发生反应生成 · OH，O_2^- 与 · OH 都能降解亚甲基蓝，因此 $Na_2W_4O_{13}/WO_3$ 异质结在紫外光照射下具有良好的光催化性能和稳定性。

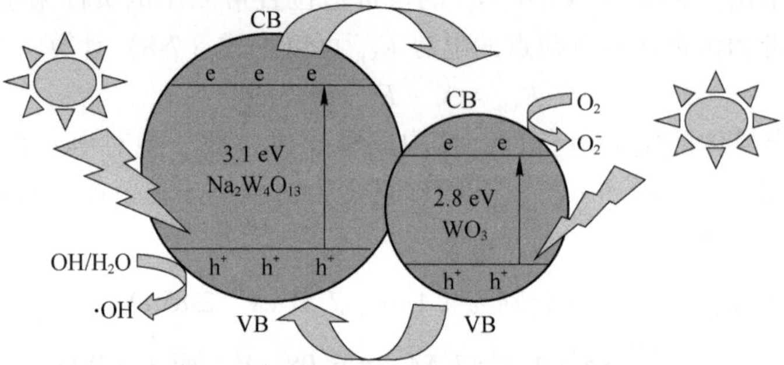

图 7-7　紫外光照射下 $Na_2W_4O_{13}/WO_3$ 异质结光生电荷转移示意图

7.1.4.4　Ag/WO_3 复合光催化剂

除了利用具有异质结结构达到光生电子-空穴分离的目的，贵金属负载也是常用方式之一。WO_3 的费米能级往往高于贵金属的费米能级，所以电子就从费米能级较高的 WO_3 流向较低的贵金属，在 WO_3 与贵金属之间界面形成能俘获电子的 Schottky 能垒。这为光生电子-空穴的分离提供有效的俘获阱，有效抑制光生电子与空穴的复合，提高光生电子与空穴的分离效率，提高其光催化性能。Ag/WO_3 复合光催化材料的制备实验选用硝酸银（$AgNO_3$）、氢氧化钠（NaOH）、氨水（$NH_3 \cdot H_2O$，20%）、葡萄糖（$C_6H_{12}O_6$）及 7.1.4.1 节所制备的中空介孔 WO_3 球为原料，将 $AgNO_3$ 溶解在蒸馏水中，然后滴加 NaOH 溶液，随后滴加 $NH_3 \cdot H_2O$，直到所有的沉淀都已经全部溶解生成银氨溶液。然后将中空介孔 WO_3 球超声分散其中，并加入葡萄糖水溶液即可制得。

$AgNO_3$ 溶液中滴加 NaOH 溶液后生成沉淀（AgOH），反应为式（7-9）。滴加氨水，AgOH 沉淀溶解，生成 $Ag(NH_3)_2OH$，制备银氨溶液，反应为式（7-10）。银氨溶液在加热的条件下被葡萄糖还原，Ag 被负载在 WO_3 球上，反应为式（7-11）。

$$AgNO_3 + NaOH \longrightarrow AgOH\downarrow + NaNO_3 \tag{7-9}$$

$$AgOH + 2NH_3 \cdot H_2O \longrightarrow Ag(NH_3)_2OH + 2H_2O \tag{7-10}$$

$$\begin{aligned} &CH_2OH\text{-}(CHOH)_4\text{-}CHO + 2Ag(NH_3)_2OH \longrightarrow \\ &CH_2OH\text{-}(CHOH)_4\text{-}COONH_4 + 2Ag\downarrow + 3NH_3\uparrow + H_2O \end{aligned} \tag{7-11}$$

在光催化过程中，光催化材料的能带结构及光生电子与空穴的分离程度是影响材料光催化活性的两个重要因素。图 7-8 为中空介孔 WO_3 球负载 Ag 前、后的 SEM 显微形貌和能谱分析结果，在中空介孔 WO_3 球负载 Ag 后，原本尺寸不均一的 WO_3 球状颗粒转变为了尺寸均一、形态规整的颗粒，同时原本存在的小颗粒消失，呈现出更为均匀的整体形态。由于 Ag 的功函数（4.7 eV）比 WO_3 的功函数（5.7 eV）小，且 Ag 内部和 WO_3 相应的能级上，其电子密度低于中空介孔 WO_3 导带上的电子密度，WO_3 导带上的光生电子就会向金属 Ag 方向迁移，直到它们的费米能级达到相同，在 Ag-WO_3 的界面形成向下弯曲的能级。当银/中空介孔三氧化钨球在可见光或紫外光的照射下，WO_3 的价带上电子受激发迁移到导带上，在价带上生成了同样数量的光生空穴。在银/中空介孔三氧化钨球体系

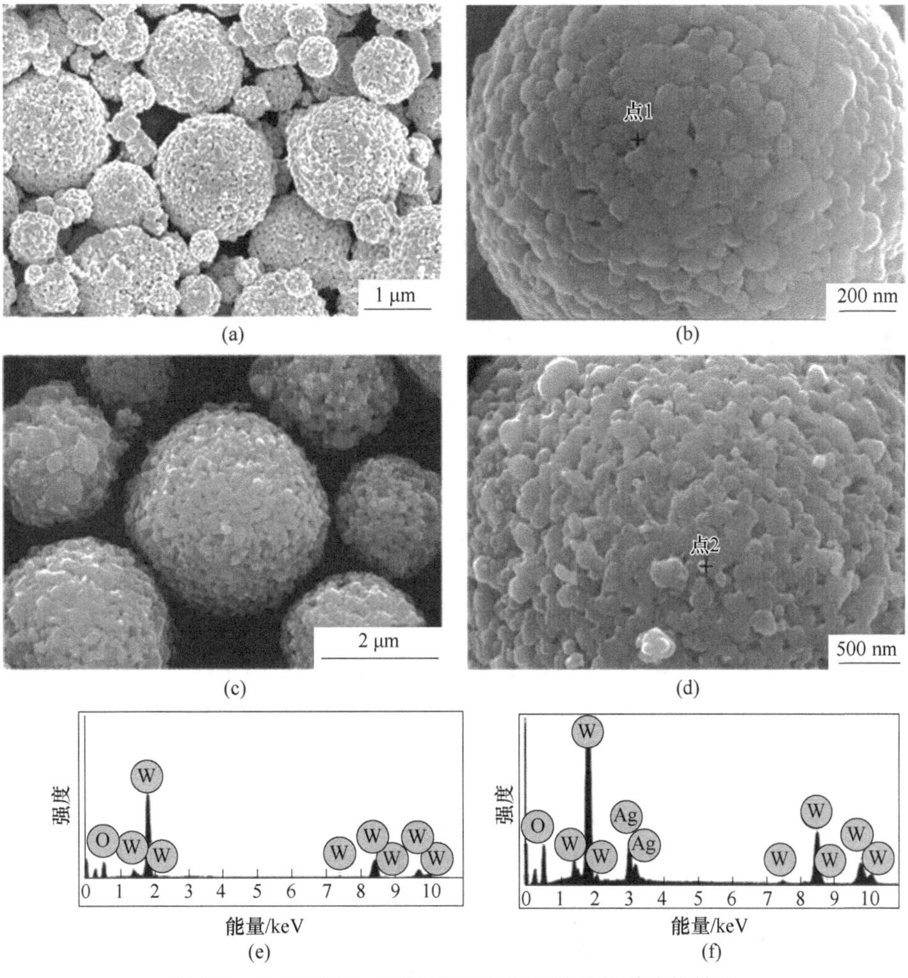

图 7-8 Ag 负载前、后的 SEM 显微形貌及能谱分析结果

(a)(b) 负载前；(c)(d) 负载后；(e) 点 1；(f) 点 2

中，向下弯曲的能级有利于激发电子从 WO_3 的导带迅速迁移到金属 Ag 上。积累在 Ag 上的电子及 WO_3 导带上的电子与其表面的吸附氧生成 O_2^-，而在 WO_3 价带上空穴能与 H_2O 或 OH^- 反应生成 · OH，生成的 · OH 与 O_2^- 遇亚甲基蓝反应使其褪色。

图 7-9 为中空介孔 WO_3 球负载 Ag 前、后的紫外-可见光吸收光谱，可以看出中空介孔三氧化钨球的吸收边约为 481 nm，根据式（7-12）可以计算其禁带宽度。

$$E_g = 1240/\lambda \tag{7-12}$$

式中，E_g 为禁带宽度；λ 为吸收边，得到其禁带宽度为 2.58 eV。

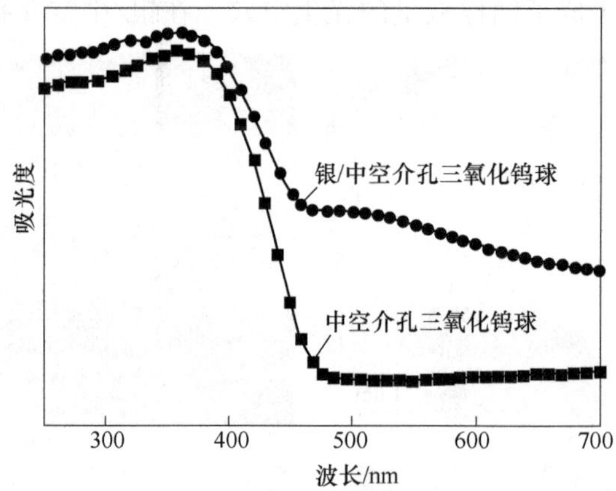

图 7-9　中空介孔 WO_3 球负载 Ag 前、后的紫外-可见光吸收光谱

负载 Ag 后，吸收边扩展到 527 nm，对应的禁带宽度为 2.35 eV，这表明负载 Ag 后禁带宽度变窄，可能是由 Ag 颗粒的等离子体效应导致的。负载 Ag 后禁带宽度变窄，电子在较低的能量下就能从价带上激发而跃迁到导带上，从而使其具有更为优良的光催化性能。

7.2　WO_3 半导体光电催化材料

7.2.1　半导体材料光电催化分解水原理

光电催化分解水一般采用三电极组成的光电化学（PEC）反应池为基本单元，以半导体光催化材料制备的薄膜作为工作电极，一般使用 Pt 电极为对电极，同时引入参比电极（如甘汞电极或 Ag/AgCl 电极），外部施加一定的偏压，使工作电极、对电极及反应溶液组合形成闭合电流环路。以 n 型半导体作为光电阳极的光电催化分解水示意图如图 7-10 所示，在光照下，当太阳能能量（$h\nu$）大于或等于材料禁带宽度（E_g）时，材料吸收光能并激发产生光生电子，光生电子跃迁至导带（CB）位置，在价带（VB）位置形成相对应的光生空穴；导带位置的光生电子被外加偏压通过外电路传导至对电极表面参与 H_2O 的还原反应产生 H_2，与此同时，光生空穴迁移至材料表面参与 H_2O 的氧化反应产生 O_2。相对于光催化分解水制氢，光电催化分解水的优势在于它可以有效地分离并收集 O_2 和 H_2。

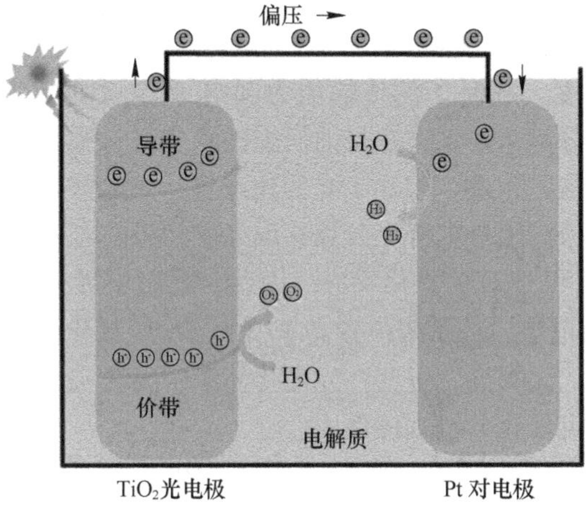

图 7-10　光电催化分解水示意图

在光电催化分解水制氢过程中，通常光电催化材料的选择需要考虑 3 个主要因素：半导体的禁带宽度、半导体的能带结构（价带和导带的位置）、半导体的电化学稳定性或抗光腐蚀性。

（1）半导体的禁带宽度。在标准状态下，1 分子 H_2O 裂解成为 1 分子 H_2 和 0.5 分子 O_2 需要的吉布斯自由能 $\Delta G=237.2$ kJ/mol，相当于能斯特方程电解池电势 $\Delta E_0=1.23$ eV，为了驱动半导体光催化材料分解水，半导体吸收的光能必须大于 1.23 eV。半导体在光解水产生氢和氧的过程中会形成过电势，因此，半导体的禁带宽度通常需要大于 1.9 eV。另外，半导体材料的选择还受限于对光的吸收范围。太阳辐射主要集中在可见光部分，波长小于 400 nm 的紫外光只占太阳光谱的 7%，波长为 400~683 nm 的可见光（光子能量范围为 3.07~1.80 eV）占据着太阳光谱的 48%，因此为了更高效地利用太阳能，半导体材料的禁带宽度应为 1.9~3.1 eV。

（2）半导体的能带结构。半导体相对于绝缘体和导体具有特殊的能带结构，当入射光的能量大于或等于 E_g 时，电子吸收光能受到激发由半导体的价带跃迁至导带，从而在价带产生相应的光生空穴（h^+），在导带形成光生电子（e）。光生空穴和光生电子具有很强的氧化还原能力，要实现半导体的全分解水反应，半导体不仅需要吸收大于或等于 1.9 eV 的光能，同时所产生的光生电子必须具有较强的还原能力，能够将水还原产生氢气，光生空穴具有较高的氧化能力，可以氧化水产生氧气。从热力学角度看，半导体的导带底电势需要比 H^+/H_2 的还原电势更低，同时价带顶电势比 H_2O/O_2 的氧化电势更高。

(3) 半导体的电化学稳定性或抗光腐蚀性。许多非氧化物半导体在光照条件下会发生溶解或在表面产生过氧化物薄膜，阻止电子或空穴在半导体-电解液界面的传输。许多半导体材料的稳定性与 pH 值的关系非常密切，这限制了其在实际生产中的应用。

除了以上列举的 3 个主要因素，半导体材料用于光解水产氢还受光生电子、空穴分离的难易程度、载流子的传输能力和电子-空穴对的寿命等因素的影响。然而，对于光催化分解水体系，在目前研究的众多材料中，还没有发现一种半导体能完全同时满足这些条件。相比于光催化产氢，光电催化分解水体系由于引入外加偏压，光电阳极的电极电势充分负移或光电阴极的电极电势充分正移，从而实现 H^+的还原反应和 H_2O 的氧化反应。因此，此时半导体材料的导带位置可以低于 H^+/H_2 的还原电势，或价带位置高于 H_2O/O_2 的氧化电势，这使得人们对光催化材料的选择性大大提高，一些在光催化体系中无法实现光解水的半导体材料往往可以应用于光电催化分解水体系中。

在光电催化分解水过程中，H_2 和 O_2 分别产生于光电阴极和光电阳极薄膜表面，此时水的分解反应可以看作是 H^+的还原和 H_2O 的氧化两个半反应过程[2]：

光电阳极：

$$2H_2O + 4h^+ \longrightarrow O_2 + 4H^+$$

$$E_0 = 1.23\ \text{V vs. NHE(可逆氢电极)} \tag{7-13}$$

光电阴极：

$$4H^+ + 4e \longrightarrow 2H_2$$

$$E_0 = 0\ \text{V vs. NHE(可逆氢电极)} \tag{7-14}$$

$$H_2O \longrightarrow H_2 + \frac{1}{2}O_2$$

$$\Delta G_0 = 237\ \text{kJ/mol(1.23 V, pH 值为 0)} \tag{7-15}$$

相对于产氢半反应过程，析氧过程是 4 个电子过程的上坡反应，动力学上比较困难，需要高的过电位，常常是光催化反应的速控步骤，因此光电阳极材料的选择至关重要。

图 7-11 为几种典型的半导体光催化材料的能级结构示意图。其中，$MgTiO_3$、$SrTiO_3$ 和 TiO_2 由于具有较宽的禁带（>3 eV），只能在紫外光照射下激发产生载流子，在可见光照射下无法实现分解水产氢，导致实际应用受限。金属硫化物（CdS、CdSe）因禁带较窄而具有可见光响应，其价带和导带位置对光解水产氢和析氧也较为合适，但在光解水过程中，S^{2-}和 Se^{2-}的氧化反应比 H_2O/O_2 反应更易进行，因此 CdS 或 CdSe 优先被光生空穴氧化而分解，发生“光腐蚀”现象，光照下较差的稳定性使大部分硫化物无法直接应用于光电催化分解水体系。

WO_3、$BiVO_4$、Fe_2O_3、TaON、Ta_3N_5 均属于窄禁带的半导体，具有可见光响应，同时金属氧化物在光电催化过程中具有良好的稳定性。虽然 WO_3 的导带位置低于 H^+/H_2 的还原电位，无法直接将 H^+ 还原为 H_2，但在光电催化体系中可以通过引入外加偏压实现全分解水反应。考虑到材料的成本问题，钨比钒、钽具有价格优势。相比于 WO_3 与 Fe_2O_3 的更长的电子寿命和空穴传输距离，其价带位置的空穴具有较强的氧化能力，能够更容易地将 H_2O 氧化产生 O_2。因此在光电催化领域，WO_3 是一种非常理想的光电阳极材料。

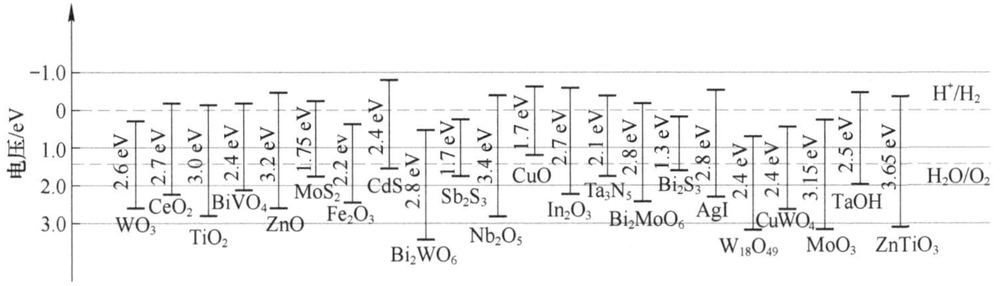

图 7-11 几种典型半导体光催化材料的能级结构示意图[7]

7.2.2 WO_3 在光电催化领域的应用

WO_3 为一种稳定的光电催化剂，最早被 Hodes 发现[8]，是少数几种易于实现量子尺寸效应的半导体氧化物之一，目前已经在光致变色、电致变色、场发射电子材料、光催化降解有机污染物、光电催化分解水制氢、气敏材料、吸附、锂离子电池和超级电容器等领域得到广泛研究。WO_3 是一种 n 型半导体，其禁带宽度约为 2.7 eV，可以俘获近似 12%太阳光谱，具有可见光响应；WO_3 具有合适的空穴扩散距离（约 150 nm），比 TiO_2（约 100 nm）及 α-F_2O_3（2~4 nm）的空穴扩散距离都要长，有利于光生空穴迁移至半导体/电解液界面参与水的氧化反应；WO_3 具有良好的电子迁移率，约 12 $cm^2/(V \cdot s)$[9]，能够在外加偏压的作用下迅速注入对电极参与水的还原反应。作为一种金属氧化物，WO_3 能够在多种酸性或弱碱性的有机和无机反应介质中长时间光照下稳定存在，具有良好的抗光腐蚀性。在 pH 值为 0 时，WO_3 导带底部的电极电势约为+0.4 eV，价带顶部的电极电势约为+3.1 eV，虽然 WO_3 的导带电位相对于 H^+/H_2 还原电位不够负，不能用于析氢反应，但其价带空穴具有很强的氧化能力[7]，在光电催化体系中可以实现全分解水反应，是一种优良的光电阳极材料。

7.2.2.1 WO_3 光阳极薄膜用于光电催化分解水

图 7-12 为以 WO_3 薄膜为工作电极、Pt 为对电极、外加偏压条件下的光电催化分解水过程示意图，分别为 WO_3 和电解液接触前（见图 7-12(a)）、在暗态时

WO_3 薄膜/电解液界面达到接触平衡（见图 7-12(b)）、光照条件（见图 7-12(c)）和外加偏压条件下光电催化分解水（见图 7-12(d)）示意图。在一般条件下制备的 WO_3 薄膜，其导带位置和费米能级（E_F）水平低于 H^+/H_2 的还原电势，如图 7-12(a) 所示。当 WO_3 与电解液在暗态条件下接触时，由于 WO_3 费米能级水平和水的氧化还原电势差，在 WO_3 表面附近形成耗尽层，引起能带弯曲使界面处电荷达到平衡（见图 7-12(b)）。在光照时，当 WO_3 吸收大于或等于其禁带宽度的光能时，WO_3 薄膜激发产生电子、空穴对（见图 7-12(c)），此时光照产生的能级（V_{ph}）使 WO_3 的费米能级位置向上弯曲至平带电位（V_{fb}）位置。此时，由于平带电位位置低于 H^+/H_2 还原电势，位于导带位置的光生电子无法实现 H^+/H_2 的还原反应，需要引入外加偏压（V_{bias}）(见图 7-12(d))。为了实现水的全分解反应的顺利进行，光电化学反应池需要克服阴极（η_c）和阳极（η_a）的过电势[1]。位于导带位置的光生电子由外电路注入对电极（Pt）参与 H^+ 的还原反应，位于价带位置的光生空穴迁移至 WO_3/电解液界面参与 H_2O 的氧化反应。

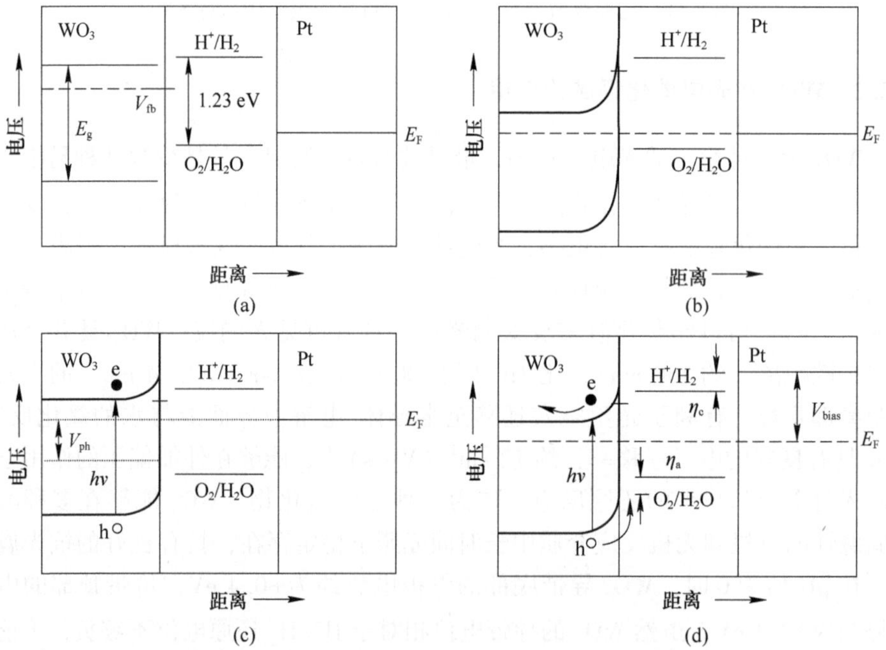

图 7-12　WO_3 光电催化分解水过程示意图[1]

(a) WO_3 与电解液接触前接触平衡后的能级示意图；(b) 暗态条件下接触平衡后的能级示意图；(c) 光照条件 WO_3 和电解液接触示意图；(d) 施加外加偏压条件下 WO_3 和电解液接触示意图

虽然 WO_3 用于光电催化分解水具有诸多优势，但 WO_3 光电转化效率较低，在光电催化分解水制氢过程中存在诸多问题。例如，光生空穴在 WO_3/电解液界面氧化动力学缓慢造成光电催化分解水效率较低；半导体与界面之间滞后的电子迁移率及高的光生电子、空穴复合率；WO_3 是间隙半导体，薄膜需要一定厚度来吸收光照，但是厚度过大导致复合概率增加；在光解水过程中易在表面形成过氧化物，阻碍光生空穴进一步参与水的氧化反应，造成“光腐蚀”现象等。因此，需要对 WO_3 进行改性以提高其光电催化性能。

7.2.2.2 WO_3 光阳极材料改性及光电催化性能

WO_3 光阳极薄膜在光电催化分解水过程中主要经历了以下过程（见图 7-13）：(1) WO_3 吸收大于或等于其禁带宽度的光能，激发产生电子、空穴对；(2) 光生电子、空穴分离并扩散迁移，其中光生电子经过外电路达到对电极，光生空穴迁移至 WO_3/电解液界面；(3) 光生电子在对电极处发生 H^+/H_2 还原反应；(4) 光生空穴在 WO_3/电解液界面参与 H_2O/O_2 的氧化反应；(5) 光生电子、空穴在体内复合。因此，为了提高 WO_3 的光电催化性能，需要基于上述反应过程并设计改性方案，如提高 WO_3 对可见光的吸收性能、提高光子利用率、减小 WO_3 的禁带宽度、加快电子空穴扩散速度、减少电子空穴在体内的复合、增加光生空穴的氧化动力学等。基于此，目前提高 WO_3 光电催化性能的手段主要有晶面调控、晶体结构的选择和提高结晶度、引入氧空位、选择性掺杂金属或非金属元素、表面修饰助催化剂、同窄禁带宽度的半导体复合形成异质结、形貌调控等[10-11]。

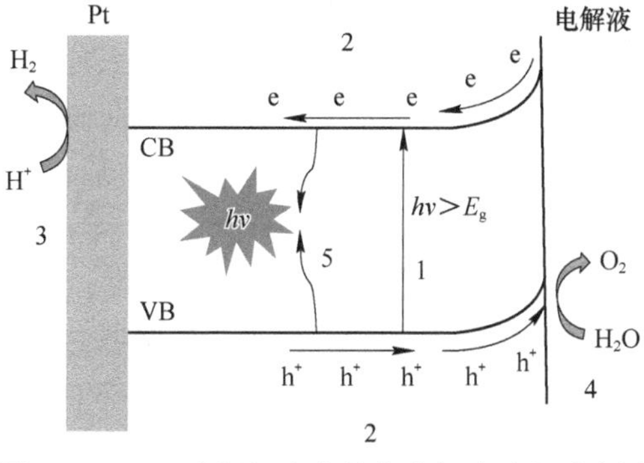

图 7-13 WO_3 光阳极光电催化分解水过程示意图

CB—导带位置；VB—价带位置

7.2.2.3 WO_3 形貌调控及光电催化性能

同宏观尺寸材料相比，纳米结构材料具有较大的比表面积及大量活性位点，可以增加对光子的吸收，从而提高光电催化性能。另外，由于纳米结构尺寸较小，产生于晶体内部的光生空穴可以以较短的距离迁移至半导体/电解液界面参与氧化反应，减少了光生电子、空穴在体内复合的概率。但较小的尺寸结构使组成材料的晶体数量较多，产生大量晶界缺陷，这些晶界缺陷会成为电子、空穴的复合中心，因此制备合适大小的晶粒尺寸和形貌对提高光电催化性能至关重要。

一维（1D）纳米结构（如纳米线、纳米棒、纳米管等）由于在径向上有利于光生电子迅速注入外电路，同时较少的晶界减少了光生电子、空穴在体内复合的概率。同纳米晶体颗粒相比，1D 结构 WO_3 通常具有较高的光电催化性能。Chakrapani 等人[12]通过化学气相沉积的方式在 FTO 导电玻璃基体上制备了 1D WO_3 纳米线，纳米线直径为 40～70 nm，长度为 2～3 μm，通过实验验证了 WO_3 纳米线薄膜具有良好的光吸收性能，并展现出较高的光电催化性能。Kalanur 等人[13]在不引入晶种的前提下，通过水热法在 FTO 导电玻璃基体上制备了规则的 WO_3 纳米棒，在 500 ℃热处理一段时间后，所制备的 WO_3 纳米棒薄膜在装备有 AM 1.5 G 滤光片模拟太阳光照射下，其光电流密度达到 2.26 mA/cm^2(1.23 V vs. RHE（可逆氢电极））。他们认为 WO_3 纳米棒具有较高光电催化性能的原因在于光生电子更容易通过 WO_3/FTO 界面到达对电极，避免了光生电子、空穴在体内复合，从而提高光电催化性能。

二维（2D）纳米结构（如纳米片）不仅在径向有利于光生电子的传输，且具有较少的晶界，同时纳米片的边缘原子配位数低，原子在纳米片的边缘和拐角具有更高的活性，因此 2D 纳米结构 WO_3 具有比 1D 纳米结构更高的光电催化活性。Su 等人[14]利用晶种辅助溶剂热的方法在 FTO 导电玻璃基体上制备了 1D WO_3 纳米线，通过改变反应条件，线状结构可以转变为纳米片（见图 7-14(a)(b)），且纳米片构成的 WO_3 薄膜厚度可达 5.6 μm（见图 7-14(c)），这比之前报道的以 FTO 基体制备的 WO_3 薄膜厚度大。WO_3 纳米片薄膜表现出黄绿色，具有比 WO_3 纳米线薄膜更深的颜色，说明 WO_3 纳米片薄膜具有较高的光吸收性能（见图 7-14(d)）。计算得到 WO_3 纳米线在煅烧前、后的带隙分别为 3.14 eV、2.92 eV，WO_3 纳米片在煅烧前、后的带隙分别为 2.54 eV、2.51 eV，由此可见纳米片状结构 WO_3 具有比 WO_3 纳米线更窄的禁带宽度，这和制备的 WO_3 薄膜宏观表现的颜色相符。低的带隙能有利于对可见光的吸收，提高对可见光的利用效率并产生更多的光生载流子，比较薄膜厚度相当的 WO_3 纳米片和纳米线薄膜（见图 7-14(e) 中的曲线 1 和曲线 3），WO_3 纳米片光电流密度是 WO_3 纳米线的 3 倍，前者的入射光电转化效率（IPCE）明显高于后者（见图 7-14(f)），说明 WO_3 纳米片表现出比纳米线更高的光电催化性能。

与密实结构薄膜相比，多孔结构薄膜通常具有更大的表面积，可以提供更多的催化活性位点。薄膜具有多孔结构意味着 WO_3 表面可以和电解液充分接触，这样光生空穴可以更迅速地被电解液捕获，从而缩短了光生空穴的迁移路程。基于此，有研究者制备出具有多孔结构的 WO_3 薄膜并提高了光电催化性能。但需要注意的是，多孔结构薄膜由于具有较大的比表面积，存在较多的晶界和表面缺陷，这些晶界和表面缺陷容易成为电子、空穴的复合中心，从而对光电催化性能产生不利影响。

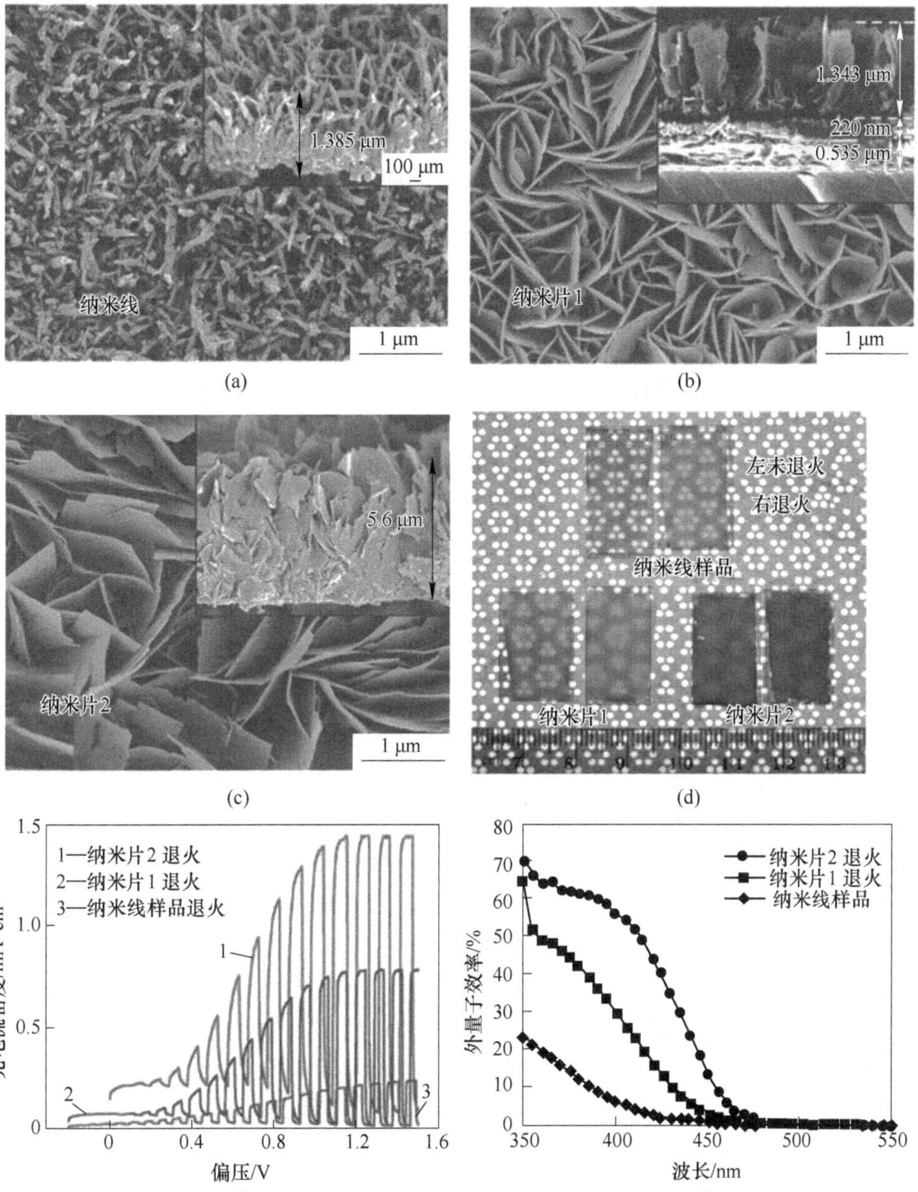

图 7-14　WO_3 纳米结构性能表征[11]

（a）未经热处理制备的 WO_3 纳米线；（b）WO_3 纳米片 1；（c）WO_3 纳米片 2；（d）热处理前、后 WO_3 薄膜实物照片；（e）经过热处理后的 WO_3 纳米线和两种 WO_3 纳米片（1 和 2）的光电流密度与外加偏压曲线；（f）三种样品的 IPCE 曲线

除上述一维纳米结构、二维纳米结构和多孔结构外，更多不同形貌的 WO_3 薄膜被制备出来，如具有海胆状 WO_3[15]、三明治结构 WO_3[16] 薄膜。虽然不同

形貌 WO_3 对光电催化性能具有重要影响，但它不是影响光电催化的唯一因素，因此在对 WO_3 进行形貌调控时，需要综合考虑其他影响因素（如晶体结构、薄膜厚度、暴露晶面等），以最大程度提高其光电催化性能。

7.2.2.4　晶面工程及光电催化性能

晶面调控是晶体工程常用手段，不同晶面对光生电子、空穴的驱动力不同，导致半导体某些晶面光生空穴优先被还原，一些晶面光生电子优先被氧化[17]。不同的晶面具有不同的表面能，对于 WO_3，有计算表明（002）晶面的表面能为 1.56 J/m^2，高于（020）晶面（1.54 J/m^2）和（200）晶面（1.43 J/m^2），高的表面能能使晶面更易吸附外来物质，降低自身表面能。在此过程中，光生空穴更易被电解液捕获，参与 H_2O 的氧化反应。另外，（002）晶面表面 W—O 键较弱，悬挂 O 原子较多，可以提供更为丰富的活性位点，用于光电催化分解水制取氢气。因此，如果可以实现 WO_3(002）晶面的择优暴露，可以有效提高其光电催化性能，如图 7-15(a）所示。Wang 等人[18]通过第一性原理计算得出（002）晶面和（200）晶面光电催化分解水过程，如图 7-15(b）所示。他们认为，光生空穴氧化 H_2O 产生 O_2 的 4 个电子过程分别为

$$2H_2O + O^* \longrightarrow HOO^* + H^+ + e \tag{7-16}$$

$$HOO^* + H^+ + e \longrightarrow O_2 + {}^* + 2H^+ + 2e \tag{7-17}$$

$$O_2 + {}^* + 5H^+ + 5e \longrightarrow O_2 + 2HO^* + 3H^+ + 3e \tag{7-18}$$

$$O_2 + HO^* + 3H^+ + 3e \longrightarrow O_2 + O^* + 4H^+ + 4e \tag{7-19}$$

式中，* 为催化剂表面的活性位点；O^* 为吸附在表面的氧原子；HO^* 为吸附在表面的羟基自由基。

对于（200）晶面（见图 7-15(b)），式（7-16）和式（7-17）反应过程均为放热反应，其自由能变化分别为−0.74 eV 和−1.04 eV；式（7-18）和式（7-19）反应过程均为吸热反应，自由能变化分别为 0.51 eV 和 1.11 eV。对于（002）晶面（见图 7-15(b)），式（7-16）和式（7-17）反应过程均为放热反应，其自由能变化分别为−0.38 eV 和−1.28 eV；式（7-18）和式（7-19）反应过程均为吸热反应，自由能变化分别为 0.90 eV 和 0.59 eV。因此，为了能够实现 H_2O 的氧化反应，（200）晶面需要克服 1.62 eV 的总能量，（002）晶面需要克服 1.49 eV 的总能量。由此可知，水分子在（002）晶面表面更容易发生 H_2O/O_2 氧化反应，因此择优暴露（002）晶面的 WO_3 具有较高的光电催化性能。另外，在光生空穴氧化水分子生成 O_2 的过程中会生成 HO^* 自由基和过氧物，这些 HO^* 自由基和过氧物附着于 WO_3 表面形成过氧物层，阻碍光生空穴参与 WO_3/电解液的界面反应。对于（200）晶面，HO^* 自由基的形成需要克服 0.51 eV 的能量，而在（002）晶面表面形成，需要克服 0.90 eV 的总能量，这就说明 HO^* 自由基在（002）表面更难形成。因此，择优暴露（002）晶面可以提高 WO_3 光电催化稳定性。

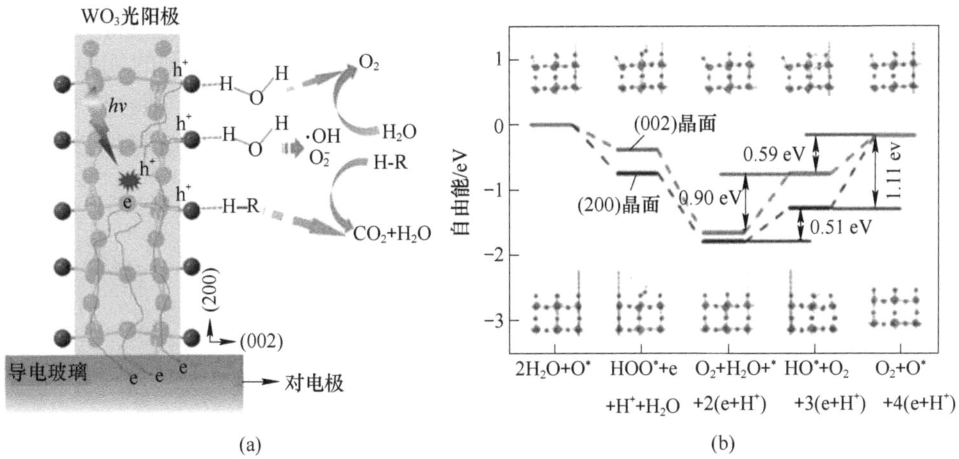

图 7-15 WO_3 薄膜（002）晶面光电催化分解水和降解有机污染物机理示意图

（a）降解有机污染物机理示意图[19]；（b）WO_3(002）晶面和（200）晶面分解水过程自由能变化示意图

7.2.2.5 构筑异质结及光电催化性能

当两种半导体相互耦合构筑异质结时，在半导体界面会产生内建电场，这对电子和空穴的迁移产生重要影响。依据两种半导体能级结构和电子亲和力不同，可以组成3种异质结：Ⅰ型异质结、Ⅱ型异质结、Ⅲ型异质结，如图7-16(a）所示。对于Ⅰ型异质结，半导体B的价带位置（VB）低于半导体A的VB，同时半导体B的导带位置（CB）高于半导体A的CB。由于电子和空穴在能带中分别倾向于向下和向上迁移，此时光生电子由半导体B的CB迁移至半导体A的CB，同时光生空穴由半导体B的VB迁移至半导体A的CB。此时，光生电子、空穴全部积累在半导体A内，并未增加光生电子、空穴的分离效率，因此，Ⅰ型异质结往往不能提高半导体的光电催化性能，但这种异质结经常存在，如GaAs-AlGaAs。对于Ⅱ型异质结，光生电子由半导体B的CB迁移至半导体A的CB，同时光生空穴由半导体A的VB迁移至半导体B的VB，因此光生电子积累在半导体A的CB处，而光生空穴大量积累在半导体B的VB处，从而实现了电子、空穴的有效分离，避免其在内部复合概率，同时增加了载流子的寿命，如图7-16(b）所示。因此，Ⅱ型异质结可以大大提高半导体的光催化或光电催化性能，基于此，目前大量研究者致力于构筑Ⅱ型异质结以提高材料的光、光电催化性能。例如，Zhang等人[20]利用电沉积方法在WO_3薄膜表面沉积Cu_2O构筑WO_3/Cu_2O Ⅱ型异质结，通过控制电沉积时间来控制Cu_2O的沉积量，并探索出最佳的反应条件。由图7-16(c）可以观察到沉积有Cu_2O的WO_3薄膜颜色变深，由黄绿色转变为砖红色，使薄膜的光吸收性能得以提高。另外，更重要的是WO_3和Cu_2O之间构筑形成的Ⅱ型异质结构促进了光生电子、空穴的转移（见图7-16(d)），使WO_3/Cu_2O具有比WO_3更高的光电催化性能（见图7-16(c)）。对于Ⅲ

型异质结，虽然电子、空穴转移路径同Ⅱ型异质结类似，但由于两者能级结构相差太大，出现能级“断带”现象，光生电子、空穴迁移需要克服的能量增大，也不利于光电催化性能的提高。在引入半导体光催化材料同 WO_3 耦合构筑Ⅱ型异质结时，需要考虑引入半导体光催化材料自身性质，如半导体自身的稳定性、能级结构是否与 WO_3 相匹配等。

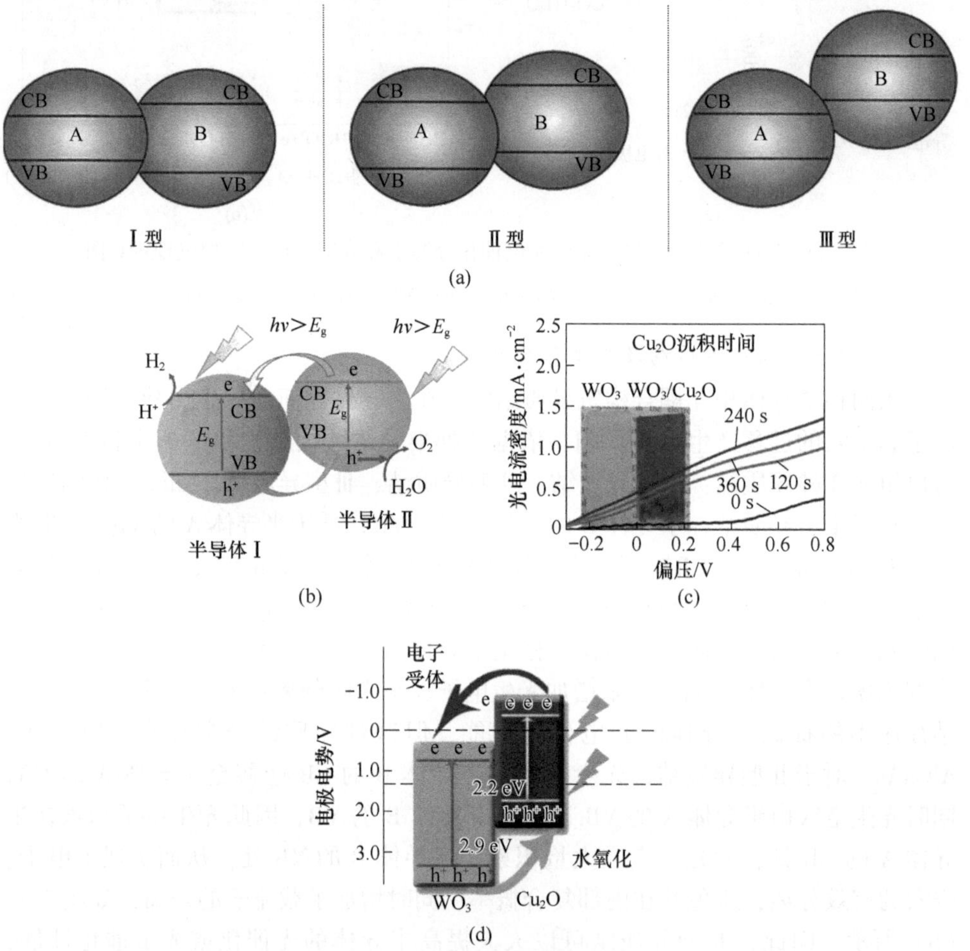

图 7-16　WO_3 构筑异质结类型

（a）两种半导体组成Ⅰ型、Ⅱ型、Ⅲ型异质结能级结构示意图[21]；
（b）Ⅰ型、Ⅱ型异质结光生电子、空穴迁移过程示意图；
（c）WO_3/Cu_2O 薄膜光电流密度-偏压曲线；
（d）WO_3/Cu_2O 薄膜光生电子、空穴迁移过程示意图[17]

目前已经报道多种光催化材料与 WO_3 耦合构筑形成Ⅱ型异质结以提高光催化或光电催化性能，如 WO_3/Bi_2MoO_6、$WO_3/CuWO_4$、$NiWO_4/WO_3$、$ZnWO_4/$

WO_3、WO_3/TiO_2、NiO/WO_3 等。在众多光催化材料中，金属硫化物（CdS、CdSe）具有较窄的禁带宽度，具有同 WO_3 相匹配的能级结构，已有部分研究者在 WO_3 表面引入金属硫化物构筑Ⅱ型异质结，以提高其光、光电催化性能，如 WO_3/Sb_2S_3、WO_3/Bi_2S_3。但是，金属硫化物在光催化过程中容易被光生空穴氧化，导致稳定性较差。与金属硫化物不同，金属氧化物一般具有较高的稳定性，一些窄禁带的金属氧化物与 WO_3 能级结构相匹配，能够同 WO_3 耦合形成Ⅱ型异质结，如 WO_3/Fe_2O_3。$BiVO_4$ 是一种窄禁带的 n 型光阳极半导体材料，具有很强的可见光吸收能力，将 $BiVO_4$ 与 WO_3 构筑Ⅱ型异质结，$BiVO_4$ 促进对可见光的吸收，同时 WO_3 具有良好的电子传输性能，两者的协同作用可以提高光电催化性能。

7.2.2.6 表面修饰助催化剂及光电催化性能

在光催化材料表面修饰助催化剂可以提高表面催化动力学、降低活化能或反应过电势、增加光生载流子分离效率、阻碍“光腐蚀”以提高光电催化稳定性，是提高光催化或光电催化性能的有效途径，如图 7-17(a) 所示。根据助催化剂在光电催化分解水过程中对产氢和析氧促进作用的不同，可以分为析氧型助催化剂（OEC）和析氢型助催化剂（HEC）。由于 WO_3 是典型的光电阳极材料，在光电催化分解水过程中发生光生空穴氧化水反应，因此，在 WO_3 表面修饰 OEC 可以有效提高其光电催化性能。一些贵金属氧化物（如 RuO_2、IrO_2）通常被用作 OEC 沉积于半导体表面，以提高材料表面析氧动力学，增强光催化性能。但由于贵金属氧化物价格较高，其大规模应用受到限制，一些价格低廉的 OEC 被研究开发出来，如铁氧化合物（FeO_x、FeOOH）、镍氧化合物（NiO_x、NiOOH）及含钴化合物（Co-Pi、Co-Bi、CoO_x、$Co(OH)_x$、Co_3O_4）。其中，Co-Pi 由于制备简单、方便，被广泛用于提高 WO_3、Fe_2O_3、$BiVO_4$ 的光电催化性能。Choi 等人[22]使用电化学沉积方法在 WO_3 表面沉积 Co-Pi，在表面和截面 SEM 观察到 WO_3 表面沉积有 Co-Pi OEC 层，厚度约为 1.5 μm，如图 7-17(b) 和 (c) 所示。虽然较厚的 Co-Pi 沉积层最大程度地减少了 WO_3 与电解质之间的直接接触，但部分水分子仍然可以渗透通过 Co-Pi 层与 WO_3 薄膜接触。在光照条件下，WO_3 薄膜表现出较差的光电催化稳定性（见图 7-17(d)），经过 12 h 光电测试后，制备的 WO_3 薄膜几乎没有光电流产生，这是因为在光电催化分解水过程中，在 WO_3 表面生成的过氧物导致光生空穴无法继续参与 H_2O/O_2 反应。对 WO_3/Co-Pi 薄膜进行光电催化测试，发现即使经过 12 h 持续测试，其光电催化性能仍能保持稳定，这说明沉积的 Co-Pi OEC 层能够阻碍过氧物的产生，从而提高 WO_3 光电催化稳定性。对沉积 Co-Pi OEC 前、后 WO_3 薄膜进行实际析氧量测试，研究人员发现 WO_3/Co-Pi 薄膜持续有气泡产生，法拉第效率几乎达到 100%，而 WO_3 薄膜在反应后期气泡产生量较少，法拉第效率和实际产氧量较低（见图 7-17(e)）。这说

明 WO_3 薄膜只有一部分光生空穴参与 H_2O/O_2 反应，其余光生空穴参与 H_2O/H_2O_2 反应，而 WO_3/Co-Pi 薄膜产生的光生空穴迁移至 Co-Pi 表面完全参与 H_2O/O_2 反应（见图 7-17(c)）。

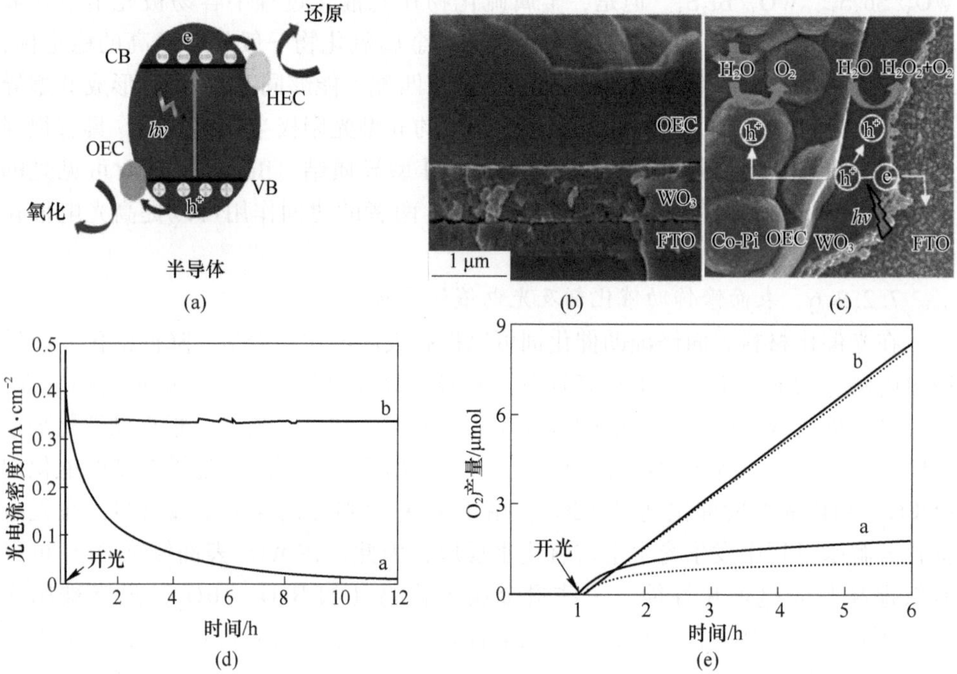

图 7-17　WO_3/Co-Pi 薄膜的光电催化性能[22]

（a）半导体/助催化剂表面光生电子、空穴转移示意图；（b）WO_3/Co-Pi OEC 表面；（c）截面 SEM 图（图中反应式为光生空穴参与水氧化过程示意图）；（d）WO_3 和 WO_3/Co-Pi OEC 稳定性；（e）实际产氧量曲线（其中曲线 a 为 WO_3，曲线 b 为 WO_3/Co-Pi OEC）

7.2.2.7　选择性掺杂金属或非金属元素及光电催化性能

掺杂可扩展半导体光催化剂的光吸收范围，已被大量用于包括 WO_3 在内的多种半导体催化剂的改性。金属特别是过渡金属元素掺杂过程中，由于其 3*d* 轨道的作用可以有效地改变 WO_3 的电子和能带结构，通过引入杂质能级或缩窄其禁带宽度，使催化剂拓展光响应范围。同时，金属离子可以通过与光催化剂中光生载流子的作用影响其动力学过程，促进电荷的有效分离，抑制电子和空穴的复合，提高电子传输性能。但是，杂质元素的引入势必会引入缺陷，大量的缺陷会成为电子、空穴的复合中心，从而导致半导体材料的光电催化性能的降低。牛威等人[23]采用溶胶–凝胶工艺制备了 Ce 掺杂 WO_3 光催化剂，并得到最佳 Ce 掺杂量的样品。研究认为，掺杂适量的 Ce 可以取代部分 W 原子，使 WO_3 的晶格畸变增大，增加 WO_3 对可见光的吸收能力，并可以减少半导体表面光生电子与空穴的复合概率，从而提高 WO_3 光电催化性能。但当 Ce 的掺杂量过多时，部分掺杂离子将会演变成为电子和空穴的复合中心，从而加速了光生电子与空穴的复合速率。王璇等人[24]通过溶胶–凝胶法制备了单斜相 WO_3，并进行了 C 掺杂改性处理，结果表明，掺杂的 C 在一定程度上改变了 WO_3 的晶体结构，导致晶体缺陷和氧空位增加，使 WO_3 表面 W^{5+} 和氧空位含量增加，增强了 WO_3 的光吸收性能和电子传输能力，从而提高了 WO_3 光催化性能。

7.2.2.8 引入氧空位及光电催化性能

半导体氧空位可以分为表面氧空位和体内氧空位。体内氧空位形成浅层能级，可以提高电导率并促进光生载流子迁移，从而有利于光电催化性能的提高。表面氧空位由于引入大量表面缺陷，成为电子、空穴的复合中心，会对材料的光电催化性能产生不利影响。因此，在对 WO_3 引入体内氧空位进行改性时，需要避免产生表面氧空位，由此可以提高 WO_3 的光电催化性能。Zhang 等人[25]利用水热法制备 WO_3 薄膜，并对其进行不同程度的 H_2 还原和 O_2 氧化处理，图 7-18(a) 为不同 WO_3 样品的制备过程示意图：直接通过水热法制备的 WO_3 薄膜存在大量表面氧空位；经过 H_2 充分还原后制备的 H-WO_3 同时具有大量体相氧空位和表面氧空位；对 H-WO_3 样品在 O_2 气氛下进行适当的退火热处理，制备的 HO-WO_3 具有体内氧空位，而表面由于被充分氧化使表面氧空位较少；对水热法制备的 WO_3 薄膜直接在 O_2 气氛下充分热处理得到的 O-WO_3 既无表面氧空位，也不存在体内氧空位。SEM 观察到制备的 WO_3 为纳米片状结构（见图 7-18(b)），

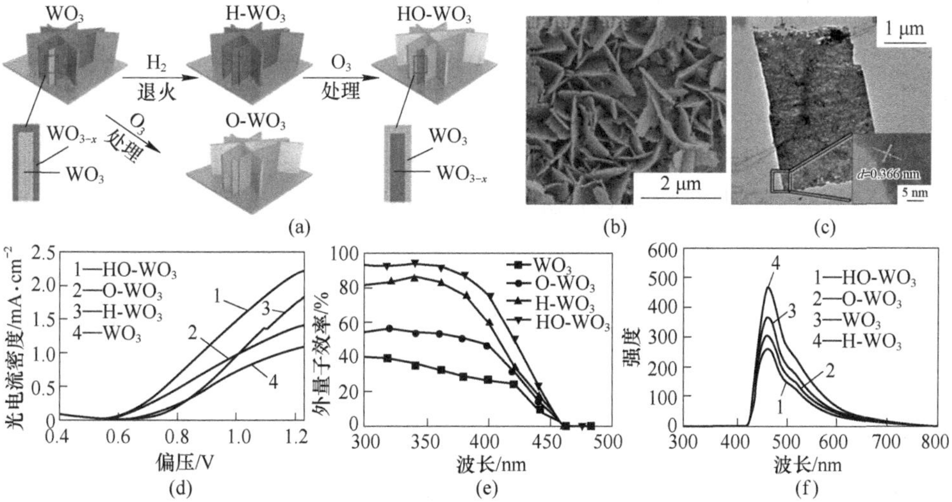

图 7-18 WO_3 的形成过程及性能表征[25]

(a) WO_3、H-WO_3、O-WO_3、HO-WO_3 制备过程示意图；(b) HO-WO_3 样品 SEM 图；(c) HO-WO_3 样品 TEM 图；(d) WO_3、H-WO_3、O-WO_3、HO-WO_3 光电流密度-偏压曲线；(e) 外量子效率曲线；(f) 光致发光谱图

TEM 显示 WO_3 晶格间距对应于单斜晶系（200）晶面。对 4 种样品进行光电催化性能测试，由于只具有体内氧空位，HO-WO_3 具有最高的光电催化性能（见图 7-18(d)(e)）。H-WO_3 虽然具有表面氧空位，但大量的体内氧空位使 H-WO_3 具有较高的光电催化性能（见图 7-18(d)(e)）。O-WO_3 既不存在体内氧空位也不存在表面氧空位，但具有比水热 WO_3 更高的光电催化性能（见图 7-18(d)(e)），直接水热制备的 WO_3 由于存在大量表面氧空位导致其具有最低的光电催化性能（见图 7-18(d)(e)）。PL 谱中 HO-WO_3 具有最低的信号峰说明了光生电子、空穴复合概率较低，因此 HO-WO_3 表现出最高的光电催化性能。

7.2.2.9　构筑 Z-scheme 结构及光电催化性能

Z-scheme 光催化体系的灵感来源于大自然中绿色植物的光合作用，这种结构由两种具有可见光响应的半导体催化材料（分别命名为 PSⅠ和 PSⅡ）和离子氧化还原梭或固体电子介体构成（见图 7-19(a)），目前也发现了部分直接 Z-scheme 结构，可以通过半导体直接接触实现（见图 7-19(b)）。在可见光照射下，PSⅠ和 PSⅡ半导体光催化材料都可吸收可见光并激发产生光生电子-空穴对。根据 PSⅠ和 PSⅡ两者的价带、导带位置比较，PSⅠ的价带位置比 PSⅡ的价带位置更高，说明 PSⅠ光生空穴的氧化能力比 PSⅡ光生空穴的氧化能力强；同时 PSⅡ的导带位置比 PSⅠ的导带位置更低，说明 PSⅡ产生的光生电子具有比 PSⅠ光生电子更高的还原能力。当 PSⅠ和 PSⅡ构成 Z-scheme 结构时，在光照下，PSⅠ导带位置的光生电子和 PSⅡ价带位置的光生空穴在溶液中被氧化还原梭捕获（见图 7-19(a)），或在固体界面处复合（见图 7-19(b)），保留在 PSⅠ价带位置的光生空穴和 PSⅡ导带位置的光生电子仍然保持有较高的氧化还原能力。Z-scheme 结构中 PSⅠ光生电子和 PSⅡ光生空穴的复合不仅可以使遗留在 PSⅠ价带的空穴和 PSⅡ导带位置的光生电子避免复合，还可以加快各自光生电子和空穴的分离效率，使 Z-scheme 结构的整体载流子浓度提高，并且光生电子、空穴的寿命也会相应增加。整体而言，Z-scheme 结构既能提高光生电子与空穴的分离效率、抑制载流子的复合，同时又可以使光生电子、空穴保持较高的还原和氧化能力，因此，Z-scheme 结构在光催化降解有机污染物、分解水制氢、CO_2 还原等领域具有广泛的研究。WO_3 光阳极薄膜在光电催化分解水过程中，由于其导带位置低于 H^+/H_2 的还原电势，即使对 WO_3 进行改性（形貌调控、掺杂、晶面调控、构筑Ⅱ型异质结、共催化剂等），也无法实现在不加偏压的条件下对 H_2O 的还原反应产生 H_2。如果在 WO_3 表面结合具有合适导带位置的窄禁带半导体并与之匹配形成 Z-scheme 结构，就有可能实现在不加偏压的条件下对水的全分解反应。已有研究者合成出 Z-scheme 粉体材料用于全分解水或降解有机污染物及 CO_2 的还原，如 Pt@ WO_3/Cu_2O、WO_3/CdS、$WO_3/g\text{-}C_3N_4$、$WO_3/CuWO_4$ 的 Z-scheme 结构。

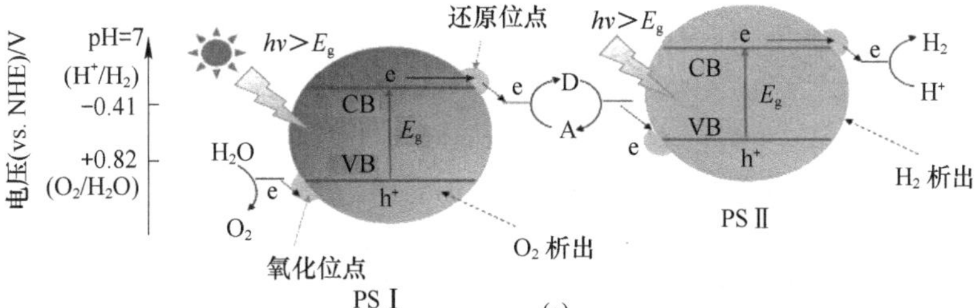

(a)

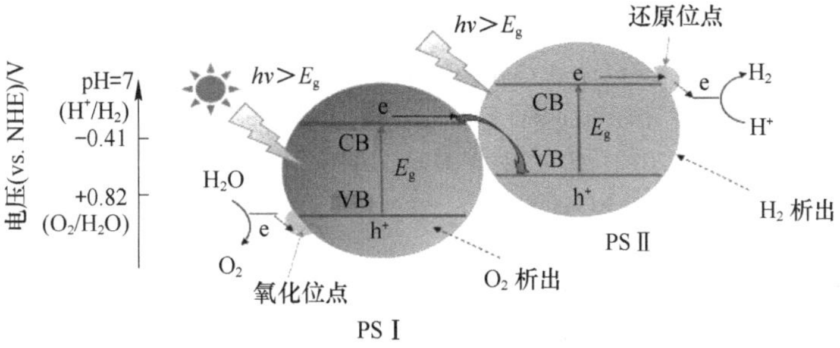

(b)

图 7-19 Z-scheme 异质结分解水过程示意图

(a) 含有离子氧化还原梭的 Z-scheme 结构电子、空穴转移示意图；

(b) 直接 Z-scheme 结构电子、空穴转移及分解水示意图

(NHE—标准氢电极)

参 考 文 献

[1] BIGNOZZI C A, CARAMORI S, CRISTINO V, et al. Nanostructured photoelectrodes based on WO_3: Applications to photooxidation of aqueous electrolytes [J]. Chemical Society Review, 2013, 42 (6): 2228-2246.

[2] LIU X, WANG F Y, WANG Q. Nanostructure-based WO_3 photoanodes for photoelectrochemical water splitting [J]. Physical Chemistry Chemical Physics, 2012, 14 (22): 7894-7911.

[3] ZHENG J Y, SONG G, HONG J S, et al. Facile fabrication of WO_3 nanoplates thin films with dominant crystal facet of (002) for water splitting [J]. Crystal Growth and Design, 2014, 14 (11): 6057-6066.

[4] ASAHI R, MORIKAWA, OHWAKI T, et al. Visible-light photocatalysis in nitrogen-doped titanium oxides [J]. Science, 2001, 293 (5528): 269-271.

[5] LI W Z, LI J, WANG X, et al. Preparation and water-splitting photocatalytic behavior of S-doped WO_3 [J]. Applied Surface Science, 2012, 263: 157-162.

[6] WANG F, LI C H, YU J C. Hexagonal tungsten trioxide nanorods as a rapid adsorbent for methylene blue [J]. Separation and Purification Technology, 2012, 91: 103-107.

[7] GAN J Y, LU X H, TONG Y X. Towards highly efficient photoanodes: Boosting sunlight-driven

semiconductor nanomaterials for water oxidation [J]. Nanoscale, 2014, 6 (13): 7142-7164.
[8] HODES G, CAHEN D, MANASSEN J. Tungsten trioxide as a photoanode for a photoelectrochemical cell (PEC) [J]. Nature, 1976, 260 (5549): 312-313.
[9] LIU J C, XU S M, LIY F, et al. Facet engineering of WO_3 arrays toward highly efficient and stable photoelectrochemical hydrogen generation from natural seawater [J]. Applied Catalysis B: Environmental, 2020, 264: 118540.
[10] LIU X F, ZHOU H, PEI S Z, et al. Oxygen-deficient WO_{3-x} nanoplate array film photoanode for efficient photoelectrocatalytic water decontamination [J]. Chemical Engineering Journal, 2020, 381: 122740.
[11] LIU F, LI L, MOF Y, et al. A catalyzed-growth route to directly form micropatterned WO_2 and WO_3 nanowire arrays with excellent field emission behaviors at low temperature [J]. Crystal Growth and Design, 2010, 10 (12): 5193-5199.
[12] CHAKRAPANI V, THANGALA J, SUNKARA M K. WO_3 and W_2N nanowire arrays for photoelectrochemical hydrogen production [J]. International Journal of Hydrogen Energy, 2009, 34 (22): 9050-9059.
[13] KALANUR S S, HWANG Y J, CHAE S Y, et al. Facile growth of aligned WO_3 nanorods on FTO substrate for enhanced photoanodic water oxidation activity [J]. Journal of Materials Chemistry A, 2013, 1 (10): 3479-3488.
[14] SU J Z, FENG X J, SLOPPY J D, et al. Vertically aligned WO_3 nanowire arrays grown directly on transparent conducting oxide coated glass: Synthesis and photoelectrochemical properties [J]. Nano Letters, 2011, 11 (1): 203-208.
[15] LIU B X, WANG J S, WU J S, et al. Controlled fabrication of hierarchical WO_3 hydrates with excellent adsorption performance [J]. Journal of Materials Chemistry A, 2014, 2 (6): 1947-1954.
[16] FENG X Y, CHEN Y B, QIN Z X, et al. Facile fabrication of sandwich structured WO_3 nanoplate arrays for efficient photoelectrochemical water splitting [J]. ACS Applied Materials and Interfaces, 2016, 8 (28): 18089-18096.
[17] YANG H G, SUN C H, QIAO S Z, et al. Anatase TiO_2 single crystals with a large percentage of reactive facets [J]. Nature, 2008, 453: 638-641.
[18] WANG S C, CHEN H J, GAO G P, et al. Synergistic crystal facet engineering and structural control of WO_3 films exhibiting unprecedented photoelectrochemical performance [J]. Nano Energy, 2016, 24: 94-102.
[19] ZENG Q Y, LI J H, BAI J, et al. Preparation of vertically aligned WO_3 nanoplate array films based on peroxotungstate reduction reaction and their excellent photoelectrocatalytic performance [J]. Applied Catalysis B: Environmental, 2017, 202: 388-396.
[20] ZHANG J, MA H P, LIU Z F. Highly efficient photocatalyst based on all oxides WO_3/Cu_2O heterojunction for photoelectrochemical water splitting [J]. Applied Catalysis B: Environmental, 2017, 201: 84-91.
[21] MARSCHALL R. Semiconductor composites: Strategies for enhancing charge carrier separation

to improve photocatalytic activity [J]. Advanced Functional Materials, 2013, 24 (17): 2421-2440.

[22] SEABOLD J A, CHOI K S. Effect of a cobalt-based oxygen evolution catalyst on the stability and the selectivity of photo-oxidation reactions of a WO_3 photoanode [J]. Abstracts of Papers of the American Chemical Society, 2011, 240: 652-PHYS.

[23] 牛微，刚王，董颖男，等. Ce 掺杂六方相 WO_3 光催化剂的制备及其光解水制氢性能 [J]. 人工晶体学报，2016，45 (1)：187-197.

[24] 王璇，郭芹，李耀民，等. C 掺杂 WO_{3-x} 的制备及其光解水活性研究 [J]. 中国钨业，2010，4 (25)：27-30.

[25] ZHANG J J, CHANG X X, LI C C, et al. WO_3 photoanodes with controllable bulk and surface oxygen vacancies for photoelectrochemical water oxidation [J]. Journal of Materials Chemistry A, 2018, 6 (8): 3350-3354.

